文景

Horizon

中西讲坛
丛书

物质、物质性与历史书写

科学史的新机遇

[德] 薛凤　[美] 柯安哲 主讲

刘东 评议主持

吴秀杰 王蓉 译

刘 东　主 编

上海人民出版社

"中西讲坛丛书"总序

　　应当特别说明的是，眼下这套"中西讲坛丛书"，与以前那套"讲学社丛书"有着一脉相承的渊源关系。这就要翻拣和征引以往的说法，来凸显那条一以贯之的思想线索了。

　　首先需要申明的是，这样的渊源关系就意味着，丛书的主旨仍将保持不变，还是要来发扬当年讲学社的精神。回想起来，我是在着手复建清华国学院的时候，发现了梁启超的此一讲学计划，乃至还发现了他亲笔谋划它的手稿，而其中最重要的要数它的第一条："本社因欲将现代高尚精粹之学说随时介绍于国中，使国民思想发扬健实，拟递年延聘各国最著名之专门学者巡回讲演。"

　　从学术思想史的角度着眼，对于理解早期国学院的这位导师，他这种讲学规划是很有参考价值的。正如我曾在上一篇总序中所说：

　　　　自从梁启超写出《欧游心影录》之后，无论在中国还是在外国，总有人误以为他走向了守旧与落伍。然而，正在这个起草中的"讲学社简章"，才证明任公仍然着眼于中西会通，——只不过，这位眼界更加开阔的思想弄潮儿，所渴望的却须是更加深入的会通，而为了达到这一点，就既要学术性地回归中国传统，也要倾听最高深的西学话语，更要鼓励两者间持续而激烈的对话。(刘东:《"讲学社丛书"总序》)

在梁启超生活的那个世纪，中国的国力也实在太弱了，也只有这位横跨政学两界的巨子，才敢构想这样的计划，才能实施这样的计划。正是出于这样的估量，我才会在一次"答记者问"中指出:

中国现代史上几次最著名的来华学术交流，就是由梁启超组织的讲学社所发起的，该团体曾经每年一个，先后请来了美国哲学家杜威、英国哲学家罗素、德国哲学家杜里舒和印度大诗人泰戈尔，到中国来进行较为长期的学术交流，不仅在当年轰动一时，而且对于此后的文化也是影响久远。(刘东:《宽正·沉潜·广大·高明》)

不待言，也正是为了效仿这个榜样和落实这种构想，我们才在复建后的清华国学院，从美国、英国、法国、日本和德国，先后请来了好几位著名的学者，他们并不是匆匆做一个讲演，而是要系统地教授一门课程。由此又可想而知，也正是倚靠着这样的教学活动，我们后来才编出了那套"讲学社丛书"。

其次还要说明的是，这样的渊源关系又意味着，丛书的形式也将保持不变，仍在于更加深入的"中西会通"，以倡导"两者间持续而激烈的对话"。关于这一点，我在上一篇总序中也已交代过了:

　　尽管请来的都属于名重一时的学者，但他们却并不是来照本宣科的，否则就跟又翻译了他们的哪本书没有什么本质的不同了。相反，他们被如此郑重其事地邀来，就是要到气氛活跃的课堂上，来跟中国学者各抒己见地进行交流，甚至来跟学生们唇枪舌剑地进行交锋。而为了做到这一点，我们还专门进行了制度设计，同时请来专业对口的中国学者来充任各个讲座的对话者，以便让同学们能从中看到，问题意识从来都是有"前理解"的，而知识生产也从来都是方生方成的。因此，真正会读书的读者和真正会听讲的听众，都不会只从一位作者那里，或者只从一位讲演者那里，就指望找到不可撼动的、足以当作信仰来膜拜的"绝对真理"；相反，那"真理"就算还确实存在，也从来只是隐隐约约地，闪现在互不相让的学术对话中，——从而在我们精心设计的讲座中，体现为增长着的文化间性！（刘东：《"讲学社丛书"总序》）

　　当然，大老远地把这些名家请来，彼此间还有着很好的交情，是绝不会成心去抢白或辩难人家的。事实上，那些同时受邀的与谈人，都未被预设任何前定的立场，既可以表现为赞赏与首肯，又可以表现为补充与发挥，也可以表现为激辩与反驳，所有这一切，仅仅取决于他们现场触发的感受，听命于他们基于理性的衡定。比如我自己，面对着好友德里克教授或好友包华石教授的讲座，就从全部的上述这三个角度，既客客气气又有一说一，现场发表了充满激情的论断；而且，据说有的同学赶到这个现场，还是专来听这种"高手过招"的，觉得这要比一个人"照本宣科"显得更加灵动，也更富于启发。而此后，想必有不少读者也都看到了，我也就基于现场发挥的灵感，至少是把这种灵感当作提纲，为他们的著作都写出了长篇评议。

可无论如何，这种更加深入的"中西会通"，既已明确了"既要学术性地回归中国传统，也要倾听最高深的西学话语"，那就不能去盲目地随大流，再懵懵懂懂地自诩为"无问西东"；恰恰相反，倒应像我在一本近作中挑明的，必须明确意识到"在'话语－权力'的重压之下，这种'无问西东'的或'不加分析'的接受态度，往往又暗含着某种盲从的心态"，而且"这种情势再演变到了当今，我们再朝身边打量一下，就会如梦方醒地发现，凡是继续去声称'无问西东'的，其实在他的潜意识里面，都是默默地在以'西方'为标准的"。所以在这个意义上，"一旦到了这样的场合，所谓'无问西东'也就意味着，不再保有自家的'文化本根'，也不再对于文明间的接触，保持'追根究底'的好奇心，而无非是亦步亦趋，且还是邯郸学步"。（刘东：《长问西东·自序》）

既然如此，就不妨再把话讲得明确些，在这种更加深入的"中西会通"中，或者在"两者间持续而激烈的对话"中，真正可取的态度就不再是"无问西东"，而只能是针锋相对的"长问西东"。正如我在前述序文中指出的："既是在明确主张'长问西东'，那就不能再是'只西不东'，也不能再是'只东不西'，而要对来自双方的学术佳作，都以至少是双倍之力，去进行双向的、相互诘问的对读，以期在文明之间的'对话性'上，再对之进行双向的创造性转化。"也只有做到了这一点，借助于"长问西东"的那份警觉，我们"才能意识到双方的文化边界和价值特色，从而再将自己跨越性的思想，宽广地奠基于'东、西'之上，由此思考出足以'超越西东'的价值"。惟其如此，才可能进而发出下述的畅想："我们的真正富于力道与成效的运思，只能发生在'中西'

的边际上，也唯有那个足以'跨越文化'的宽广所在，才可能进而成为全人类的价值增长点。"(刘东：《长问西东·自序》)

最后还应当说明，这种渊源关系还意味着，主持人的初衷也未曾少变，还是要横跨在"文化间性"之上，去切实地尝试"中国文化现代形态"的确立，乃至于去更高地去追求"人生解决方案"的奠定。事实上，正如我早就总结过的，早期清华国学院的学术传统，跟其他的旧式书院均不相同，这突出表现在其导师的精神视野中。由此，在一方面，"至少我们可以说，他们在当时简直是无一例外，都属于最了解西学的中国学人；而一旦得到了这种世界性的框架，再回头来反观本土学术文化，眼光终究是大不一样了，于是故国传统在他们那里，就反而显得既值得坚守，又充满灵动和弹性"。而在另一方面，又与此相反相成的是，"他们在惯习的践行方式上，又多属于传统的儒者，还未曾受到'为学术而学术'的现代分工之割裂，所以值此数千年未有之大变局，就必能保有中国古代士夫的忧患意识，这反而使他们的治学活动，有了强大的文化背景、道德蕴涵与心理动机"。(刘东："清华大学国学研究院·四大导师年谱长编系列"弁言)

不在话下的是，如此优良丰厚的学术传统，自会被带到这边的中西书院来，并从一开始就写进了"建院规划"中；而且，既然这家新近创立的学术机构已经明确地要以"中西"二字来冠名，也就更自觉地展示了那种视野、凸显了那种追求。事实上，围绕着"中西"二字的这种念想，以及准此来进行操作的理由，已被我写进了另一套丛书的序言里：

　　自晚清的国门被迫开启以来，由于"应战者"借以谋求自强的武器，反而必须谋之于外部的"挑战者"，也就使新一代"学术大师"的标准,从以往单纯时间性的"博古通今",扩充成了如今空间性的"学贯中西"。于是,如果再从更积极的角度来评估,在当今日益全球化的学术语境中,"中西"这个界面也就从激烈冲突的焦点,反而变成了学术上傲人的制高点。而浙江大学所以要成立"中西书院",也正是鉴于"中西"这两个字,已经成为领先学府的主要标准和国际视野的基本标志。本着这样的认识,我们在这个新创的学术机构中,也便可更加专注于文化之间的特别是中西之间的持续对话,从而既去警惕文明冲突的破坏性,也来憧憬文化交融的生产性。

此外,还要进一步辨析的是,这里提倡的大跨度的"学贯中西",已不再是卖弄式的、东拼西凑的"掉书袋",那种学究气其实既酸腐又颓唐;恰恰相反,我们在这里理应昂起头颅瞻望:

> 在如此发散的思绪中,却又聚敛了思想的主线,即中国与西方的文化边界。这样的一条边界线,无疑正展示着最为激烈的冲突;但也有可能,恰又在如此震荡的界面上,反而孕育着未来文明的增长点。(刘东:"中西书院文库"总序)

而唯一不得不兴叹的,或者唯一不得不变化的,只是每年都要增添一圈的年轮,或者从身边哗哗淌过去的流年,而夫子当年到了那个川上,所以会讲出"逝者如斯夫,不舍昼夜",也应是出于同样无奈的感受。事实上,也正是出于这一份无奈,我才在2020年的春夏之交,再次从清华转移到了浙大,好让棋盘上的

"孤子"再向上延几口气。而且再回想起来，实则早在刚刚初出茅庐的时候，自己就已在那本处女作中，借着对于歌德著作的解读，意识到了这个永恒的人生难题：

> 的确，生命的有限和事业的无限，这无疑是人生中最大和最深刻的一对矛盾。我们因此可以说，《浮士德》最后的"事业悲剧"，是它五个悲剧中层次最高的，最能体现歌德悲剧精神的悲剧。从本心来说，浮士德永远不愿意停留，他要向那辉煌庄丽的自由王国无限地逼近。可是，他有限的生命却无情地使他面临着死，面临着停住脚步。于是，他不得不竭尽自己的最后一点儿心力，把自己从现在推向憧憬中的未来，希望自己不是停留在这个到处充满悲剧性冲突的可恶环境中，而是停留在"自由的人民生活在自由的土地上"那样一个"至高无上的瞬间"。（刘东：《西方的丑学》）

再回想起来，一方面当然也有理由说，正因为及早地看到了这种悲剧性，且又念念不忘其中的危机感，才激发了自己在此后的四十年间，几乎未曾片刻地有所疏懒懈怠。当然也正因为这样，我才有理由去写出下述这番自慰：

> ……在那本杂志（即《中国学术》）熬成了学界公认的传统以后，在我与此同时所精选出的学术著作——既包括海外的中学，也包括海外的西学——也已经由翻译、编辑和印刷，而进入了汉语的阅读空间，从而拉近了同国外学界的距离之后，居然还能发现自己"踏遍青山人未老"，而

终于等来了另一波的高峰状态，还来得及把自己多年来的所思，尤其是为了完成那些前期工作而广泛阅读的心得，以尚不算太过仓促的心态铺陈出来。——由此也就足见：只要能够抓紧和愿意释放，人生对我们而言，就还可以显得稍微长一点！（刘东：《天边有一块乌云·后记》[未刊稿]）

可另一方面，就算是"可以显得稍微长一点"，我们的人生还是相当短暂乃至极为迫促的。所以说，纵是有了所谓"日就月将"的抓紧，有了所谓"朝乾夕惕"的警醒（这八个字目下正镌刻在我的门楣上），而且，纵是有了这次对寻常"生命周期"的反抗，自己还是不得不徒唤奈何、仰天长叹，越来越紧迫地感到生命的有限性了。在这个意义上，当下我正抓紧去做的所有事情，无论是写书、编书，还是教书、卖书，都不过是要赶在那个终点之前，"知其不可"地做出的殊死抵抗，——正如我在前几年就此所写的：

说得更透彻直白一些，这正是自己在步入了生命的转折点之后，并且在经历了惊心动魄的困惑、失望和颓唐之余，乃至于，在不得不又先把自己从思想上"置之死地"之后，才基于已经是"退无可退"的人生底线，而不得不得出的大彻大悟和不得不进行的自勉自励。（刘东：《前期与后期：困境中的生命意识》）

不过话说回来，既然这次总算暂时生效的"抗命"，又让我"额外"享有了一段时间去延展自己钟爱的治学生涯，那么，就总要再去坚持"讲学社"的事业，继续要求"既要学术性地回归中国传统，也要倾听最高深的西学话语"，从而继续把中西学术的深度对话，推向一波又一波令人兴奋不已的高潮。这还不只图着再让自己"过瘾"，——无论如何，越是走到了人生的这个阶段，就越要把知识发生的过程，历历在目、活灵活现地展示出来，让学生们不光能领悟到治学的门道，还足以进而体悟到治学的乐趣。惟其如此，他们才能更充满主动性地从我们手中接过这根沉重的、已被攥出了手印的接力棒。

那么拼尽全力的结果，会不会还是落得个"杜鹃啼血花空老，精卫偿冤海未平"呢？对于这一点，此刻已不光是无法逆料，甚至都不敢再多去想象了。唯一能抓住的念想也只是，既然眼下总还允许"杜鹃啼血"，就且去拼得喊破自家的喉咙吧！

刘东

2023 年 10 月 23 日于浙江大学中西书院

目 录

第一讲　物质、物质性与历史书写：科学史的新机遇

柯安哲　薛凤

　　在科学史走向全球化之际，其内容和方法会是怎样的？本年度的"梁启超纪念讲座"将讨论科学史及其资料源构成正在发生哪些改变。我们所说的资料源，指的是学者们在探讨科学和技术思想时涉及的资料，以及这些科学和技术思想在不同时间和空间范围内发展时所使用的各种资料（包括但不限于物品、历史文献、民间传承等），也包括学者们认为可能会有用的其他资料。

　　让我们从两位历史人物的学术主张谈起，这二人都与亚洲地区有关。中国学者梁启超（1873—1929）——一位备受尊崇的学术前辈，也是这一系列讲座的冠名者——在1920年从欧洲游学归来后，曾经在著作中讨论史料的意义。在《中国历史研究法》的第四章《论史料》中，梁启超谈及意大利庞贝古城被发现后，"意人发掘热骤盛，罗马城中续得之遗迹，相继不绝，而罗马古史乃起一革命，旧史谬误，匡正什九"。[1] 相比之下，梁启超也注意到，中国的古代遗址在历史研究中尚未扮演重要角色：假如巨鹿

---

[1] 梁启超：《中国历史研究法》，《梁启超全集》，北京：北京出版社，1999年，第4108页。

城（1918 年发现的宋代古城遗址，但遭到盗挖，出土文物被贩卖）"苟其能全部保存，而加以科学的整理，则吾侪最少可以对于宋代生活状况得一明确印象"。[1]梁启超在评论出土文物对历史研究的巨大价值时，将可用的历史资料分成两部分——非文字资料和文字资料。他把非文字资料又细分为三个类别——现存的遗址、口头传统、以往的遗留物。他认为，这些历史资料都属于考古学、人类学和民族学、民俗学的范畴。梁启超对地下出土文物的关注，在当时具有开创性意义。

三十多年后的 1958 年，李约瑟（Joseph Needham，1900—1997）在总结中国西部和南部之行的考察报告中写道："总体上，中国的考古学正在大规模发展。对考古专家的集中培训正在进行，以期能有考古队伍伴随大型公共设施（公路、铁路、运河）的建筑者们同行，能科学地处理他们可能会挖掘出来的任何遗址和文物。"[2]李约瑟终其一生，都时刻关注着中国考古学的发展。事实上，李约瑟并不顾忌西方同行对其著作的持续批评，在他与剑桥大学出版社合作出版的《中国的科学与文明》（Science and Civilisation in China，简体中文版译为《中国科学技术史》）系列著作中，他坚持不懈地将物品和物质文化研究也囊括其中。在他看来，这一系列著作是他对于"中国那些迄今未得到承认的对于科学、技术和科学思想之贡献"进行探索的首批成果。

我们从中可以看到，在 20 世纪的上半叶，这两位学界巨擘都热衷于考古学。他们的目标和议程相距甚远，他们所代表的科学及科学史的范围也迥异，甚至说大相径庭也不为过。梁启超作为

---

[1] 梁启超：《中国历史研究法》，《梁启超全集》，第 4108 页。
[2] Joseph Needham, "An Archaeological Study-Tour in China, 1958," *Antiquity* 33, no. 130 (1959): 113–119.

中国的政治家和人文主义思想家，热衷于"西方的"现代科学，他把"西方的"考古学当作一种致力于研究物质遗存的学科；李约瑟作为科学家（胚胎学家），热衷于历史上"中国的"科学变迁，非常看重物质本身，并重视通过这些物质和考古发现去揭示科学和技术变迁的轨迹。这两位学者对于考古学在科学中的角色持有不同的见解，可以被理解为由他们生活在其中的不同世界所造成。这表明，关于什么是"西方的"与"东方的"、"现代的"与"传统的"科学，人们在过去和现在都有着非常不同的理解。在梁启超看来，现代科学之所以是现代的，那是因为它们让物质的、实际的、可以用的——彼得·迪尔（Peter Dear）称之为工具性的——方面成为科学的一个组成因素：西方考古学家把物质材料当作某种化合物来研究；物理学家探讨宇宙的根本性结构。[1] 相反，李约瑟和弗里德里希·恩格斯（Friedrich Engels）、鲍里斯·黑森（Boris Hessen）或者贝尔纳（J. D. Bernal）一样，认为"科学的本质是一种知识活动……其坚固地立足于这样的假设：科学从根本上是马克思意义上的一种技术活动"。[2] 在科学的历史复原中，需要把对自然哲学（比如宇宙观）、物品以及科学的产出（比如，印刷术、火药、环境改造和化学加工等）组合在一起。

　　梁启超和李约瑟关于科学和历史持有不同观点，而我们在这

---

[1] 这种工具性并不一定依赖于自然哲学的角度，参见 Peter Robert Dear, *The Intelligibility of Nature: How Science Makes Sense of the World*. Chicago: University of Chicago Press, 2007, p. 2。

[2] Publisher's advertisement, "The Scientist's Bookshelf," *American Scientist*, 1954, 42: 692。也参见 Joseph Needham, *Science and Civilisation in China*, Vol. 7: *The Social Background*, Pt. 2: *General Conclusions and Reflections*, ed. Kenneth Girdwood Robinson, with contributions from Ray Huang. Cambridge: Cambridge University Press, 2004（下文引用时写为 *SCC*, Vol. 7, Pt. 2）。可对照 Robinson, "Volume Editor's Preface," *SCC*, Vol.7, Pt. 2, pp. xvii–xxiii; Mark Elvin, "Vale Atque Ave," *ibid.*, pp. xxiv–xliii; and Needham, "Foreword" (1995), *ibid.*, pp. xvii–xvli。

个系列讲座里要讨论的正是导致二人观点差异的核心问题——物质在科学中的不同角色，以及历史学家因之对于实践、理论、物质、行动和科学变迁思想的不同观点。梁启超和李约瑟都持有二元对立的观点：在这类观点中，科学史在欧洲是一种关乎理念的思想活动，在亚洲则以物为对象。但是，由于科学及其历史已经发生变化，关于"是什么造成了东方和西方的科学"这一问题，地方立场和全球立场也都发生了改变。考古学这个认定自身能理解特定文化和历史时期的学科，及其汇入科学史叙事的方式会呈现为：**从事科学与书写科学史的方法有所改变**。这正是我们准备讨论的问题。在20世纪20年代的那场关于科学与形而上学（玄学）的争论中，梁启超采取的立场与丁文江（地理学家和科学史家）和胡适（思想家和哲学家）等人正好对立。这场讨论把科学（作为现实存在）严格地与形而上学和政治对立起来。王作跃在总结当时的情形时指出，政治领袖们认为"专业科学家与工程师和企业家们，尚未毁于中国的传统学术和政治权力"，他们是"拯救中国免于物质和精神崩溃的最后希望"。[1] 在接下来的一个世纪里，西方和中国对于科学和考古学的研究进路都出现了反转：在中国，从关注实践和物质发展为关注知识思想；在欧美，则从关注思想史回到关注实践和理论。

我们还是要从回顾历史开始，勾勒中国与西方在方法上与机构上的差异，这些差异自梁启超和李约瑟时代以来塑造了各自的科学史研究；我们也会描述一下，当前的研究进路和方法是如何朝向更为全球化的视野而迈进的。在这些讲座中，我们会涉及数

---

[1] Zuoyue Wang, "Saving China through Science: The Science Society of China, Scientific Nationalism, and Civil Society in Republican China," *Osiris* 17 (2002): 302.

字人文（Digital Humanities）的角色、我们看待知识流转和迁移的方式发生了哪些改变、科学在历史书写中的角色、遗传研究与地质学等题目。

这些我们将要进一步深入探讨的问题，已经促使我们在刘东教授的大力帮助下启动了一个英汉翻译项目，聚焦关于科学变迁的近期研究成果，这就是由浙江大学出版社启真馆出版的《科学史新论》一书。这本书想促使读者更为透彻地思考学者们该如何跨越语言的边界，并就各自的方法和关注点进行深入交流。在中国和欧洲的若干机构联合推动下，该项目要从翻译的角色入手，去理解在东方和西方关于科学、技术和医学领域中，有哪些观点正在发生改变。

在第一讲中，我们会继续讨论《科学史新论》一书中提出的一些问题，思考科学史和技术史领域里东方和西方学术界在方法上的转变。当科学史成为一个全球性的学科时，东方和西方关于科学变迁的研究有哪些差异，又有哪些相似之处？我们将从东西方历史学的主导趋势即社会史开始，进行一些思考。此外，我们将聚焦物质和物质性，以此来说明考古学作为一种方法所承担的角色，以及它如何发展为一个能揭示科学变迁的细致层次的学科。

李约瑟、梁启超与考古学

回溯李约瑟和梁启超的学术生平会让我们注意到，这类"杂糅人物"（人文主义的科学家与倡导科学的人文学家）在东方和西方科学史的初期阶段所起的作用。在整个系列讲座中，我们都会关注科学方法和人文学之间的张力，这曾经极大地影响过我们对于科学变迁的观点；时至今日，我们面对的不单是**如何做科学史**研究的问题；随着环境问题成为核心，这也是一个**谁**能获得授权、获得证据来书写历史的问题。在关于人类世（Anthropocene）的讨论中，这是一个重要之处。

如我们所知，梁启超这位重要人物，堪称 20 世纪中国史上最著名的政治和文化改革者之一，他与中国科技史上的重要人物李约瑟从未谋面。李约瑟出生于 1900 年，仅仅能从三位化学专业的中国研究生鲁桂珍、王应睐、沈诗章那里知道梁启超其人；他首次驻留中国是在 1942 到 1946 年，在重庆担任中英科学合作办公室主任。在梁启超和李约瑟的时代，科学兴趣与历史兴趣的杂糅影响了两个方面——科学和史学作为专门学科的形成。

20 世纪 20 年代，在梁启超介入的那场关于科学与玄学之关系的争论中，他站在丁文江和胡适的对立面。地理学家丁文江和张资珙都与李约瑟相似，他们既是科学家，又是传授科学内容的历史学家，在科学之外补充了科学的谱系来源（历史或者是故事）来描绘西方知识是如何产生的。这也是中国科学史历史书写的开端：这些人在专著的序言和附带报告中展示了"现代化"的理想和模式。[1]一些英语科学史著作在 20 世纪 20 年代已经有中文译本，一些海外中国留学生将自己导师的著作翻译成中文。竺可桢便是其中之一，他也是《科学史年鉴》的发起人。[2]

在接下来的几十年里，翻译西方学者的科学史研究著作则基于个人兴趣与机缘巧合，译著书目未免有些纷杂，比如弗洛里

[1] 李约瑟：《中国科学技术史》第一卷第一分册，《中国科学技术史》翻译小组译，北京：科学出版社，1975 年，第 23 页。
[2] 关于科学翻译的总体情况，见黎难秋：《中国科学翻译史》，北京：中国科学技术大学出版社，2006 年。译者和作者在序言中经常将该著作置入历史语境当中，而历史学上的论点经常被当作科学溯源。

安·卡约里（Florian Cajori）的《物理学史》（*A History of Physics*，1899）、E. G. 波林（E. G. Boring）的《实验心理学史》（*A History of Experimental Psychology*，1929）、J. R. 柏廷顿（J. R. Partington）的《化学简史》（*A Short History of Chemistry*，1937）、W. C. 丹皮尔（W. C. Dampier）的《科学史及其与哲学和宗教的关系》（*A History of Science and its Relation to Philosophy and Religion*，1948）、贝纳尔（J. D. Bernal）的《历史上的科学》（*Science in History*，1954）或者莫里斯·克莱因（Morris Kline）的《古今数学思想》（*Mathematical thought from Ancient to Modern Times*，1972）。[1]

　　在随后的几十年里，东方与西方（至少那些研究科学变迁的西方历史学家）最明显的趋同之一是托马斯·库恩（Thomas S. Kuhn）的《科学革命的结构》（*The Structure of Scientific Revolutions*，1962 年初版，1970 年第二版）。[2] 一般而言，人们都会承认，托马斯·库恩的《科学革命的结构》一书对后来全部科学史研究产生的影响无人能及。正如韩嵩（Marta Hanson）在 2006 年发表的那篇全面综述中指出的那样，这在中国和西方都是如此。库恩认为，科学发展不是累积和递进性质的，而是不连贯的、有赖于科学家的社会组织——他们要形成有共同信念的共同体。从这一角度看，科学知识被归整到"范式"（paradigm）当中，而"范式"则依靠关键案例来描绘理论何以能够解释自然现象。按照这一理论的说法，那些无法为这些"范式"所解释的非同寻常的发

---

[1] 由于篇幅所限，这里无法提供完整的文献列表。翻译著作经常以物理学、化学、数学和天文学为目标，见张资珙在他翻译的韦克司（Mary Elvira Weeks）所著的《化学元素发见史》中的"译者赘言"，上海：中国科学仪器图书公司，1952 年。

[2] Thomas S. Kuhn, *The Structure of Scientific Revolutions*. Chicago: University of Chicago Press, 1962. 中译本参：《科学革命的结构》，金吾伦、胡新和译，北京：北京大学出版社，2012 年。

现，会给从业者共同体带来危机，他们中的一些人会试图以提出新范式的方式来解决问题。比如，黑体辐射的频谱分布就是经典物理学中的极为反常情况：在频率最高时辐射能量反而低，而不是无限大。[1] 马克斯·普朗克提出的解释是，电磁辐射以量子的形式被释放，并且当能量低于一个量子时不会有辐射产生。普朗克以这种方式为量子力学新范式贡献了一个关键性的概念因素。对任何新范式的接受都包含着对旧范式的拒绝，哪怕先前解释模式中的某些因素可以被转换到新范式（量子力学）的术语当中，而其他因素则干脆被认为多余。在这一意义上，范式转换便意味着知识的失与得。

库恩的著作销量极好，但是受到哲学家和科学家们的激烈批评。他们认为，该书将科学变迁展示为"非理性的"（库恩提到从一个范式转换到另一范式是一种"改宗"行为）。来自历史学家的批评要温和一些：他们认为，库恩理论指出的那类突出的非连贯性——（科学）革命——无法说明科学知识上众多的增量性改变。[2] 库恩本人在后来的学术生涯中转向了一种更为"演化式"的科学理解。今天，已经很少有（假如还有的话）学者还会把库恩的范式模型应用到自己的历史个案研究当中；但是，他对于科学实践的描述——科学依赖有着相似思想的从业者共同体来解决疑团、经由教科书和学说来传承其理论和方法——还依然渗透进 20世纪 70 年代以来的著作当中。库恩的理论仍然有着点铁成金的魅

---

[1] Kuhn, *The Structure of Scientific Revolutions*, p. 89. 库恩后来就此题目写过一本书：Thomas S. Kuhn, *Black-Body Theory and the Quantum Discontinuity 1894–1912*. Oxford: Oxford University Press, 1978。

[2] Gary Gutting, *Paradigms and Revolutions: Applications and Appraisals of Thomas Kuhn's Philosophy of Science*. Notre Dame, IN: University of Notre Dame Press, 1980. Robert J. Richards and Lorraine Daston, eds. *Kuhn's Structure of Scientific Revolutions at Fifty: Reflections on a Science Classic*. Chicago: University of Chicago Press, 2016.

力，也催化出其他有影响力的思想学派。

20 世纪 70 年代末和 80 年代，以英国爱丁堡和巴斯的学者如巴里·巴恩斯（Barry Barnes）、大卫·布鲁尔（David Bloor）、哈里·柯林斯（Harry Collins）为主的一群科学知识社会学学人，对库恩所谓的科学共同体做了扩展，认为科学知识反映了其创造者背后广泛的社会利益和经济利益。[1] 这一学派的经典案例便是，骨相学和优生学的描述是英国维多利亚时代和爱德华时代特定社会和阶级利益的展现。[2] 在医学史当中，这类社会史指涉也意味着顾及患者的视角，以及考虑到对医生职业化及专业人员兴起的社会学研究；[3] 在技术史领域，这破除了那些只聚焦于设计和生产领域（经常描述的对象为男性工程师和企业家）的传统观点，也把使用者——工人、消费者——的活动纳入进来，顺理成章地也包括女性。[4] 露丝·施瓦茨·考恩（Ruth Schwartz Cowan）指出，使用者在"消费结点"（consumption junction）上对技术的接受或

[1] Barry Barnes, *Scientific Knowledge and Sociological Theory*. London: Routledge & Kegan Pual, 1974; David Bloor, "The Strong Programme in the Sociology of Knowledge,"*Knowledge and Social Imagery*, edited by David Bloor, Chicago: University of Chicago Press, 1976/1991, pp. 3-23. Harry M. Collins, *Changing Order: Replication and Induction in Scientific Practice*. London: Sage Publications, 1985.

[2] Donald MacKenzie, "Eugenics in Britain," *Social Studies of Science* 6 (1976): 499-532. Steven Shapin, and Simon Schaffer, *Leviathan and the Air-Pump: Hobbes, Boyle, and the Experimental Life*. Princeton: Princeton University Press, 1985. 中译本参：《利维坦与空气泵：霍布斯、玻意尔与实验生活》，蔡佩君、区立远译，上海：上海人民出版社，2008 年。

[3] Roy Porter, "The Patient's View: Doing Medical History from Below," *Theory and Society* 14 (1985): 175-198; Ronald L. Numbers, "The Fall and Rise of the American Medical Profession," *The Professions in American History*, edited by Nathan O. Hatch, Notre Dame, IN: University of Notre Dame Press, 1988, pp. 51-72.

[4] Wiebe E. Bijker, Thomas P. Hughes and Trevor Pinch, eds. *The Social Construction of Technological Systems: New Directions in the Sociology and History of Technology*. Cambridge, MA: MIT Press, 1987. Ruth Oldenziel, *Making Technology Masculine: Men, Women and Modern Machines in America*. Amsterdam: Amsterdam University Press, 1999.

者拒绝决定了技术如何发展。[1]

这种对于科学、技术和医学中"社会因素"的新关注，在 20 世纪 80 年代和 90 年代变得更为本地化，聚焦在特定的空间和机构上。这一趋势的先驱著作之一便是布鲁诺·拉图尔（Bruno Latour）与史蒂夫·伍尔加（Steve Woolgar）合著的《实验室生活》（*Laboratory Life*，1979），它表述了科学知识生产实际情况中的新焦点，他们提供的个案，是加利福尼亚的索尔克生物研究所。[2] 卡瑞恩·克诺尔·塞蒂娜（Karin Knorr Cetina）沿着类似的思路，强调实验室条件的人为性，以及在科学的不同分支领域（比如物理学与分子生物学）里实验活动存在的大幅差异。[3] 史蒂文·夏平（Steven Shapin）和西蒙·谢弗（Simon Schaffer）的《利维坦与空气泵》（*Leviathan and the Air-Pump*）一书以早期的真空泵这种特殊仪器为中心，提供了关于科学革命的一种看法，并指出：对实验结果的现场演示与以书面形式发表相关文献，这两种做法都是形成令人信服的知识的关键途径。科学争论，尤其是伦敦皇家学会成员之间的争论之所以能用这种方法平息，部分是由于他们有共同的绅士文化。[4] 通过展示这幅图景，两位作者认为，由此发展而来的那些解决科学争论及权威认定可靠知识的方法，带来的结果是（英国）市民社会的持续分裂，其中一方为

---

[1] Ruth Schwartz Cowan, "The Consumption Junction: A Proposal for Research Strategies in the Sociology of Technology," *The Social Construction of Technological Systems*, pp. 261–280.

[2] Bruno Latour and Steve Woolgar, *Laboratory Life: The Construction of Scientific Facts*. Beverly Hills, CA: Sage Publications,1979. 中译本参：《实验室生活：科学事实的建构过程》，修丁译，上海：华东师范大学出版社，2023 年。

[3] Karin Knorr Cetina, and Michael Mulkay, *Science Observed: Perspectives on the Social Study of Science*. London: Sage Publications, 1983. Knorr Cetina. *Epistemic Cultures: How the Sciences Make Knowlege*. Cambridge, Mass.: Harvard University Press, 1999.

[4] Simon Schaffer and Steven Shapin, *Leviathan and the Air-Pump*.

政界成员（以托马斯·霍布斯为代表），另一方为自然哲学界成员
（为罗伯特·玻意尔所代表）。

《利维坦与空气泵》将某件仪器作为焦点的做法，启发了其他
学者去思考实验的重要性以及实验的关键性技术。在此之后，仅
仅把科学知识置于宽泛的阶级利益或者社会信念之中的做法已经
远远不够了。为了理解知识是怎样被创造和扩展的，学者们重新
考虑了物质性的重要意义。关于如何最好地说明在科学、技术和
医学领域中物质动因和社会真实之间的关系这一问题，在过去和
当下都有着活跃的讨论。

如何将"物质趋向"置入这一学术景观当中

在早期阶段，科学与物质密切关联在一起。我们在前文中提
到过梁启超对于考古学的兴趣。众所周知，他在 1922 年发表的
《科学精神与东西文化》一文中，批评传统的中国学术把"形而上
者谓之道，形而下者谓之器"作为一种主要的认识原则而加以护
卫。他认为，把道德看得比技艺和技能更重要（"德成而上，艺成
而下"），这表明中国缺少西方科学中的探索精神和热情。梁启超
意识到，"物"（如罗盘和火药）在他想象的"西方"科学变迁中起
到重要作用。这些西方的"科学"，与中国任何探究自然的方式都
截然不同（尽管梁启超也反复提到"格物致知"，本杰明·艾尔曼
[Benjamin A. Elman] 曾经指出这一点）。[1] 各种研究表明，对梁

---

[1] Benjamin A. Elman, "Rethinking the Twentieth Century Denigration of Traditional Chinese Science and Medicine in the Twenty-First Century," *The 6th International Conference on The New Significance of Chinese Culture in the Twenty-First Century*, 2003.

启超的历史与科学研究进路有指导意义的是理念和政治，而不是物质和物品。

相比之下，李约瑟在 1941 年就对物质感兴趣："活的生物体实际上是由无数的终极粒子、电子和质子'构成的'，但它们的排列和组织序列要远远超过一座雕像这样的简单实在物，甚至超出复杂而美丽的水晶。关键在于你无法指着任何一处并且说'这里是形的终结，物的开端'。"[1] 李约瑟采用了体积分析的隐喻，这是一种化学分析方法，通过缓慢地在一种已知浓度和体积的溶液中加入另一种溶液（滴定剂），直至反应中和并导致颜色变化，以此来确定溶液的浓度。他借此描述自己对"东方文化"的处理方法。他的分析程序要"对所有伟大的文明进行相互间的'滴定'，以发现并肯定其中的光彩。因此，我们似乎必须分析诸多了不起的文明当中社会或者思想方面的各种构成因素，以此来弄明白为什么一种组合能在中世纪时出类拔萃，另外一种则能后来居上，带来现代科学"。[2] 对于李约瑟来说，历史如何变迁，既取决于一个文明的**构成因素**，也取决于这些构成因素的**组合**。就如同在科学上去探究物质世界的转变一样，历史学也以质性材料与构造形式的辩证综合为基础。[3]

基于物质的实践以及具身化的行动，同样被认为是内在于科学史的。在李约瑟的表述中，理念和物质条件是被潜在的社会力量连接在一起的。组织方式——这是掌握物质生产的社会关系——决定了理念和内容如何找到表达形式，呈现为现代科学知识和技术。如果李约瑟要涉及实践的物质性，他所指的不会是那

---

[1] Joseph Needham, "Matter, Form, Evolution and Us," *World Review* 15 (1941):15.
[2] 同上引，第 12 页。
[3] Buyun Chen, "Needham, Matter, Form, and Us," *Isis* 110, no. 1 (2019): 122–128.

种一切物质都共有的、与物相类的普遍物质性，而是会去强调其在物理上、社会上、经济上的特定表达。他所采用的那种物质主义方法，早已被物质文化研究以及新物质主义所取代。[1] 我们从两方面来切入这些转变：首先从考古学谈起，然后会结合我们自己的学术成长进程，切入被人们称之为"实践转向"的学术取向。

考古学

前文中提到，在梁启超的时代与我们今天之间的几十年里，中国考古学在很多方面呈现了科学方法和科学史方法上的改变。这些改变是什么呢？要描述这些改变，我们需要先看一下考古学自身的发展：

- 考古学发展为一门学科：全国范围内的讨论；
- 着重于起源以及最早出现的情况；
- 在"冷战"前的时期，重新把焦点从美国和西欧转向苏联和东欧；
- 基谢廖夫（S. V. Kiselev）和蒙盖特（Mongait）将马克思主义的目的论写进教科书；
- 1958 年，夏鼐是李约瑟的主要信息提供人；
- 1959 年，破除"中国文化的西方起源"这一论点；

---

[1] 两本关键性的著作是：Karen Barad, *Meeting the Universe Halfway: Quantum Physics and the Entanglement of Matter and Meaning*. Durham and London: Duke University Press, 2007; Jane Bennett, *Vibrant Matter: A Political Ecology of Things*. Durham and London: Duke University Press, 2010。

- 促进考古学发展的主要因素是新材料，而不是新理论和新方法论；
- 类型学和文化－历史范式：社会发展的起源和阶段；
- 苏秉琦基于蒙特柳斯的陶器资料而提出一种新的类型学，李约瑟则认为应该进行化学分析并从技术入手来进行这类讨论；
- 苏联先进的科学技术争论导致以民族为中心的方法，使材料适应这种争论土壤；
- 到了 20 世纪 80 年代，出现了一个区域文化谱系，由此形成考古学与科学多种学说。苏秉琦将新石器时代晚期的文化繁荣标记为中华文明的开端，称其为"满天星斗"的时代。[1]

例如，在 20 世纪 80 年代的西方，理论考古学家罗伯特·邓内尔（Robert C. Dunnell）对人才培养方法感兴趣，他力图在西方将考古学推向"科学的"学科，认为"形而上学问题是考古学未能迈向科学学科的核心问题所在"。[2]邓内尔认为，这一发展源于第二次世界大战后的 20 世纪 60 年代。当时，李约瑟启动了他那个严重依靠"科学考古学"和物质文化来研究中国（与邓内尔的做法完全相反）的计划，即"中国的科学与文明"项目，以此来（向全世界）证明中国也有科学遗产。考古学与科学靠近。在随后而来的岁月里，科学史则发展出不一样的议程，尽管也有着相当多的物质取向，面临着物质的、文化的和实践的转向。在西方，科学史与考古学脱钩。

直到最近，随着遗传学和地质学的新发展，科学史与考古学才又重新连接起来。2018 年，布赖恩·希弗（Brian Schiffer）将考古学定义为以"人制造和使用物品"为对象，即对那些能揭示如下问题的人和物事进行研究："物品的质性、网络或相互作用者关联和涌现能力——其用语和描述模式不仅出现在考古学、计算机科学、设计研究、人文地理学、思辨哲学，科技与社会研究（STS）领域中那些最近的、自封为'本体论'式著作当中，而且存在于科学史自身当中。"[1] 毕竟，希弗的标题"科学考古学"在措辞上听起来很像在移用福柯的"知识考古学"，后者在 1969 年哀悼"考古学曾经作为一个致力于沉默的遗址、呆板的遗迹、没有语境的物品、往昔遗留的物件的学科，它热衷于历史的处境，只能通过重置历史语境而获得意义。可以说，如果玩弄一点辞藻的话，在我们的时代，历史学热衷于考古学的处境，热衷于对遗址的固有描述"。[2]

在两个重要问题上，希弗有别于福柯，2019 年与 1969 年的视野截然不同。其一，科学史不再是一种理念的历史；其二，对今天的科学史学家来说，历史遗迹不再是无声的，踪迹会有生命力，物品有书面文字之外的语境。

李约瑟和他的重大项目"中国的科学与文明"在这一改变中处在怎样的位置上呢？莫里斯·洛（Morris Low）在 1998 年为一本题为"超越李约瑟"（此时李约瑟已经去世三年了）的《奥西里斯》（*Osiris*）期刊专号撰写导言，他认为，随着科学研究和发

[1] Jesper Olsen, N. John Anderson, and Mads F. Knudsen, "Variability of the North Atlantic Oscillation over the Past 5,200 Years," *Nature Geoscience* 5, no. 11 (2012): 808–812.
[2] Michel Foucault, *Archaeology of Knowledge*. London and New York: Routledge, 2002, p. 8.

展的全球化及"冷战"后中国地位的变化，李约瑟的工作越来越
无关紧要了。[1]科学史也摆脱了李约瑟的二分法（东/西，传统
/现代，技术/科学）和现代科学范畴，以应对学科范围和政治
权限日益扩大的挑战。作为科学史学会（The History of Science
Society）会长，林恩·尼哈特（Lynn Nyhart）指出，当文学、艺
术、社会学、音乐、媒体和传播学者加入科学史学者行列时，该
专业正在转换成跨学科的形象。[2]后殖民理论推动了去重新评价
科学技术研究成果中的那些轻率的地缘政治因素，"亚洲作为方
法"的可能性已经让学者们形成主体立场，并从这里出发重新挑
战西方的主导地位。[3]

目前科学史、技术史和医学史中的一些讨论，与李约瑟曾经
严肃地对待过且在很多情况下曾经具有先驱性质的题目、方法、进
路非常相似，尽管他的用词不是我们的用词：李约瑟对于"传统科
学以及出现在特定文化中的科学该如何融入（西方）现代世界"这
一问题的思考，在我们这里变成了带着不同的视角去看待全球化
的科学史、技术史和医学史；他的历史唯物主义，在我们这里变成
了"物质性"；内嵌于我们的实践/理论讨论中的，是那些他力图
在技术与科学之间划定的线条，这已经变成了欧洲和北美对科学变
革历史研究方法的核心：历史学家们将科学史与技术史和医学史
予以区分。比如，美国的科学史学会成立于1924年（由乔治·萨
顿[George Sarton]发起）；技术史学会（Society for the History of

---

[1] Morris F. Low, "Beyond Joseph Needham: Science, Technology, and Medicine in East and Southeast Asia," *Osiris* 13 (1998): 1–8.

[2] Lynn K. Nyhart, "The Shape of the History of Science Profession, 2038: A Prospective Retrospective," *Isis* 104, no. 1 (2013): 131–139.

[3] Fa-ti Fan, "Modernity, Region, and Technoscience: One Small Cheer for Asia as Method," *Cultural Sociology*, 2016, 10:361–366.

Technology, SHOT）作为一个科学史的专业学会成立于 1958 年。但直到最近若干年来，张柏春、梅建军等中国学者发起的若干会议，才专门致力于技术史问题，尽管仍然没有出现将二者予以区分的趋势。我们能看到许多非同步性的趋势：当西方学者的研究在强调实践时，东方的科学和技术史学家正转向思想与概念上的题目。

柯安哲将在第三场讲座中，更为详细地讨论"物质转向"的渊源，即它如何既发端于托马斯·库恩对于概念性范式的聚焦，同时又对他的观点提出挑战。不过，本文首先要勾勒这一"物质转向"的另一影响。对于致力于科学观念研究的科学史家而言，核心人物是形成这些想法的科学家。每一代人都以前代科学家为基础，最引人瞩目的科学家会被记住名字并得到尊重，有时候会受到整个学术界的崇敬。英语中会说"达尔文产业"（Darwin industry），肯定也可以说"牛顿产业"或者"爱因斯坦产业"等。[1]传记是科学史研究领域中的重要类别，我们无意轻视，不过我们想说的是：如今也有关于科学研究对象的传记，正如同科学家的传记一样。[2] 早在 20 世纪 80 年代和 90 年代，一些更具社会学意识的历史学家就不仅注重个人的突破，也关注群体利益、研究学派和其他团体——其基础是共同体拥有共同范式，这是库恩本人所关注的。[3] 但是，随着"物质转向"的到来，人不再是唯一的主体。在知识产出上，用于实验的动物、比原子还小的粒子、构成

[1] John van Wyhe, "Darwin Online and the Evolution of the Darwin Industry," *History of Science* 47, no. 4 (2009): 459–473.
[2] Lorraine Daston, ed., *Biographies of Scientific Objects*. Chicago: University of Chicago Press, 2000.
[3] 比如，可参见 Gerald L. Geison, "Scientific Change, Emerging Specialties, and Research Schools," *History of Science* 19, no. 1 (1981): 20–40。

反应的化学物质也是行动主体。[1] 当然，它们不能表达自己，大多数也不存在人所具有的意向性。无视物质世界所扮演的角色，便会错失一些行动；不仅是科学史学家，环境史学家也想要恢复这一行动，借用布鲁诺·拉图尔（Bruno Latour）的用词，要让行动当事者参与进来。[2] 正如拉图尔在他对路易·巴斯德（Louis Pasteuer）的研究中阐明的那样，让巴斯德能够以疫苗胜利地征服炭疽的，不是某个想法而是做法，一种在实验室中"驯化"杆菌，并在那些暴露于病原体的牛身上成功地安排实验的实践——那些得到接种的牛活下来，没得到接种的牛死掉了。正如拉图尔所说的："正是经由实验室实践，微生物与牛、农民与他们的牛群、兽医与农民、兽医与生物科学之间的复杂关系将会发生转变。……将微生物和微生物的观察者包括进社会关联中，这一改变社会的做法绝非一桩小举措。"[3]

这些争论的核心问题是：我们该如何从历史的角度研究物质以及为什么要这么做。科学史中的哪类学术举措应该去聚焦物质性？当我们的主要资料不是物质本身，而是那些对物质的所作所为予以描述的文本时，这些问题就变得尤为必要。最近一代学者，包括奥托·西巴姆（Otto Sibum）、拉里·普林西佩（Larry

[1] Robert E. Kohler, *Lords of the Fly: Drosophila Genetics and the Experimental Life.* Chicago: University of Chicago Press, 1994; Theodore Arabatzis, *Representing Electrons: A Biographical Approach to Theoretical Entities.* Chicago: University of Chicago Press, 2006; Amanda Rees, "Animal Agents," *BJHS Themes* 2 (2017): 1–263.

[2] John Herron, "Because Antelope Can't Talk: Natural Agency and Social Politics in American Environmental History," *Historical Reflections/Réflexions Historiques* 36 (2010): 33–52.

[3] Bruno Latour, "Give Me a Laboratory and I Will Raise the World," in *Science Observed: Perspectives on the Social Study of Science*, ed. Karin D. Knorr Cetina and Michael Mulkay. London: Sage Publications, 1983, pp.149, 158. Mario Biagioli, ed., *The Science Studies Reader.* New York: Routledge, 1999, pp. 258–275.

Principe）、比尔·纽曼（Bill Newman）、张夏硕（Hasok Chang）和珍妮·拉姆普林（Jenny Rampling），都使用复原科学实验或科学研究过程的办法，试图重建物质行为和知识。[1] 这种趋势不限于关于科学活动的研究：从事艺术、烹饪和药剂研究的学者，也使用各种重建和再造手段来梳理各种把行动与文本联结起来的认知过程。[2] 例如，最近那些以匠人的技巧描述文本（我们姑且称之为"工匠秘本"）为基础的重建工作表明，制作者关于物质的知识、技术和身体的问题是阐释和使用这些"工匠秘本"的核心所在。帕梅拉·史密斯（Pamela Smith）和她的"制作与认知项目"（Making and Knowing Project）团队在研究一部 17 世纪的关于技艺和知识的"秘本"手稿 BNF Ms. Fr. 640，侧重于手稿写作者－实践者的"物质想象力"。所谓的"物质想象力"，即"其对于大自然以及天然材料之反应的知识体系"。[3]

更进一步的问题是，这样的聚焦点在目前的学术研究中，尤其是在涉及历史构架及历史解释时，会意味着什么呢？马丁·柯林斯（Martin Collins）注意到，在历史场景中应用这一"物质转

---

[1] Otto H. Sibum, "Reworking the Mechanical Value of Heat: Instruments of Precision and Gestures of Accuracy in Early Victorian England," *Studies in History and Philosophy of Science* 26 (1995): 73−106; Lawrence M. Principe, "'Chemical Translation' and the Role of Impurities in Alchemy: Examples from Basil Valentine's *Triumph-Wagen*," *Ambix* 34 (1987): 21−30; Lawrence M. Principe, "Apparatus and Reproducibility in Alchemy," in *Instruments and Experimentation in the History of Chemistry*, ed. Frederic L. Holmes and Trevor Levere. Cambridge, MA: MIT Press, 2000, pp. 55−74. Hasok Chang, "How Historical Experiments Can Improve Scientific Knowledge and Science Education: The Cases of Boiling Water and Electrochemistry," *Science & Education* 20 (2011): 317−341; Jennifer M. Rampling, "Transmuting Sericon: Alchemy as 'Practical Exegesis' in Early Modern England," *Osiris* 29 (2014): 19−34.

[2] 在这个网站上有很多例子：Recipes Project: Food, Science, Art, Magic, and Medicine, https://recipes.hypotheses.org。

[3] Pamela H. Smith, "Historians in the Laboratory: Reconstruction of Renaissance Art and Technology in the Making and Knowing Project", *Art History* 39/2 (2016): 210−233.

向"是有用的——这一现象主要出现在20世纪90年代之后。学术界转向物质研究，很大程度上基于拉图尔的社会学：物质是重新校准我们理解社会性的基础。社会性是什么、参与其中的是谁／是什么、社会性是如何造就的、如何发生改变——要想理解微观和宏观现象／活动是如何关联在一起的，社会性是一个核心问题。但是，对物质性的重视也与20世纪80年代文化研究的兴起连在一起。我们可以从1996年《物质文化学刊》（*Journal of Material Culture*）的创刊中看到这些潮流的汇合。该刊的特定目标只有一个：让物质文化研究成为一个学术空间，从而批判性地把这一方法论下的新事物整合进学术界。有意思的是，其雄心**并非**要把物质性（materiality）当作放之四海皆准的解释性分析的出发点。从这一立场上我们可以看到，拉图尔的方法与文化研究方法并没有完全合拍，这一差异仍然展现在拉图尔2007年出版的《重组社会性因素》（*Reassembling the Social*）一书中："意识形态""价值"和"文化"这些关键词甚至都没有出现在该书的索引当中，尽管"文化"一词多次在批评性的语境下出现在正文当中。[1]

总而言之，历史学家无疑要以文献为研究对象，但是我们无法忽略的事实是：在文献之外还有实实在在的实践操作，而文献记录未必能反映出实践操作的真实情形。这也是为什么历史学家的培养，除文献阅读的训练外也要有相关实践知识的培训。

薛凤本人的学术生涯能很好地说明，在西方学术界对中国科

---

[1] Bruno Latour, *Reassembling the Social: An Introduction to Actor-Network-Theory*, Clarendon Lectures in Management Studies. Oxford: Oxford University Press, 2007.

学的研究方法中，实践经验和物质扮演着怎样的角色。1990 年，在她开始学习中文并研究中国传统的纺织业时，实践经验是学术训练的一部分，包括如何养蚕、缫丝、织线成匹，以及如何安放、保养织机。在留学中国的第一年里，她在杭州得到了这方面的实践培训。20 世纪 90 年代中期，她在苏州织染研究所和苏州丝绸博物馆做博士论文调研时，开始对织机本身感兴趣。在当时，重新构建古代方法、从实践角度来理解传统技术的想法，在西方已经不再是学术界的主流，因为这类研究大都落在对技术内容的讨论上，缺少历史阐释的内容。在中国的情形正好相反，重新恢复传统的工艺做法仍然是新颖的、实验性质的、以研究为取向的。织机是复制品，丝线来自乡下。一方面，所有的人都有意识地要采用传统的操作方式；但是，另一方面，那些丝纺专家和制丝者也颇为茫然不解，他们也不知道在没有现代技术的条件下，很多出土的古代丝绸是如何制造出来的。他们经常也只是稀里糊涂地做各种尝试。

　　在当时的中国学术界，技术史与科学史还是分门别户的，人们迫切需要实践经验，以其为主要手段来弘扬古代的"技术成就"；而当时的西方历史学家们则更多地把文献学当作主要工具，来研究"意义"和"知识"。当然，中国的考古学、艺术史和文献学同样是有效的工具，可以用来解读社会性因素如何产出和利用物质性，以及物质如何见证社会性因素的生成。然而，物质性会经常淡出，变成某种背景：对语境、物品和文本的直接体验，转变为一种特定的历史书写形式，而该形式以文献学方法主导的文物研究为根基——宋代以及明清的文人都持有这种观点。这种历史书写带来的结果是什么，正是西方那些研究中西交流的学者们关注的核心问题之一。[1]

物品是刻写着文化记忆的符号。人们用物品来物化、具象化、表征理念和记忆，或者将它们抽象化。通过这些过程，物品使得抽象的理念可以被捕捉到，促成思想的言语化，调动起对经验和知识的思考。构建社会的思想模式、态度和信念，都会体现在该社会的物品当中。[2]

正如上述观点所述，最近几十年，我们在人文学科的很多领域里都见证了一种"物质转向"。物质文化成为大学课程中设置的内容；在学术语言中，人们开始谈及操作和成分、大自然的手印、非言语的内容。物事（things）有话可说。

在物质转向和实践转向（这需要成为一个转向！）中的科学史，也学会了谈论物质化的实践：身体如何被变成数字；对事物的理解和实验被转换到纸上，变成图像和文本说明。但是，只有考虑到物质环境制约的特征，阐明地方多样性以及在很多情况下社会、经济和政治发展的独特路径和方向时，才能真正理解"物质有话说"。其他专业领域在这方面也一样做得不足：知识社会学、科学社会学、人类学甚至艺术史都没有充分地思考"物质对人有话说"这一问题。在中国学术界的情况亦如此，尽管中国不缺乏物品。档案馆的开放及考古发掘，随时都带来新物品。关于物质文化的文本材料在中国也非常丰富，因为中国的儒家官员原本就热衷于编纂资料，将其作为自己的为政行动、官府记录以及学术思想脉络。甄别资料并对资料如数家珍，是这个体系的固有内容。

---

[1] 参见 Marco Musillo, "Sino-Western Interactions: Materiality and Intellect in the Historiography of China," *European History Quarterly* 43, no. 3 (2013): 508–518。
[2] 同上。

不过，至少在 20 世纪 90 年代之前，那些以物品为基础、以中国的科学为对象的研究，存在着一个内在的问题。事实上，即便学者们有一定的物质决定论倾向，他们把事实、真理、知识和科学都主要归于那些能与文本记录关联到一起的物品上。要想对物质或物品进行分析、对考古遗址进行分析，甚至对某种历史状况的环境背景分析，西方学者都得依赖中国学者的报告——一些中国学者能直接获取和分析材料，并享有（往往也是独家的）优先权，可以立刻获取第一手资料（甚至在今天，在很大程度上情况还依然如此）。

即便时代有所改变，从事中国研究的西方技术史学者，依然很难直接接触到其研究对象的物质性——那已经不复存在。这又是一个共性问题，对那些研究 19 世纪工厂工作情形的学者来说，情况也是一样的。我们可以去追溯经验和氛围，还有物质成分。但是，我们又将面临这样的问题：从前的物质性与我们今天能追溯到的物质性是相同的吗？

西方的科学史家也开始重构物质实践。由于篇幅所限，这里只提供两个例子：奥托·西巴姆设立一个"实验科学史"项目（借用"实验考古学"的概念）。在重建利希滕贝格的起电盘时，需要一种特殊的树脂。他在小镇上找到一位当地的小提琴制作者，能制出"完全就是 18 世纪末使用的那种调制物"。在谈及重构一项詹姆斯·焦耳（James Joule）曾经做过的实验时，西巴姆指出："我们既没有生活在 18 世纪，也不能回到维多利亚时代早期位于曼彻斯特的实验室，我们不能准确地说出历史上的行动主体所面临的问题。但是，我们的经验变成一个了不起的认识工具，能够就往昔的实践提出问题。"[1]

帕梅拉·史密斯在"制作与认知项目"中采取了略有不同的方法："项目依托来自实验室和档案研究的技能，跨越科学/人文学的鸿沟，探讨今天的实验室与过去的手工作坊之间的关系，以及前工业社会中的自然知识概念与我们今天对科学和艺术的理解之间的关系。"[2]在史密斯的项目中，居于中心的是一份手稿。研究者和大学生们从不同方面入手来探索其内容和含义：古文字识别、翻译、实验室讨论课、"制作"（即实验性质的实际操作），这些活动都认真地遵守这一想法："手稿透露出来的程序，这不意味着仅通过阅读的行动而做到重构，那更像是对模仿和实验发出邀约。"[3]

重建和复活过去的另外一种形式，便是虚拟仿真。计算机模拟可以算作实验吗？[4]假如只有真正的材料才算数，那么我们为什么要做地图的视觉化、三维的视觉重构或者物质再生？如果我们做这样的实验，是否这意味着我们错误地把"重要的相似性"当成"物质性"？真正的实验，甚至对古代物质进行科学分析，能带给我们更多的东西吗？这里指的是涉及感官经验方面的内容，如触觉、味觉以及类似的情形。或者说，我们因为考虑到当下情形而过于看重感官经验了吗？

所有这三种对物质采取的做法，都在试图去面对或者反驳来

---

[1] Otto H. Sibum, "Science is better understood through the engagement with its objects," 2013, https://www.uab.cat/web?cid=1096481466574&pagename=UABDivulga%2FPage%2FTemplatePageDetallArticleInvestigar&param1=1345648057039.

[2] Lina Hakim, "Object Lessons: Making, Knowing, and Growing Things," *Huntington Library Quarterly* 78, no. 1 (2015): 127-136.

[3] https://www.makingandknowing.org/about-the-project/.

[4] Wendy S. Parker, "Does Matter Really Matter? Computer Simulations, Experiments, and Materiality," *Synthese* 169, no. 3 (August 2009): 484.

自一些其他专业学者的批评。比如，哲学家和量子物理学家凯伦·巴拉德（Karen Barad）认为，科学史学家和哲学家在谈论物质性时，更多的是关乎语言，而不是关乎物质性。[1] 考古学家琳达·赫科姆（Linda Hurcombe）近年提出："如果关于物质文化和物质性的跨学科研究要有所进步的话，我们需要去论及物质话题和表演，也要论及在现代话语之内这些概念的传输。"[2]

　　越来越多的研究更强调物质性的思想分量：这就是说，把它作为一个重要的、具有条理性、具有解释能力的分析概念，**并且**通过调和拉图尔的方法与文化研究的视角（把偶然性、变迁和稳定性主要视为历史标杆而不是哲学标杆）来做到这些。这一步骤给宽泛的、多层面的历史阐释提供了舞台。在这一舞台上，物质性提供了一种重要的手段，可以用来重新阐释那些最为宏大的历史范畴：现代性、资本主义、民族国家、跨国性或者历史分期问题。由此一来，以物质性为中心的研究，其目标以及其兴趣所在都远远超出了西方学者曾经划定的技术史范围。我们可以举出三部著作，也许可以表明这种学术兴趣的范围：麦肯·昂巴克（Maiken Umbach）的《德国城市与小市民现代主义，1890—1924》（*German Cities and Bourgeois Modernism, 1890–1924*）；钱德拉·穆克基（Chandra Mukerji）的《不可能的工程：法国南运河上的技术和地域性》（*Impossible Engineering: Technology and Territoriality on the Canal du Midi*）；阿德尔海德·福斯库尔（Adelheid Voskuhl）的《启蒙时代的机器人：机械，匠人和自我文化》（*Androids in the Enlightenment: Mechanics, Artisans, and Cultures of the Self*）。 这

[1] 见 Barad, *Meeting the Universe Halfway*。
[2] Linda Hurcombe, "A Sense of Materials and Sensory Perception in Concepts of Materiality," *World Archaeology* 39, no. 4 (2007): 534.

026

都是近年来的研究成果，前两本书出版于 2009 年，第三本则在
2013 年出版。这三本著作都同样关乎技术史和科学史。

在这些新出现的著作中，以及在学术界面临的"物质转向"
中，有哪些方面对于科学史和技术史来说是尤为重要的呢？在这
一系列的讲座当中，我们会把以下三个方面的思考当作贯穿性的
红线。

其中一个是考虑那种颇成问题的"物质作为动因"的观点，即
拉图尔的观点：物质参与社会性因素的表达，帮助生成一些范畴，
诸如人、机器、非物质的，尤其是"物质的"这一概念自身。但
是，我们提到的这些著作，大多是关于融贯性的叙事，视物质因素
能够激活人的意向性并与之相合，因而非常密切地绑定着文化——
作为范畴以及作为**历史本体论**。尤其是那些（研究欧洲之外的）医
学史家们，在唐娜·哈洛维（Donna Haraway）、安娜玛丽·莫尔
（Annemarie Mol）、布鲁诺·拉图尔和伊恩·哈金（Ian Hacking）的
启发之下，已经对本体论欢呼雀跃。在中国研究中，冯珠娣（Judith
Farquhar）认为，本体论是切中要害之路。[1] 这些观点郑重其事地
认为，在社会秩序形成中，物质是行动者。但是，物质性因素主要
（尽管并非总是如此）呈现为特定文化模式稳定性与持续性的源泉。
就拉图尔所说的那些经常性的、短时间内走向极端的秩序安排和重
整而言，物质性因素即便不造成逆转，也会带来缓冲。

其二，在这些研究进路中，物质性被视为（并非总是很清楚

[1] Ian Hacking, *The Social Construction of What?* Cambridge, MA: Harvard University
Press, 1999. Judith Farquhar, "Metaphysics at the Bedside," in *Historical Epistemology
and the Making of Modern Chinese Medicine*, ed. Howard Chiang. Manchester:
Manchester University Press, 2015, pp. 219-236. Judith Farquhar, "Knowledge in
Translation: Global Science, Local Things," in *Medicine and the Politics of Knowledge*,
ed. Lesley Green and Susan Levine. Cape Town: Human Sciences Research Council
Press, 2012, pp. 153-170.

地）更包罗万象的，不止于科学、技术或者物品/物事（很多著述几乎都把"物"等同于"物质性"）。物质性也不止于物质化的实践，这种史学又会强调工具本身，胜过人们对该工具的实际运用。这种区分（物质性不等同于"物"，也不等同于"物质化的实践"）一方面表明这些概念力图解释的规模和目的有所不同；另一方面，这一区分也可以归结于这类研究仰仗的重要"档案资料"——在这些资料中，对于物质性的表达诉诸把经验归入特定的空间和时间类别中（比如，室内建筑、城市景观、大规模基础设施，或者不同类别的网络）。

　　第三个考虑也一样重要，那就是我们也应该考虑到一种方式，将物质置入某一特定文化语境当中（中国的、西方的、现代美国的等等）。也就是说，物质和物事被视为具有"社会性"，因而也有可认定的文化生活，也有所归属。或者像人类学家阿伦·阿帕杜莱（Arun Appadurai）那样走得更远一些，让物事获得社会生活。中国/亚洲科学史曾经只是一个地域分支，如今蓬勃地发展为全球性的学者网络，有不同的专业分支。李约瑟发起的《中国的科学与文明》系列著作持续出版，构成了日益增加的学术成果中的一块重要基石——这些著作成果呈现出多种议程和方法。在这个讲座系列里，我们也会看到能超越东/西二分法的"比较研究的新轴线"——韩嵩在 2002 年的一篇重要的综述文章曾分析"东亚内的殖民地科学"现象，并做出这样的设想。[1] 正如历史学家迪佩什·查克拉巴提（Dipesh Chakrabarty）曾指出的那样，一如欧洲在与印度的关系中成为边缘，东亚科学史、技术史、医学

----

[1] Marta E. Hanson, "New Directions in the History of Science in East Asia," *East Asian Science, Technology, and Medicine* 19 (2002): 114.

史的去殖民化也以非常有意义的方式影响了学术研究。[1] 研究亚洲的历史学家们与那些身在南亚、拉丁美洲和非洲的学者以及研究这些地区的学者，都在探讨这一问题：避开"什么是亚洲或东亚这类幼稚的本体论"问题而在方法上利用他们的地区历史，这会意味着什么。[2] 学者们更多地去关注不同形式的动态和流转，以及归化、适应、接纳的模态，而较少关注那些"首例"和"传播"。[3] 语言和物质的多样性是知识发展的核心，但是，在进行相关研究时，我们也不能否认，语言和物质的相似性和融合已经出现，这也同样需要我们予以阐释。

（吴秀杰 / 译）

[1] Dipesh Chakrabarty, *Provincializing Europe: Postcolonial Thought and Historical Difference*. Princeton: Princeton University Press, 2000.

[2] Fa-ti Fan, "Modernity, Region, and Technoscience: One Small Cheer for Asia as Method," *Cultural Sociology* 10, no. 3 (2016): 363.

[3] 参见 Florence Bretelle-Establet, ed., *Looking at It from Asia: The Processes that Shaped the Sources of History of Science*, Leiden: Brill, 2010; Pamela H. Smith, ed., *Entangled Itineraries: Materials, Practices, and Knowledges across Eurasia*. Pittsburgh: University of Pittsburgh Press, 2019。

第二讲　人文学中的科学数据与文本资料：
关于气候与元代灾害的历史研究

薛凤

　　1924 年，梁启超提出"方志学"的概念，从而确立了一个重大的历史学研究领域。"方志学"这一概念承袭自顾炎武（1613—1682）的做法，把属于行政管理类别的地方文献与地方志用于史学分析当中。[1] 至少从唐代开始，地方士绅就开始记录本地状况；至宋代，统治者和学者们开始将这一文类纳入地方行政管理当中，系统地搜集当地风土人情、人口及税赋的相关资料。[2] 到 1912 年帝制结束之际，这些由各级政府官员（下至县级、上至中央）编写的地方志几乎涉及全国各地，成为历史学研究的重要议题和资料来源。虽然梁启超始创"方志学"这一词汇，但最先采用地方志作为科学研究的资料源并由此发展出关于气温差异与气候变迁理

---

[1]　参见来新夏：《方志学概论》，福州：福建人民出版社，1983 年；中国地方志指导小组：《中国方志通鉴》第二卷，北京：方志出版社，2010 年，第 1038 页；Christine Moll-Murata, *Die chinesische Regionalbeschreibung: Entwicklung und Funktion einer Quellengattung, dargestellt am Beispiel der Präfekturbeschreibungen von Hangzhou.* Wiesbaden: Harrassowitz, 2001, p. 15.

[2]　参见 Endymion Porter Wilkinson, *Chinese History: A New Manual.* Cambridge, MA: Harvard University Asia Center, 2018。该书将地方志列于地理学书籍之下，有别于通志类书籍，并强调地方志里有"在其他地方找不到的本地资料"（第 156 页）。

论的学者是竺可桢[1]（1890—1974）、蒙文通[2]（1894—1968）和丁文江[3]（1887—1936）。

20 世纪 90 年代以来，气候变化在历史学分析中逐渐得到重视，相关研究主要集中于冷暖、干湿、灾害三个方面。[4] 中国的书面文献历史悠久，让后世学者有可能分析历史上的气候记载，从而在这些史学讨论中发挥了特殊作用。历史学家和气候学家们均尝试探究政治、重大事件与气候变迁之间的关联，例如战争、政权交替与旱灾、洪涝灾害、气温波动之间的关系。[5] 在相关问题研究上，

---

[1] 竺可桢：《中国历史上气候之变迁》，《东方杂志》1925 年第 22 卷第 3 期，第 84—99 页。

[2] 蒙文通：《中国古代北方气候考略》，《史学月刊》1930 年第 2 卷第 3、4 期。

[3] 丁文江：《陕西省水旱灾之记录与中国西北部干旱化之假说》，《方志》1936 年第 9 卷第 2 期，第 98—104 页。关于丁文江的英文研究，参见 Charlotte Furth, *Ting Wen-Chiang. Science and China's New Culture.* Cambridge, MA: Havard University Press, 1969; 中译本参《丁文江：科学与中国新文化》，丁子霖等译，北京：新星出版社，2006 年。

[4] 历史气候学研究在中国集中出现于 20 世纪 80 年代，从 20 世纪 90 年代起该领域研究成果开始大量涌现，成为显学，直到 21 世纪初期，开始出现集大成的专著与资料汇编。参见文焕然：《秦汉时代黄河中下游气候研究》，北京：商务印书馆，1958 年；龚高法、张丕远、吴祥定、张谨琼：《历史时期气候变化研究方法》，北京：科学出版社，1983 年；张德二：《中国近五百年旱涝分布图集》，北京：地图出版社，1981 年；刘昭民：《中国历史上气候之变迁》，台北：台湾商务印书馆，1994 年；张丕远：《中国历史气候变化》，济南：山东教育出版社，1996 年；何业恒：《近五千年来华南气候冷暖的变迁》，《中国历史地理论丛》1999 年第 1 期，第 197—207 页。王绍武、龚道溢、瑾琳、陈振华：《1880 年以来中国东部四季降水量序列及其变率》，《地理学报》2000 年第 3 期，第 281—293 页；张德二：《中国三千年气象记录总集》，南京：凤凰出版社，2004 年；杨煜达、满志敏、郑景云：《清代云南雨季早晚序列的重建与夏季风变迁》，《地理学报》2006 年第 7 期，第 705—712 页；满志敏：《中国历史时期气候变化研究》，济南：山东教育出版社，2009 年；葛全胜：《中国历朝气候变化》，北京：科学出版社，2011 年；车群、李玉尚：《〈农政全书〉所反映的 1600 年前后气候突变》，《中国农史》2011 年第 30 卷第 1 期，第 120—127 页；刘炳涛、满志敏：《〈味水轩日记〉所反映长江下游地区 1609—1616 年间气候冷暖分析》，《中国历史地理论丛》2012 年第 27 卷第 3 期，第 16—22 页；郑景云、葛全胜等：《历史文献中的气象记录与气候变化定量重建方法》，《第四纪研究》2014 年第 34 卷第 6 期，第 1186—1196 页。

[5] 倪根金：《试论气候变迁对我国古代北方农业经济的影响》，《农业考古》1988 年第 1 期；葛全胜、王维强：《人口压力、气候变化与太平天国运动》，1995 年（转下页）

元朝时期因为其疆域扩展巨大得到了学者们的广泛关注。学者们注意到，地方志里记录的灾害数量在 13—14 世纪期间急剧增多，这促使科学家们进一步推测，小冰河期在中国可能开始得更早，甚至在元代便引发各种"极端气候"（自然科学界及环境史学界一般将全球的小冰河期划定在 1550—1700 年左右）。[1]

本文重点考察地方志在中国灾害史、气象史话语建构中的角色，继而探讨其灾害数据的来源及其产生过程，以及由此引发的"历史接受"（historical reception）过程。[2] 众所周知，在西汉以降"天人感应"的框架下，天子"受命于天""承天景命"，自然现象被视为"天意"的反映，与天子施政之得失相关联，因此，记录灾害成为中国历代官修史书的一个常规活动，地方志中的灾害记录也因而被当成官方天气报告实践的一个重要部分。在帝制中国的政治经济学逻辑中，政府在解释和防治异常天气事件上展示

（接上页）第 4 期；王会昌：《2000 年来中国北方游牧民族南迁与气候变化》，《地理科学》1996 年第 3 期；李伯重：《气候变化与中国历史上人口的几次大起大落》，《人口研究》1999 年第 1 期；蓝勇：《唐代气候变化与唐代历史兴衰》，《中国历史地理论丛》2001 年第 3 期；方修琦、葛全胜、郑景云：《环境变化对中华文明影响研究的进展与展望》，《古地理学报》2004 年第 1 期；刘岳超：《宋元的荔枝种植与气候变迁》，《河南科技大学学报（社会科学版）》，2014 年第 32 卷第 4 期，第 26—30 页；马光：《开海贸易、自然灾害与气候变迁——元代中国沿海的倭患及其原因新探》，《清华大学学报（哲学社会科学版）》2018 年第 33 卷第 5 期，第 61—73、196 页；陈超：《气候变化对太湖地区粮食生产的影响研究，960—1911》，北京：人民出版社，2015 年；方修琦、苏筠、郑景云：《历史气候变化对中国社会经济的影响》，北京：科学出版社，2019 年。

[1] 葛全胜：《中国历朝气候变化》，第 439 页；王建革：《元代江南寒冷对士人审美认知影响的几个案例》，《历史地理》2015 年第 2 期，第 1—16 页；满志敏：《中国历史时期气候变化研究》，济南：山东教育出版社，2009 年。

[2] 这里指的是信息在历史进程中如何被人们认知、接纳，所强调的是：史料记载不完全等同史实。接受史是一个围绕着例案而进行的研究领域，比如西方文学中的《圣经》故事。但是，中国历史研究语境中对这类问题的探讨，经常被使用西方语言的学者们当作文本及其注疏的历史。参见 Martin Kern et al., eds., *Studies in the History of Chinese Texts*, Leiden: Brill, 2009. 又如 Karine Chemla, *History of Science, History of Text* (Dordrecht: Springer, 2004) 所示，接受史也可被理解为特定文本的传播史。

出来的效力，正如制定历法的能力一样，明确地关乎统治的权威性和合法性。从乾隆年间编辑的《东明县志》（1673）的灾害记录中，我们可以窥见一斑。东明县位于山东省西南部的黄河冲积带上，是一个富饶的农业区，但由于黄河迁徙无定，历史上此地的旱灾和涝灾都很常见。[1]然而，直到963年设县以后，东明才获得独立的县级行政区划的地位。当时虽然还没有专门编辑的地方志，但是宋代的正史和文人笔记当中已有旱灾和涝灾的记载。[2]若只从记录本身出发而不考虑其产生的背景，《东明县志》的灾害记录似乎表明，元朝统治下（13—14世纪）的东明特别频繁地受到灾害打击：仅在1301年，就有如下记录：四月虫灾，六月旱灾，紧接着七月有涝灾（图2.1）。[3]明代学者及后世研究元代史的历史学家们，往往将其归咎于蒙古统治者的无能以及元朝统治不具有合法性；而21世纪的科学家及参与人类世讨论的历史学家们则试图从中找到小冰河时期在亚洲开始得更早的证据。[4]

---

[1] 东明的灾情记载也经常与开封的涝灾放在一起，参见《东明县志》，清乾隆二十一年（1756）刊本。正如马瑞诗（Ruth Mostern）指出的那样，在1071年的北宋变法时期，东明人也相当活跃。参见其著作 *"Dividing the Realm in Order to Govern": The Spatial Organization of the Song State (960–1276 CE)*. Cambridge, MA: Harvard University Asia Center, 2011, p. 304。

[2] 关于东明自宋代到清末的行政隶属沿革，见中国历史地理信息系统 (CHGIS, http://maps.cga.harvard.edu/tgaz/placename/hvd_44368)；北宋建隆四年（963）以东明镇置，属开封府，治今河南兰考县东北爪营、樊寨一带，约金泰和八年（1208）移治。

[3] 见储元升：《东明县志》，清乾隆二十一年（1756）刊本。

[4] 无论汉语还是英语学术界，关于这一问题的研究都多得难以尽述，这还不包括那些总体上把气候当作政治史动力的讨论，以及20世纪70年代关于马尔萨斯增长理论的讨论。早期研究气候模型中长时段关联的学者之一是王宝贯（Pao-kuan Wang）。关于中国过去2200年间冬雷与气候变迁的研究，早年便着手长期研究并为深入开展中国环境研究奠定基础的著作，可参见 Peter C. Perdue, *Exhausting the Earth: State and Peasant in Hunan, 1500–1850*. Cambridge, MA: Harvard University Press, 1987; Robert Marks, *China: Its Environment and History*. Lanham, Md: Rowman & Littlefield, 2012; Jared Diamond, *Collapse. How Societies Choose to Fail or Succeed*. London: Peguin Books, 2005。

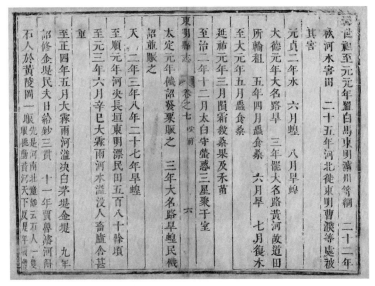

图 2.1　乾隆年间《东明县志》中关于元代灾害的记录
出自储元升：《东明县志》，清乾隆二十一年（1756）刊本

在这篇文章中，我们主要想探究的问题是：如何在大数据总体中理解东明县的这一个案；同时，我们尝试着把数字人文当作一种研究进路，探讨如何超越惯常的大数据量化分析并为质化历史学研究提供新的分析工具。随着史学研究中数字方法的兴起，地方志以及能从中提取历史数据的许多其他历史文本一样，被当成资料库而得到重视。这些资料提供了"更多的"数据来佐证天气变化及其他方面的问题。学者们相信，通过汇集这些"数据"可以"更好地"把握中国政治、社会和自然环境的"总体概观"。在这里，"汇集"是关键词。历史学家们经常惮于大张旗鼓地采用"量化"方法。然而，毋庸讳言，在史学研究中统计数字及数据汇集一直都占据着核心地位，因为要想确认事实（或者那些在某一个时期被认为是符合事实或者应该得到验证的信息），这些相关的数

据信息是至关重要的。我们把对于"总体中的个案"的兴趣和注意力，用来探讨这些数据是如何被汇集起来的，以及数据的形成过程，通过研究数据之间的关联来挖掘这些数据在其"量化表现"之外那些更为"质化性"的特征。我们尤其主张，不要只把地方志当作一种单纯的量化数据库，把从中提取的数据仅仅简化成相同背景下供量化分析的数据点。相反，我们要把地方志当做一种"结构性数据库"（structural database）。"结构性"是一个富有魔力的词汇。作为一种结构性数据库，地方志呈现出交互式的完整性：数据要素间的关联，保存在其文本结构之中。因此，地方志虽然有各种不连贯性，但是，对于研究"认知"实践（如何去认识）和"采取行动"的推动力而言，它们具有核心意义。况且，由于这种结构性由来已久，它能够提供长时段的认知行动图景。分析者在使用大数据时应该清楚地意识到，历史性数据中的每个数据点都有其不同的产生背景，隐含在数据间的结构及其关联在很大程度上定义了整套数据的质性意义，忽略这些关联及差异而进行量化分析，会是盲目而且危险的。从另一个角度来看，在数字化史料普及的今天，数字工具恰恰应该在这类情况下提供合适的方法，让历史学者在大数据库中找到数据间隐含的结构、关联、差异，在必要的节点引导学者回到深度阅读文本。实际上，数字人文方法能够帮助学者实现对文本的"深度阅读和分析"[1]。我们之所以

---

[1] 早在数字人文出现之前，尼采就已经提出并发展出"慢读"，将其作为一种重要的分析技术，与肤浅地浏览事实的做法相对。源于大数据汇集的数字人文只是强化了量化阅读（浅层浏览获取信息）与质化阅读之间在方法论上的分野。强调宽泛阅读与深度阅读的差异，致力于语境和认识论问题，这些讨论都并非开始于此。关于阅读的目的在于获取智慧的讨论，当然也可以在中国历史中看到，大多与关于"大人"和"小人"的争论连在一起。从学术的角度对目前讨论的综述，请参见 Elton Barker and Melissa Terras, *Greek Literature, the Digital Humanities, and the Shifting Technologies of Reading*. Oxford: Oxford University Press, 2016。

想把历史研究与数字方法结合起来，目的之一便是寄希望于透过深度阅读去理解、分析（而不只是量化地使用）历史记载中那些不寻常的天气"数据"，以重构隐含于数据背后的政治经济学、知识经济学，以及政治生态学和知识生态学。

　　学界广泛使用的灾害记录包含栽桑和制丝（养蚕）的灾难记载。我们与绝大多数关注气候变迁的历史学家的不同之处在于：第一，本文聚焦于农业范围内的一类特定灾难，尽管我们也对气候学中的物候史学（关于植物生长的历史考察）感兴趣，但是后者深度嵌入在气候变迁史研究中；第二，我们的兴趣相对地集中在认知问题以及与此关联的问题上，也就是说：政治的影响在何处真正终止。对这两个问题的思考，都反映在我们设定的研究问题当中：为什么当地人（东明县或者任何一个地方）要不厌其烦地报告这些事件？在特定时间点上，构成"恶劣天气"或者一场"气候灾难"的因素有哪些？我们会从基于地方志的大数据分析中获得一些模式和关联，如果我们能结合这些新认知重新思考东明县的灾难记录，便可以对这些研究问题形成一些重要的见解。历史与现代科学之间的关系，从来不是一个让人感到轻松的话题；科学与历史的关系往往被不平等的权力关系所界定，以定理和规律为根基的硬科学，在大多数情形下会让历史学的方法论无容身之地。在深入讨论这一问题之前，本文首先对目前学界利用这种方法进行研究的情况，尤其是科学数据与历史数据在这类研究中的角色，做一番梳理和概述。

历史学语境下的地方志灾害记录——基于大数据的历史文本分析

在现存的大约 10,000 种中国地方志当中，有灾难记载的超过三分之一。[1] 自从 19 世纪后期开始，一些西方的科学家，如气候学家埃尔斯沃思·亨廷顿（Ellsworth Huntington, 1876—1947）、考古学家斯文·赫定（Sven Hedin, 1865—1952），20 世纪中国的地理与地质学家丁文江以及气候学家竺可桢[2]，都受到中国历史记载中天气情况明显起伏的启发，从而运用这些记载来探讨和推测气温变化、气候、移民、战争以及国家形成等诸多因素之间的关系。[3] 这些研究者也奠定了一种方法论上的趋势：他们在研究中既采用科学分析，也采用文本分析。尽管到了 21 世纪，这些研究方式受到激烈的争议，但是，地方志中的灾害记录作为一种研究资料，曾经在 20 世纪 80 年代助力关于经济与马尔萨斯人口增长理论的讨论，自 20 世纪 90 年代起则被用于研究人类对全球气候

[1] 我们基于"爱如生中国方志库"收录的 4000 种地方志做出这一估计。尽管这一数据库并没有覆盖全部地方志材料，但是在统计学意义上足以具备代表性，我们可以由此推估现存方志的整体概况。清代地方志材料占总数的三分之二左右。半数以上的地方志中有与"灾难""灾害"相关的章节。
[2] 孙萌萌、江晓原：《竺可桢气候变迁思想的来源》，《自然科学史研究》2018 年第 1 期，第 104—116 页。竺可桢也是最先开始进行中国科学史研究的主要人物之一。Yafeng Shi, "Professor Zhu Kezhen Opening up a Path for Research on Climatic Change in China," *Chinese Geographical Science* 4, no. 2 (June 1, 1994): 186–192.
[3] 关于 19 和 20 世纪的研究者们在地貌学研究中的角色及全球性的相关讨论，参见 Philippe Foret, "Sven Hedin and the Invention of Climate Change," in *Proceedings of a Symposium in Stockholm* (Ostbulletinen Sällskapet för studier av Ryssland, Centraloch Osteuropa samt Centralasien. Sven Hedin and Eurasia: Knowledge, Adventure and Geopolitics. Stockholm, 2008)；孙萌萌、江晓原：《全球变暖与全球变冷：气候科学的政治建构——以 20 世纪冰期预测为例》，《上海交通大学学报（哲学社会科学版）》2017 年第 1 期，第 77—87 页。

变化的影响。[1] 总而言之，本文涉及的研究在处理现存长时段文本资料与科学数据方面，也有不少继承了前人的方法，采用了量化分析的方式。

竺可桢在 1972 年用物候现象（比如，桑树这类植物生长所需的温度条件等）来构建他的全球气温波动模型。从那以后，探讨文本资料与科学数据之间的关系成为一种研究范式，为许多历史学家和科学家们所尝试。[2] 但是，竺可桢并未考虑到中国政治模式的周期性变动对于其数据生成的影响。对此，我们也和大多数历史学家一样持有批评的看法。正如很多当代历史学家指出的那样，当统治者无视社会的需求、忽视对水利工程的维护并违逆季节变化而行事时，更多的灾难就会发生。事实上，就微观层面而言，1301 年不论对于元朝政府还是制丝业来说，都是一个好年景。忽必烈汗的孙子铁穆耳（在位时间为 1294—1307 年）此时当政于大都，在权力角逐中成功地战胜成吉思汗部族的竞争者曲律可汗海山（后为元武宗，在位时间为 1307—1311 年），平息了帝国西北部的战乱。汉文资料甚至进一步将铁穆耳描述为一位热衷于农业技术、听取儒家学者意见的皇帝，这一点与元仁宗（在位时间为 1311—1320 年）相似，后者早年也曾经极力推动养蚕。由于不存在政治、道德上的强制力量来夸大灾难，这些数据反映出来的可能是真实的自然状况。[3]

---

[1] 马尔萨斯：《人口原理》，北京：商务印书馆，1992 年。另参见 Ts'ui-jung Liu, "A Retrospection of Climate Changes and Their Impacts in Chinese History," in *Nature, Environment and Culture in East Asia*, ed. Carmen Meinert. Leiden: Brill, 2013。

[2] 刘亚辰等：《物候学方法在历史气候变化重建中的应用》，《地理研究》2014 年第 4 期，第 603—613 页。

[3] 元代丝绸贸易情况很少得到学术界的关注，学者们充其量会注意到贸易从北方地区向南方地区的转移。关于后金时期的情况就更为缺乏。地域研究方面的资料，参见范金民：《元代江南丝绸业述论》，《南京大学学报》1992 年第 4 期，第 43—49 页；关于宋元时期的概述，见姜颖：《山东丝绸史》，济南：齐鲁书社，2013 年，第六章。

在了解了地方志书写中的常规做法之后，接下来我们就需要阐释东明的灾害记录实际上会存在哪些问题。第一个问题是地方志出现的时间。正如前面提到的那样，东明在宋代开始设县。然而，已知的第一部《东明县志》是在1539年由陈留人高橡编纂的。[1]因此，在原初数据的产生与这些数据首次出现在地方志中记载之间，时间上的间隔至少有200年。这还是一种乐观的估算，因为这一假设的前提是：已知最早的东明地方志版本所包含的内容，与流传下来的最早印刷本（1646年，清代顺治版）内容相同（本文使用的是1756年的乾隆版，但其中涉及元代灾害的内容与顺治版的内容相同）。第二个问题是东明县所在的地理位置。如前文中已经提到，东明所在地自然灾害频繁发生，因为黄河在其三角洲地区经常改道，涝灾和旱灾都很寻常，当地人知道灾害每年都会发生。[2]然而，没有任何报告表明堤坝得到很好的维护。尽管如此，1301年（元成宗大德五年）和1314年（元仁宗延祐元年）的两场桑灾仍得到朝廷的注意，从而被记录下来。这类有关霜冻灾害的记载，正是气候学家竺可桢得出气温下降结论的证据。从历史认知学角度看，这些数据引申出两个问题：为什么栽桑和养蚕的灾难，能成为灾难记载的一个组成部分？为什么这种记录活动持续了若干个世纪？在回答上述问题的同时，我们也想嵌入一个方法论意义上的讨论：如何让数字化的方法与其他历史研究方法（对于文本性质的历史记载的定性阅读及阐释）以及自然科

[1] 高橡：《东明县志》，嘉靖十五年（1536年）本。虽然这个版本已经失传，但一篇现存的序言称编者有一章专门谈"灾祥"。
[2] 东明县位于冲积平原的入口，黄河经常会溢出河道。参见张芹、陈诗越：《历史时期黄河下游地区的洪水及其对东平湖变迁的影响》，《聊城大学学报（自然科学版）》2013年第1期，第70—74页。马瑞诗曾经分析过东明县在王安石变法中的政治作用，参见该文注释10。

学或者环境学的测量数据关联在一起。

这项研究关涉到一项气候史假设：中国在 13—14 世纪出现气温下降，这被称为中国小冰河时代，随后在 16—17 世纪出现全球小冰期。[1] 这会在两个问题上，给学术界带来新认识。首先，自 19 世纪末以来，历史学家和自然科学家们一直在反复地探讨文本描述与科学数据之间的关联，由于中国的历史文献丰富，我们无论运用哪个地方、哪个时期记录气候变化的相关资料都会得到启发，而且具有学术上的正当性。其次，这项研究也会激发学者去探讨一个跨学科问题，即各种规模的政治事件与气候变化事件之间是否存在关联；如果存在关联，其性质如何。[2]

自从关于人类世的讨论兴起以来，经由伊懋可（Mark Elvin）的《大象的退却》这类标杆性质的研究[3]，对中国环境和全球气候

---

[1] 中国科学家对这一术语的使用，主要在于去描述某一冰川活动，而不是去界定某一普遍现象。正如有学者已经指出的那样，关于气候变迁的讨论让这一概念的范围大大扩展了。参见 John A. Matthews and Keith R. Briffa, "The 'Little Ice Age': Re-evaluation of an Evolving Concept," *Geografiska Annaler: Series A, Physical Geography* 87, no. 1 (2005): 17–36。

[2] 这些问题也是人类世研究的主要推动力。历史学家与科学家有这样的共识：政治与气候相互影响，旱灾等自然灾害导致人们迁徙、引发政治事件甚至战争。这类讨论在特里施勒（Trischler）提出"科技世"（Technocene）之后到达一个新层次：他强调人类活动如工业化、大量制造、抽取石油等对自然环境及气候造成影响，实际上特别关涉到人类的科技应用及对自然资源的消耗。参见 Helmuth Trischler and Fabienne Will, "What Can Historians of Technology Contribute to the Anthropocene Debate? Technosphere, Technocene, and the History of Technology," *ICON-Journal of the International Committee for the History of Technology* 23 (2017): 1–17。

[3] Mark Elvin, *The Retreat of the Elephants: An Environmental History of China.* New Haven: Yale University Press, 2006. 中译本参：《大象的退却：一部中国环境史》，梅雪芹、毛利霞、王玉山译，南京：江苏人民出版社，2019 年。伊懋可的著作也是对戴蒙德把中国作为例外或者根本不予提及的做法给出的回应。Jared M. Diamond, *Guns, Germs, and Steel: The Fates of Human Societies*, 1st ed. New York: W.W. Norton & Co, 1997. 中译本参：《枪炮、病菌与钢铁：人类社会的命运》，谢延光译，上海：上海译文出版社，2006 年。

变化的研究已经日益为人所知并获得国际关注。讨论中国与环境的出版物变得热门起来。尽管如此，正如范家伟（Ka-wai Fan）在 2010 年的述评中指出的那样，就这一问题的科学研究和历史研究中，无论采用西方语言还是东方语言所进行的研究工作都仍然有着严重缺陷，因为"科学数据和方法"可能会让人印象深刻，但研究者们常常无法意识到历史的复杂性以及人类所起到的巨大作用。[1] 毫无疑问，东明县无非是这类研究当中的一个很容易被快速掠过的数据点而已。

进入 21 世纪以来，学术界多次兴起研究历史上的气候的风潮，科学家与历史学家都讨论过气候变迁对历史进程的影响。尤其值得强调的是，当学者们考察人类活动在其中的作用时，对历史文本的精读诠释与对科学数据量化分析这二者需要密切搭配。多年来，历史学家与自然科学家在这一领域形成了紧密的联盟，尽管在细节上他们的立场可能会有所不同。比如，当卜正民（Timothy Brook）在 2018 年提出"九个灾年期"（Nine Sloughs）的论点时，[2] 他强调了多种因素的共同作用，这一方面表明科学数据有其薄弱之处，另一方面也说明"科学数据"与"史学结论"原则上有可能匹配，将二者结合起来会给我们带来启发。

正如弗朗茨·毛尔斯哈根（Franz Mauelshagen）提醒我们的那样：历史学界与自然科学界在这个或许可称为"文化性气候变迁"上的合作研究，不应仅止于两种研究方法的对比，而更应该考虑

[1] Ka-wai Fan, "Climatic Change and Dynastic Cycles in Chinese History: A Review Essay," *Climatic Change* 101, no. 3-4 (2010): 565-573. 范家伟是从事六朝和隋唐时期的医学史研究的专门学者，他也曾经出版过关于中国历史研究资料指南的著作，见 Pei-kai Cheng and Ka-wai Fan, *New Perspectives on the Research of Chinese Culture.* Singapore; New York: Springer, 2013。

[2] Timothy Brook, "Nine Sloughs: Profiling the Climate History of the Yuan and Ming Dynasties, 1260-1644," *Journal of Chinese History* 1, no. 1 (2017): 27-58.

不同时代背景下人们对气候的认知，以及记录气候的行为模式也一直在改变。因此，当学者们利用这类数据来重建历史上的气候模型时，应该对资料来源采取谨慎严格的态度，需要至少在一定程度上了解当时的政治社会背景，以及特定时空下人们对气候变异程度的认知，只有这样才能正确地诠释历史上的气候数据。[1]

从中国的个案里我们可以清楚地看到，在涉及气候变迁的时间和地点时，历史学家（或者历史数据）给自然科学家提供很多启发。地理科学家和自然资源研究者葛全胜便强调悠久的文字资料传统以及人对气候变化效应的评判。比如，他认为冷天气是一个很好的"趋势指标"。[2] 他的分析特别关注 1230—1280 年这一时段以及 20 世纪 50 年代至 60 年代，文字记录似乎显示出这两个时段都是寒冷的。然而，在进行了历时十年的对于 2000 年间冬季温度的长时段研究后，他得出了与文字记录相反的结论："1230—1260 年间可能是 2000 年里中国中部和东部最温暖的三十年"，1260 年标志着"转折之年，此后天气开始变冷，导致了 1320 年前后的小冰河时代开始"。[3]

---

[1] Franz Mauelshagen, "Historische Klimaforschung: Ursprünge, Trends Und Zukunftsperspektiven Eines Interdisziplinären Forschungsfeldes," in *Neue Wege Der Frühneuzeitgeschichte*. Wien: Institut für die Erforschung der Frühen Neuzeit, 2017, p. 58. 关于中国的研究请见 Andrea Janku, "'Heaven-Sent Disasters' in Late Imperial China: The Scope of the State and Beyond," in *Natural Disasters, Cultural Responses: Case Studies toward a Global Environmental History*, ed. Christof Mauch and Christian Pfister. Lanham, MD: Lexington Books, 2009, pp. 233–264.

[2] 葛全胜等：《过去 2000 年中国东部冬半年温度变化》，《第四纪研究》2002 年第 2 期，第 167 页。

[3] 葛全胜：《中国历朝气候变化》，北京：科学出版社，2011 年，第 439 页。他的研究基于两千多年间的 200 条物候学记录。关于物候现象在历史总体图景中的角色，参见 Mark Donald Schwartz, *Phenology: An Integrative Environmental Science*. Dordrecht: Kluwer Academic Publishers, 2003。

历史学家的确如中国的科学家一样，也在文字资料的引导下，通过若干不同地域上和时间上的个案研究，希望能帮助验证大量数据反映出的整体现象，他们的目标在于形成全球性的理论和模式（比如地图）。[1] 然而，历史学家注意到这些科学家用的数据并不总是相互匹配：石笋和钟乳石可以被用来解读降水和温度变化，但这类数据只分布在特定的地点，而这些地点往往远离人类活动的地区。从这个角度来看，这类科学数据的作用和局限与地方志数据的性质相类似：石笋和钟乳石的形成只能用来分析特定的石灰岩地区有多少降水，而不能被用来代表相应历史时期全国的普遍情况。满志敏在研究元代气候时注意到："在多年连续霜害发生之后，农民会相应调整作物的种植时间，以此来适应气候的变化。"[2] 大多数气候研究者也乐于承认这一点，他们那些复杂的气候模型经常对如何填补空白点束手无策。[3] 目前，科学家们只能用外推法和还原法把来自青海湖的科学数据与自己的研究区域联

---

[1] 过去几年内，在人文研究当中运用地图、网络分析或其他可视化技巧来说明历史、社会、与地域之间的关系以及展示相关模式的做法也逐渐受到了重视。从数字人文的兴起，我们可以窥一斑而见全豹。Franco Moretti, *Graphs, Maps, Trees: Abstract Models for Literary History.* New York: Verso, 2007. Mapping the Republic of Letters, http://republicofletters.stanford.edu/. China Biographical Database Project (CBDB), https://projects.iq.harvard.edu/cbdb/home. J.-B. Michel et al., "Quantitative Analysis of Culture Using Millions of Digitized Books," *Science* 331, no. 6014 (2011): 176–182.
[2] 满志敏：《中国历史时期气候变化研究》，济南：山东教育出版社，2009年，第244—245页。
[3] 保罗·爱德华兹（Paul N. Edwards）总结说，概念模型和数学模型总是抓住复杂性不放，尤其是自从计算机模拟成为主要手段之后。参见 Paul N. Edwards, "History of Climate Modeling: History of Climate Modeling," *Wiley Interdisciplinary Reviews: Climate Change* 2, no. 1 (2011): 128–139. 强调社会技术影响的研究，见 Richard C. Rockwell and Richard H. Moss, "The View from 1996: A Future History of Research on the Human Dimensions of Global Environmental Change," *Environment* 34 (1992): 12–17, 33–38. 关于气候模型的政治的研究，参见 Naomi Oreskes and Erik M. Conway, *Merchants of Doubt: How a Handful of Scientists Obscured the Truth on Issues from Tobacco Smoke to Global Warming.* New York: Bloomsbury Press, 2010。

系在一起。这些数据显示，在 1160—1290 年间有一个温暖期，在 1290—1330 年间有一个寒冷期，[1] 然后得出结论：广州有旱灾。[2] 当气候学家们在自己模型中囊括进地方与全球关系的角度，揭示出全球性的变化在地方层面上会体现为非常不同的气候事件时，这种地方性差异变得更为重要。地方性也在"临界带"（Critical Zone）[3] 研究中担当着日益重要的角色。

　　历史学家并没有被忽视，反过来说，科学也确实给历史学家启发，尽管这类启发是在另一层面上。比如，卜正民在他的研究中呼吁历史学家更多地关注自然科学上的气候研究，尤其要关注"从元到明，从 13 世纪中期到 17 世纪中期气温和降雨的波动"。对此，他做出谨慎的展望："造成明代最后五十年社会秩序和政治秩序衰退的主导因素，是全球变冷而不是干旱，这是从我在撰写本文时采用的资料中得出的结论。基于其他资料的分析也许会证实这一阶段性的结论，或者证明它是错误的。但是，就当下而言，这一表述提供了开始将中国纳入全球气候史的途径。"[4]

　　卜正民是明史研究的领军人物，他为我们展示了硬科学对于阐释和理解历史的作用。尤其在学者们采用大数据方法对涉及气候的问题进行分析时，"严格的""客观的"科学数据越来越有助

---

[1] 沈吉等：《青海湖近千年来气候环境变化的湖泊沉积记录》，《第四纪研究》2001 年第 6 期，第 508—513 页。

[2] 顾静等：《关中地区元代干旱灾害与气候变化》，《海洋地质与第四纪地质》2007 年第 6 期，第 111—117 页。

[3] "临界带"一词原本用来描述我们星球的薄薄外层，是一个比较大的介面，包含植物、土壤圈和地下水含水层，是明显受生物圈和水圈影响进行化学作用的区域。"临界带"研究也会缩小关注范围，比如研究海岸、高山或者其他地区，而不是力图进行全球观照，它们描述那些细微的环境变化，即一般的地球系统科学以泛化模型无法发现的信息。

[4] Timothy Brook, "Nine Sloughs: Profiling the Climate History of the Yuan and Ming Dynasties, 1260–1644," *Journal of Chinese History* 1, no. 1 (2017): 27–58.

044

于塑造公众关于历史真相的看法。他也让我们看到权力—判断二者间的关联在 21 世纪的发展，科学数据（诸如地质学和气温变化）作为严格的"客观真实"，而文本形式的表述能在大数据资料中贡献"语境式的看法"。科学负责"严谨"，史学贡献"细节"。科学数据（例如氧同位素或气温变化）提供了整体叙述中的"客观性"基础，史学则将更多的微观"细节"与"语境"嵌入进来，最后形成一个完整的故事，而这个故事又常被反过来用于佐证科学的发现，从而完成史料的"客观化"过程。

科学史研究者的工作与那些有循证取向的自然科学研究不同，前者更倾向于弱化知识产生过程中"严格的""客观的"那一面，这不是本文的要点，不过我们至少要简要地涉及它。卜正民特别提到降水量和气温。葛全胜在带领一个大团队所进行的 2000 年的数据分析中，明确地声称只检验"可直接用于反映温度"的历史文献记录。[1] 不过，葛全胜本人也明确指出，在他的研究中，他依赖的是历史记载中的 200 个**物候现象的数据**（比如桑树种植因为冻灾而遭到毁坏的事件）来与特定时期的冷阶段和热阶段进行比较。由此看来，葛全胜不光以文本为参照来在他的分析中确定事件和地点，他也以文本记载的植物（其他方式无法确定桑树种类）为基础来确立衡量温度的"客观"标准。

如前所言，我们的本意既不是要指出历史学家会出现数据匹配失误，也不想轻看自然科学研究的推论与真实情况相符合的程度。我们更想表明的是：历史学家和气候学家都在采用大数据方法，在这一研究进路中，数据很容易成为单纯的数据点。在文

---

[1] 葛全胜等：《过去 2000 年中国东部冬半年温度变化》，《第四纪研究》2002 年第 2 期，第 166—173 页。

本资料从"记载"转化为"数据"并进一步成为"知识"的过程中，在文本资料重新获得"客观性"的时刻，在那些记载信息的文字后面曾经存在怎样的涵义，它们何以产生、如何流传、以何种方式被解读和使用，这些问题都干脆消失或者被忽略了。

狄宇宙（Nicola di Cosmo）等许多历史学家认为，大数据研究方法会导致历史描述丧失其复杂性。在他看来，"气候和环境条件总是摇摆不定，人类不得已要屈从于这不间断的适应进程，尤其是移动放牧生态——这种生态水平对于环境变迁非常脆弱和敏感"。[1] 他无疑是对的，但是我认为问题的核心在于：那些曾经主导和界定意义生成的关联已经不复存在，这一情况造成的后果是，数据进入"气候"和"政治"这两个事件单元，被置于某种因果关系当中。狄宇宙将政治事件看作关键的参照点，这充分体现在他的个案研究当中：他选择重大政治事件，如都城建造、匈牙利的匈人和蒙古族群的兴起和衰落。诚然，政治史—权力—环境这一解释框架非常重要，但令人难以接受的是：当政治和气候被划分为**两个因果关联的部分**时，不论从"环境的"还是"政治的"角度来解释对气候的历史书写，在某种程度上二者都在无视人与自然之间不断相互适应的过程，以及该过程对形成"历史记载"所造成的影响。意义生成的微妙过程被瓦解了，于是，**在这类数据的实际生成中，政治与气候之间的因果关联也被虚化 / 被预先无视**。

[1] Nicola Di Cosmo, "Why Qara Qorum? Climate and Geography in the Early Mongol Empire," *Archivum Eurasiae Medii Aevi* 21 (2014): 67–78. 另见 Nicola Di Cosmo et al., "Environmental Stress and Steppe Nomads: Rethinking the History of the Uyghur Empire (744–840) with Paleoclimate Data," *The Journal of Interdisciplinary History* 48, no. 4 (2018): 439–463。

中国的史学家们往往会强调这一关系。实际上，许多历史研究已经让公众意识到，皇权制下的中国灾害记载的首要任务是服务于政治目的：自然现象被当作"天意"的反映，与天子施政之得失直接相关，"风调雨顺"往往意味着天子"有德"以及社会政治体系有条不紊。或者，正如许倬云在 2000 年指出的那样："因为帝国统治版图内的环境变化，表明的是政治上的成功或者失败"以及"人的努力和天气被视为彼此相关"（天人感应）[1]，通常，历朝统治开始之时，帝国统治者通过正确地观察和预测重大自然灾害（地震、涝灾、旱灾和虫灾）而使得其权力获得合法性。这意味着，在各个层面上，任何灾害都可能上升为政治事件：当它发生时，它会被观察、评价、命名、分类、保存、管理，任何朝廷的、官府的或者帝国的记载都会转引这些记载。这些权力与政治对灾害记录的"干涉"或者说挑选——哪些灾害应该得到记载，以及这些记载的处理体系和规模是我们特别感兴趣的内容，因为这些内容不同于那些思想意识层面上的讨论，而是反映出人们在"实践中"或者"行动中"的认知。换言之，它们表明了"人们知道何时以及如何行动，以让事情运作"，甚至这种实践因时因地而异。另一个有意思的问题是，中国的这类记载本身就是高度规范化的。因此，从地方志中可以看到，最初人们可能只是"知道"天气，或者更为专门一些，知道天气情况与桑树生长有关联，明白降水、气温等因素能够影响桑叶的收成、产量和质量。此外，虽然树木的情况总会因温度差异而显示出不同，但是这并非一成不变。对于修剪桑树和霜冻的记载是非常好的例子，可以用来佐证人与自然之间的相互适应，包括栽培不同桑树品

---

[1] 刘昌明：《〈中国历朝气候变化〉评述》，《地理学报》2011 年第 2 期，第 66 页。

种，以及改进保护桑树免于霜冻危害的技术等。[1]当狄宇宙指出光有天气本身并不能造成灾难时，他所说的正是这些不同类型的调适。

总之，虽然地方志提供的数据已经得到深入研究，但前人关注的多为单个的数据集，而不是这些数据在什么地方以及如何作为一个整体而获得意义。大多数历史学家推测（科学家们想当然地认为），地方官员们收集到这些数据并且不假思索地把它们写入地方志。本文之所以采用数字人文方法，就是为了利用这一工具帮助我们检验长时段数据集的结构，以揭示伊夫·奇通（Yves Citton）提到的"关注力生态"（écology de l'attention）的概念。[2]他断言，关注力变成一项关键资源，价值、劳动、阶级和货币都随之重新配置。但是，这是如何发生的，其结果是什么？奇通关注的重点在于，资本主义或其他某种"经济"形态内关注力生态是如何起作用的，而本文则重点考察这种关注力转换和关注力分散是如何发生在认知领域或者政治领域的。

---

[1] 陈旉的《农书》和鲁明善的《农桑衣食撮要》也都写到栽种桑树，这些个案很好地表明，历史学家在涉及获取能源的新方法时，为提出宏大的论点经常无视技术调适的方式。参见 Fen Li and Jianxin Zhang, "Study on Relation between Energy Consumption and Climate Change in China," *Meteorological and Environmental Research*, no. 1 (2013): 29–35。关于中国桑蚕业技术管理与社会管理方面的变迁整体概况，可参见夏如兵、童肖：《中国古代蚕桑业的时空变迁：以蚕书为视角》，《昆明学院学报》2018 年第 1 期，第 41—47 页。有一种观点认为，甚至在现代科学中，把桑树纳入到林奈植物分类法中也存在困难。该观点参见 Qiwei Zeng et al., "Definition of Eight Mulberry Species in the Genus Morus by Internal Transcribed Spacer-Based Phylogeny," ed. Changjie Xu, *PLOS ONE* 10, no. 8 (2015): e0135411。

[2] 伊夫·奇通在描述资本主义运行方式、聚焦我们现代社会中的广告过剩现象时，发现人们的关注力处于变动之中，参见 Yves Citton, *Pour une écologie de l'attention.* Paris: Le Seuil, 2014。

关注力生态与地方志

地方志的起源可以追溯到皇权统治的早期。如果抛开 5 世纪的地理学著作，那么可以说，从 10 世纪的宋代起这一文类才开始作为一种治理工具而出现，直到 15 世纪的明朝，地方官员才系统性地编写地方志，作为自己任期内以及继任者的管理行为指南。根据目前已经数字化的数量以及对图书馆馆藏的相关研究，现存的地方志大约有一万种，其成书年代从 10 世纪到 20 世纪，几乎覆盖中国历史上所有有人口居住的地方。自梁启超的时代起，地方志便被确立为一个重要的研究领域。近年来，地方志资料愈发受到西方学者的关注，魏丕信（Pierre-Etienne Will）曾撰专书引介。[1] 戴思哲（Joseph Dennis）对地方志的出色研究表明，尽管每一种地方志都单独成书，包含的细节各不相同，但都有着某些共同的结构性特征，即便这些资料记录着不同的地方、不同的年代，而且由不同的人编纂而成。[2] 比如，包含《东明县志》在内的许多地方志都有地方灾害列表这类章节，并且都同时包含如当地社会精英、建筑、赋税、物产等信息。地方志往往也会定期重修。在微观史学领域，中国史研究者喜欢地方志，因为能从中获得关于一个地方历史情况的快照。从宏观的角度来看，地方志涵盖的历史年份长、地域广大，不同地方志又常包含共同类型的信息。这意味着，如果我们把全部地方志集合起来，就形成一个良好信息源，可提取各个区域乃至全中国范围的历史数据。从宏观的角度

[1] Pierre-Etienne Will, *Chinese Local Gazetteers: An Historical and Practical Introduction*. Paris: Centre de recherches et de documentation sur la Chine contemporaine (EHESS), 1992.

[2] Joseph Dennis, *Writing, Publishing, and Reading Local Gazetteers in Imperial China, 1100–1700*. Cambridge, MA: Harvard University Asia Center, 2015.

来研究分析这类数据,可以帮助历史学家了解在整个历史进程中,同类型的信息在中国不同地方、不同朝代是如何被记载下来的。

数字化的地方志资料与 LoGaRT

将地方志作为数据库进行量化分析与比较的做法早已有学者尝试过,譬如 20 世纪 60 年代的地理学家陈正祥就曾利用地方志资料搜集了全中国蝗神庙与蝗灾的数据,并制成地图。在当时的技术条件下,这一工作的难度可想而知。即便在 2010 年前后,想利用现存所有方志资源来提取同一类型的信息都是相当困难的。陈正祥当时用了八个月跑遍中国各地,翻阅三千种地方志,才制成蝗神庙的分布图。[1] 时移世易,据估计,在现存的一万余种旧方志(1949 年前)中,至少有五千种已经完成文本数字化了。这种数字化不光是扫描文本而形成影像,而是能够全文检索方志的内容。随着方志数据库、集成平台越来越多,我们现在只消坐在计算机前,就可以看到几千种地方志,不仅可以方便地阅读原文扫描影像,而且能通过检索很快找到特定关键词在方志中出现的位置,这大大缩短了现今中国史学者的研究进程。[2] 但我们要进一步追问:地方志数字化的出现,除了让使用方志做研究变得方便以外,是否也会让研究方法

---

[1] 陈正祥:《中国文化地理》,北京:生活·读书·新知三联书店,1983 年。

[2] 截至 2019 年 7 月止,中国国内外大型的方志数据库有《中国方志库》(北京爱如生数字化技术研究中心)、《数字方志》(中国国家图书馆)、《数字方集成平台》(华东师范大学)、《中国地方志数据库》(华中师范大学)等。通过这些数据库,我们可以对现存地方志获得比较好的概观。有些数据库提供方志图文对照的良好虚拟阅读环境,有些整理、集合了全中国现存方志的元数据(metadata),除了指引学者很快找到某一种地方志原本的馆藏地,还运用地方志的元数据绘制现存地方志的编纂年代、地理分布图、趋势图等,这类服务都帮助学者透过大数据分析来了解现存方志的概况。

上升到一个新层次？我们不仅要把地方志当作大数据库的资料源，而且要探究地方志中的那些记录背后的认识实践，即地方志中那些历代相沿的地方知识记录如何影响了中国的知识形成和发展。为了完成这一研究取向的转换，研究者必须能够从整体的视角来分析这些彼此关联的数据，同时把粗读和精读结合起来，只有这样才能更加接近地方志有关灾害记录的标准化框架。

因此，本文试图利用数字人文方法来分析地方志中的灾害，在某种程度上是为了回答方法论层面上的这一问题。我们想特别强调的是：历史研究中的某些问题，是需要通过分析地方志的整个体系才能找到答案的。在这一方法论指导下，我们从 2014 年起在马克斯·普朗克科学史研究所组建了一个中国地方志研究团队，几年来开发了一套专为数字化地方志文库打造的历史研究工具 LoGaRT（Local Gazetters Research Tools）。促使我们启动该项目的主导问题是：既然有这么高质量的数字化地方志数据库，学者们该如何发掘其价值并充分利用它们进行研究呢？面对众多的史料，如果要做到有效地阅读和分析，历史学者就需要适合数字时代的新型研究方法。LoGaRT 的一个核心指导思想是：如何把已经完成数字化的全部地方志当作一个大数据库来使用，并且使研究问题涵盖全中国这一广大范围。我们认为，这是在数字化时代下重新诠释梁启超的"方志学"的最佳路径。在现存的地方志中，目前有一半已经完成了文本数字化，其数据量在统计学意义上已经足具代表性，这一数据状况足以支持学者通过研究这批方志来推测中国历史上地方志的整体状况。[1]

---

[1] 关于马克思·普朗克科学史研究所（Max Plank Institute for the History of Science，简称马普研究所）的地方志研究项目、成果、与 LoGaRT 背后的研究方法论，请见：https://www.mpiwg-berlin.mpg.de/research/projects/departmentSchaefer_SPC_ （转下页）

在理想状况下，研究者会希望可以结合多个地方志数据库，以回答那些需要将地方志视为一个总体才能解决的问题。截至目前，不同的全文方志库涵盖的方志范围已经颇大："中国方志库"的内容已包含四千种方志；"雕龙——中日古籍全文检索资料库"包含四千多种方志；EastView 与中国国家图书馆合作的"中国综合方志库"更是有六千五百种（其中三千种可全文检索）。若不计各个方志库间有重复收录的情况，保守估算应有五千种不同的地方志已经被全文数字化。[1] 这里，我们要再一次论及地方志的结构性。不同朝代、地区的方志都有着某些共同的结构性特征，比如，某些地方志中提到蝗神庙或者桑灾，这些信息并不是独立存在的，而是互相关联在一起的。同样，要想了解元代灾害的情况，学者们需要考虑到地方志产生的背景及其在定性以及定量分析中的含义，它们的总数、地理分布以及存佚情况，诸如有多少地方志记录这些灾害，灾害的门类是什么，现存有多少方志等等。这些数

（接上页）MS_LocalGazetteers。此项目定期邀请学者到所访问，从 2016 年开始陆续已邀请三十位来自全球各地的学者，其中包括美国地方史研究者、威斯康星大学教授戴思哲（Joseph Dennis），妇女文学研究者、加拿大麦吉尔大学教授方秀洁（Grace Fong），中国科学史家学者、英国华威大学与荷兰莱顿大学双聘的教授何安娜（Anne Gerritsen）等。中国国内有中国社会科学院研究生院教授、中国地方志指导小组办公室副研究员的地方志专家张英聘博士，南京信息工程大学管理学院副院长曹玲教授，上海交通大学历史学院的车群教授，及中国科学院大学的张仕静教授等。我们认为，只有当学者们跟 LoGaRT 的技术团队近距离合作，才能保证 LoGaRT 密切配合学者们的研究需求，不断演进、开发出新功能。例如，2017 年我们开展了一个关于地方志里"图"的子项目，将所有中国方志库当中的图像识别出来。我们的技术团队从四百万页的内容里辨识出六万多张图像，之后邀请四位学者参与项目，为这些图像加上类型关键词，例如：地图、山川图、动植物、人物、照片、图表等。依据这些关键词，LoGaRT 开发出方志图像检索功能。我们也运用机器学习来自动识别其他的方志图像类型，比如，用同样的技术手段来识别哈佛大学燕京图书馆开放获取的珍稀方志中的各种图像内容。因此，LoGaRT 工具开发是跟研究团队紧密相关的，开发者配合学者们的需求而完善该工具的功能。

[1] 爱如生中国方志库，http://er07.com/home/pro_87.html。雕龙——中日古籍全文检索资料库，https://udndata.com/promo/ancient_press。中国综合方志库，https://ccg.eastview.com。

据在内容和功能上的含义都是"逐层叠积"的，比如，灾难是如何
发生的、人们如何记忆这些灾难等与关注力相关的问题，这些问
题在研究中就必须加以考量。本项研究的意图是将此前类似的研
究成果，例如蝗灾及元代方志的结构性问题整合在一起。[1]然而，
这些关联关系在地方志数据库中被忽略了。这些地方志数据库都
注重让学者们可以坐在电脑前阅读数字化的地方志，就好像把书
从图书馆借回来一样。但是，地方志的共通结构以及信息之间的
关联性并没有因为数字化而得到有效彰显。学者们还在用先前的
方法读这些数字方志。LoGaRT 的特别之处在于，它使得学者们能
运用地方志的共通结构及关联性去整合和分析信息。

　　这是通过以下几项功能来实现的：第一，马普科学史研究所
跟南京信息工程大学在进行一项长期合作项目，即由南京信息工
程大学管理工程学院曹玲教授组织一些具备科学史和计算机专业
背景的学生，定期录入方志的章节目录。这项成果让地方志的数
字全文变得有结构性，由此立即体现出的好处就是，学者们可以
在全文检索时指定要找的章节范围，让检索结果更为精准。此外，
这项工作带来的更大收益是，学者们现在可以通过这些录入的章
节结构，开始研究方志结构的源流问题。LoGaRT 也能将章节检
索结果在地图上、时间轴上实现可视化，让学者们可以很快掌握
地方志的结构与年代、地区的相关性，例如，哪些地方志的结构
相近，如何进一步大规模地研究地方志结构的源流问题等。

　　第二，地方志里常用"条列"[2]的方法来记载地方上的信息，

[1] 黄燕生：《元代的地方志》，《史学史研究》1987 年第 3 期，第 38—48 页；Jun Fang,
    "A Bibliography of Extant Yuan Gazetteers," *Journal of Song-Yuan Studies* 23 (1993):
    123–138；张国淦：《中国古方志考》，上海：上海古籍出版社，1962 年。
[2] François Jullien, *L'art de la liste*. Saint-Denis: Presses universitaires de Vincennes, 1990.
    其中三篇文章讨论了中国和日本学者如何采用多种方式将"条列"当作工具。

彩图一　不同皇帝在位期间条灾记录数量分布表[1]

- 安徽 ■ 北京 ■ 河北 ■ 河南 ■ 湖北 ■ 湖南 ■ 江苏 ■ 江西 ■ 山东 ■ 山西 ■ 陕西 ■ 天津 ■ 浙江

---

[1] 数据显示, 地方志编纂者在编写地方志中的灾害情况时采用正史中的记录, 这清楚地表明, 数据反映了这一时代的政治。关于唐代灾害政治的讨论, 参见李淑媛:《气候、灾荒与生存抉择——唐代饥馑灾人口现象析论》,《台湾师大历史学报》2012 年第 48 期, 第 1—36 页。

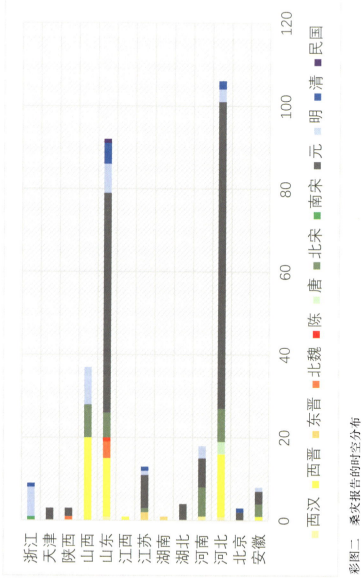

彩图二 桑灾报告的时空分布

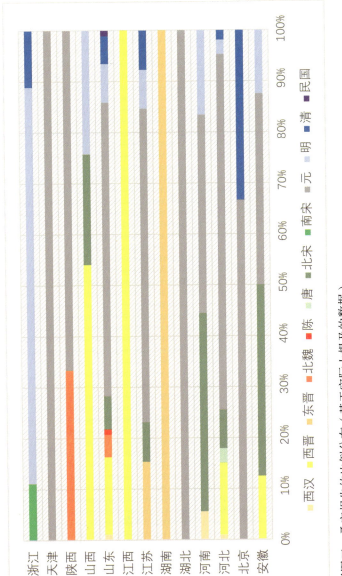

彩图三　桑灾报告的比例分布（基于实际上提及的数据）

彩图二和彩图三展示了在中国地方志当中记载的桑灾报告的时空分布

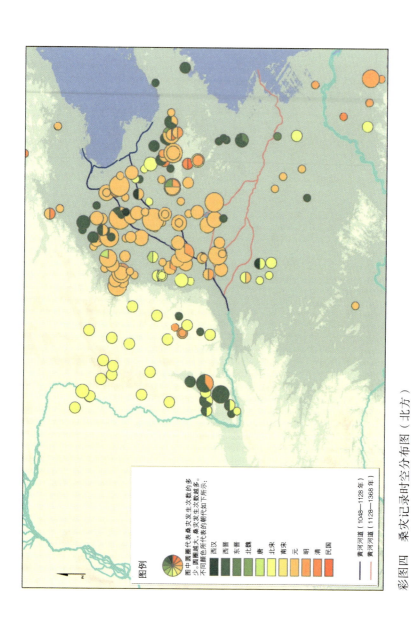

彩图四　桑灾记录时空分布图（北方）

数据整理与 GIS 地图设计来自来自车群。数据摘自中国地方志。本材料基于马普研究所所进行的研究；资料来源于柏林国家图书馆的跨亚洲门户网站；数据通过地方志研究工具（LoGaRT）收集

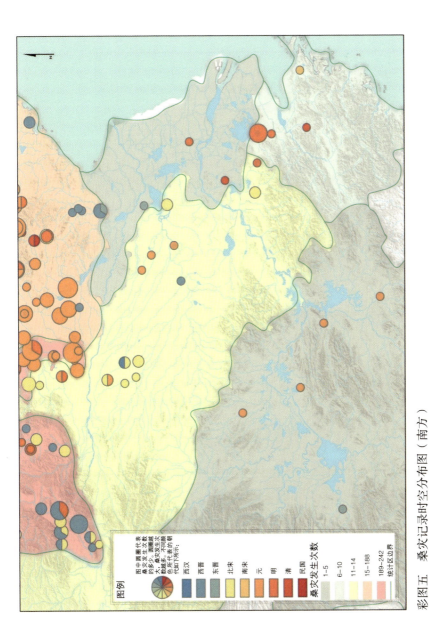

彩图五　桑灾记录时空分布图（南方）

数据整理与 GIS 地图设计来自车群。数据摘自中国地方志。本材料基于马普研究所进行的研究；资料来源于柏林国家图书馆的跨亚洲门户网站；数据通过地方志研究工具（LoGaRT）收集

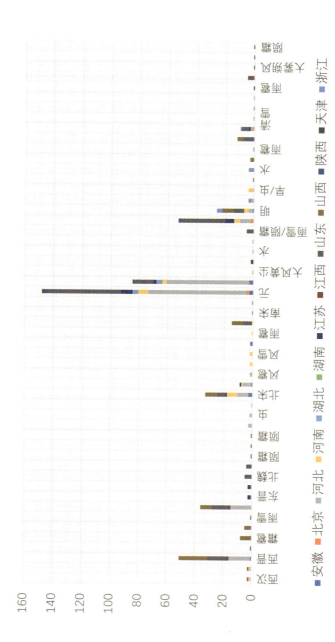

彩图六　桑灾记录原因的时空分布表

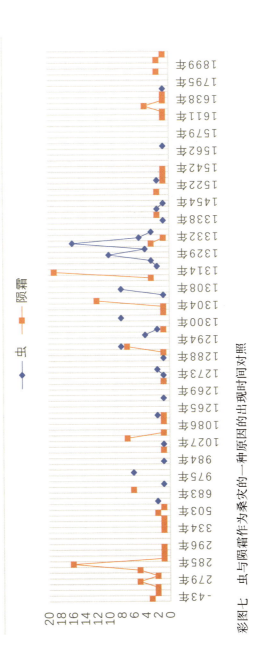

彩图七　虫与阴霜作为桑灾的一种原因的出现时间对照

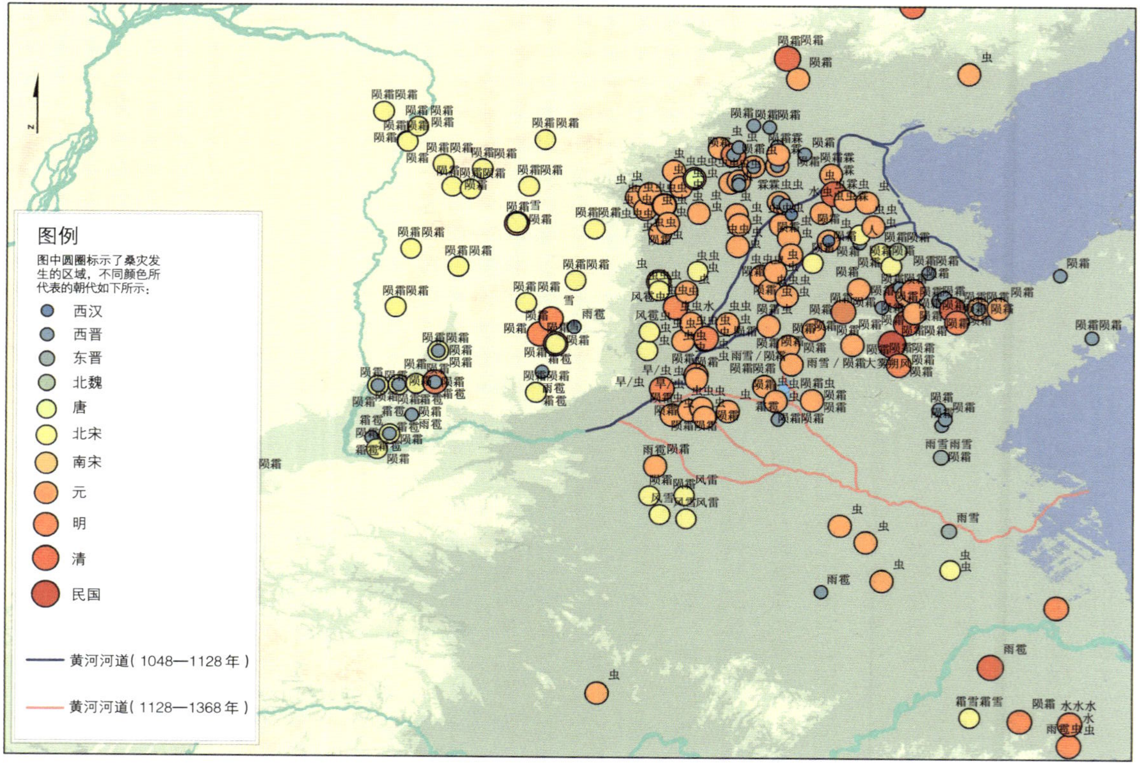

彩图八　不同朝代桑灾原因的时空分布图

数据整理与 GIS 地图设计来自车群。数据摘自中国地方志。按时期用颜色区分。本材料基于马普研究所进行的研究；资料来源于柏林国家图书馆的跨亚洲门户网站；数据通过地方志研究工具（LoGaRT）收集

如某个县内有哪些山川、道路桥梁、学校、物产、职官等。条列的方式本身就是一种结构，实际上，每一种条列的信息其实都是一个小的数据表格（table），同一种方志在描述不同信息的时候会给予不同的属性，即不同的表格结构，而不同的方志在描述同一类知识的时候也可能采用不同属性。还有更重要的一点，人可以看懂方志的条列结构，但计算机一开始不能识别出这些结构。要想让计算机帮助我们利用地方志的结构进行分析，我们就得先教会计算机识别这些结构。LoGaRT 有一个文本标注系统，学者们可以通过标注将地方志条列中的内容转换成计算机可以看懂的表格，从而使基于地方志结构的数据分析成为可能。

第三，LoGaRT 允许学者们在地方志原有的脉络下，利用自己研究所需的方式，来定义信息间的结构与关联。譬如，在文本标注时，学者们可以设定自己所需的标签，而设定检索的关键词，则是另一种更为弹性的定义信息结构与关联的方法。LoGaRT 的任何一种检索结果都可立即导出到可视化平台，让学者们立即掌握关键词的地理分布、年代分布信息，以方便进一步分析、比较同类信息在不同方志中记载的脉络，综合地展示特定信息在整个方志库中出现的语境。

正因为 LoGaRT 在功能设计当中纳入方志的结构性，我们能够从四千种方志里很快搜集到有关桑灾的记录共 404 条，接下来我们用自行设定的信息结构与关联来分析这些记录，最终得出这样的结论：地方志里是否会出现桑灾记载，并不完全取决于实际的自然气候状况，而更多取决于当时的政治氛围和形势。

关注力的分布生态与灾害记载

　　另外一个重要的方面在于，灾害得到的关注度也是因时因地而异的。很明显，报灾的节奏在各朝各代并非完全一致，其规模不同，体系也不尽相同。比如，宋朝的中央政府除里有"知（情）"的人事责任之外，还有"防（灾）"的道德任务——实际上南宋已经失去了半壁江山，其统治范围已不再是传统"大一统"的区域。[1] 相比之下，明代则把"防"的任务，以及包括水利工程等事项都交付给了地方士绅。[2] 由于不同朝代中央政府与地方在分担地方公共事务上有着制度上的差异，记载的来源与详尽程度也非常多元化。正如许多研究中国的历史学家们指出的那样，甚至同一朝代的不同皇帝在位期间，都可能有不同的情况，这种灾害汇报制度与执行上的差异也体现在"气候数据"中。LoGaRT 能帮助研究者从宏观和微观层面来研究这一差异。研究者也希望其最好能够囊括以前的研究，而不是每次都从头开始过滤和编辑数据集。

　　此外，宋代实行的中央集权不仅表现在决策完全掌握在中央层面，连政策实施都由中央而非地方士绅主导。这种状况下，有大量各地政策实施情况见于中央政府的记录中，比如水利灌溉系统、疾病和动物迁徙，然而这里面很少有养蚕方面的记录。相比

[1] 韩毅：《宋代社会民众防治瘟疫的主要措施和历史借鉴》，《中原文化研究》2020 年第 2 期，第 40—57 页。
[2] 关于宋明时期负责水利事务的不同政治管理组织形式，请参见 Choying Li, "Contending Strategies Collaboration among Local Speicialist and Officials Hydrological Refromd in the Late Fifteenth Century Lower Yangtzi Delta," *East Asian Science, Technology and Society: An International Journal*, no. 4 (2010): 229–253；李卓颖：《地方性与跨地方性——从"子游传统"之论述与实践看苏州在地文化与理学之竞合》，《"中央研究院"历史语言研究所集刊》2011 年第 2 期，第 325—398 页。

之下，元代的地方官员会经常检查栽桑养蚕情况并报告灾害，因为元代制度规定，地方因蚕桑灾害可以得到补偿。[1] 桑蚕灾害的确能够在一定程度上反映出环境特征，但这显然不仅仅是一个自然环境问题，它还反映着政治环境问题，同时也是一个知情政治（politics of knowing）的问题。[2] 比如在宋代，官员报告灾害发生有时是为了谴责皇帝。[3] 到了元代，我们可以说灾害报告变得更按部就班、更少道德倾向了。此外，桑蚕业的规模和语境在不同时期的变化也非常大。在宋代，桑蚕业主要以私人作坊的形式，由上层社会家庭的女性经管。政府虑及天气时，更多关心的是谷和稻的生产，很少会考虑到丝绸产出。在不同地区，情形也有所不同，而中央政府并不在意桑蚕市场如何，只是征收最终产品作为赋税。[4]

　　以往的个案研究已累积了一定成果，这些研究通常强调政治史的地域差异或不同税收模式及其随着时间的改变，而本文仅关注与桑蚕灾害相关的研究。根据龚光明和杨旺生的研究，宋代关于桑蚕灾害记录的文献首次出现在 962 年，最后一次出现在 1191

[1] 最近十多年来，相关话题的研究有长足进步，参见王培华、刘玉峰：《元代北方桑树灾害及国家救灾减灾对策》，《古今农业》2000 年第 1 期；王培华：《元代司农司和劝农使的建置及功过评价》，《古今农业》2005 年第 3 期，第 55—63 页。关于灾难研究的综述，参见翟禹：《元代灾害史研究述评（一）》，《赤峰学院学报（汉文哲学社会科学版）》2018 年第 7 期，第 10—15 页。利用地区文字记载材料而进行的地理科学研究，参见顾静等：《泾洛河流域元代干旱灾害初步研究》，《地理研究》2009 年第 3 期，第 663—672 页。
[2] 宫海峰的博士论文《元代制度中的若干蒙古文化因素考察》（南京大学，2010 年）指出，蒙古人思想中的重要影响在于强调"家产制"的重要性。作者没有深入探讨诸如蒙古人对"天命"的理解这些问题，尽管蒙古人对于天神和占卜的理解都源于宋代的看法。
[3] 魏崇武：《论蒙元初期的正统论》，《史学史研究》2007 年第 3 期，第 34—43 页。
[4] 申友良、肖月娥：《元代申检体覆制度与减灾救灾》，《湛江师范学院学报》2012 年第 5 期，第 106—110 页；闫廷亮：《古代河西桑蚕丝织业述略》，《古今农业》2011 年第 4 期，第 47—51 页。

年。他们发现，在北宋的 230 年历史中，全国范围内桑蚕灾害报告共有 16 次，即每 14.5 年一次。相比之下，进入元代后的第一个桑蚕灾害报告出现在 1270 年，最后一次在 1363 年。[1] 在 94 年当中，40 次桑灾被记录下来，平均每 2.4 年一次。在宋代，230余年里的桑灾报告通常都可以与政治事件连在一起，即明君统治期间桑灾的报告往往较少（彩图一）。比如，宋仁宗在位的四十年间只有一次桑树灾害报告，而在动乱的太平兴国二年（977），一年之内便有两起，其后几年之内就有若干起桑树被毁的报告。[2]他们还发现，宋代桑灾主要发生在黄淮地区：山东、河南、河北和山西。这些不光是主要的产丝地区，也是政治上的过渡带。北宋朝廷南迁后，桑灾报告便不再有，而凡涉及南方的，甚至虫灾都会报告，尽管其破坏性效果似乎显得要少得多。我们找到 404个关于桑灾的描述，其中元代就有 208 条，且只集中于发生在北方：河北（38.5%）、山东（44.4%）、河南（8%）和山西（1.9%）地区，虽然彼时南方也有蚕桑业分布，但并无蚕桑灾害的记载。这种情况并非仅仅体现在蚕桑灾害上，元代 88% 的蝗灾报告也分布在北方（彩图二）。[3] 总体而言，传统方法与数字人文方法都证实，元朝政府对灾害观察主要集中在北方地区。《元史》对北方的描述总体上也要详细得多，而 LoGaRT 则能帮助我们更深入地分

[1] 龚光明：《元代农业灾害成因论析》，《安徽农业科学》2009 年第 6 期，第 2806–2808、2811 页。杨德忠：《大汗的农事：农桑、耕织图与元代皇帝的角色认同》，《美术研究》2018 年第 6 期，第 42—47 页。
[2] 龚光明、杨旺生：《宋元两朝桑灾比较》，《农业与技术》2006 年第 6 期，第 90—97 页。
[3] 徐光启：《备荒考》，《农政全书》，北京：中华书局，1956 年，第 44 页。原文为："按蝗之所生，……如幽涿以南、长淮以北，青兖以西，梁宋以东诸郡之地，湖漅广衍，暵溢无常，谓之涸泽，蝗则生之。历稽前代及耳目所睹记，大都若此。"

析这种区域差异的含义和原因。[1]

　　当我们将关注的重点从"实际发生"的灾害转移到地方志如何影响到我们目前对元代灾难感知的历史研究时，就可以更详细地分析各种关注力分布机制：历朝历代的灾害报告汇集往往基于不同的动机，这些动机也反映在不同朝代的灾害报告数量上。可以影响到数据呈现的原因是多种多样的，本文无法全部述及，只能举例一二来说明。与其前后朝代不同的是，元朝政府通过官营制丝业，对养蚕业进行严格的控制，其动机在于促进蚕桑生产，而并非将其当作论证合法性抑或"天人感应"的武器，因此灾害报告的数量常常反映了更加精细化的治理能力。[2]元代初期实行"五户丝"制，作为一种保证国家收入的方式。[3]因此，只在 1297 年以后的元代记载中，我们能找到"五户丝"的定额因为虫灾和自然灾害而受到威胁的记录。由于元代特殊的桑蚕生产、消费和税收政策，我们可以看到，元代蚕桑灾害数据大量增多，这并不意味着气候更加恶劣，而更多是受到制度上、政治上的影响而造成的结果。问题的关键在于，在整个历史时期，官员们只有在受到激励时才去关注桑灾。东明的个案也体现了这一点，东明地方志中的蚕桑灾害报告的初始动机是为了展示（而不是解释），一连串灾

---

[1] 这些数据取自《元史》中的灾害记载，如众所周知，《元史》的编纂是在明代初年完成的。因此，这组数据有其自身的含义，本文无法对此进行细致的讨论。参见邹虎：《〈全元文〉缺字补校百例——以明清地方志为据》，《唐山学院学报》2013 年第 4 期，第 63—66、108 页。关于不同章节中数据含义的变化，请参见 Geoffrey Humble, "Princely Qualities and Unexpected Coherence: Rhetoric and Representation in 'Juan' 117 of the 'Yuanshi,'" *Journal of Song-Yuan Studies* 45, no. 1 (2015): 307—337。

[2] 大多数学者在研究灾害时，都将元代与中国其他朝代混为一谈。对此问题更为深入的探讨，请参见陈高华：《灾害与政治：元朝应灾议（谏）政初探》，《北京联合大学学报（人文社会科学版）》2010 年第 4 期，第 5—11 页。

[3] 李桂枝、赵秉昆：《五户丝制述略》，《社会科学辑刊》1982 年第 6 期，第 94—99 页。

害摧毁了桑叶收成，这意味着当地今年无法养春蚕，而随后的旱灾和涝灾将导致县里无法缴纳当年的生丝税赋。因此，该记录的生成过程应该是元代中央政府治理文本的一部分，后来被地方志所引用，研究者需要将这些数据与明清时期那些由地方精英收集的数据区别对待。[1]

宋代的情况与元代不同，灾害的发生往往与人君之治理联系在一起，因此，灾害记录的数量过多往往意味着人君在政治上的"失德"。[2] 正因为如此，桑灾在宋代很少被作为独立的灾害上报，而常被罗列为众灾之一而已。这种观念一直延续到宋之后的各朝代。在明代，元代过多的灾害记录被认为是元代统治不具有合法性的证据，这类观点不断地见诸史籍。因此，历时性因素（比如文化、社会、动机）上的差异会导致数据生成的非均质性，在做历时的、纵向的比较研究时，我们需要格外注意。

此外，我们发现绝大部分的元代桑灾报告分布于北方，这很大程度上是由政府实行不同区域政策所导致的。经过一系列战乱，元政府为了保证国家税收，率先在北方复苏既有的蚕桑业，在南方则主要扩建蚕桑业的新据点。因此，桑灾报告也体现出政策上的南北差异：在成熟的北方蚕桑产区，人们更加倾向于记录现有状况以及所遭受的灾害打击；而南方由于是蚕桑的新产区，其"现状"也在不断变动，种植技术的推广与扩散比记录现状更加重要。这一地区差异也体现在数据的集中程度上。这一解释框架并没否认气候变迁可能曾真正发生过；我们想要强调的是，在地方志数据中我们发现

---

[1]《元史·仁宗本纪》卷二十五："延祐元年……闰三月……汴梁、济宁、东昌等路、陇州、开州，青城、齐东、渭源、东明、长垣等县，陨霜杀桑果禾苗，归州告饥，出粮减价赈粜。"
[2] 陈来：《古代宗教与伦理：儒家思想的根源》，北京：生活·读书·新知三联书店，1996 年，第 161—223 页。

了基于地域的结构性问题。因此，地域性因素可能影响到灾害记录的生成，并使之呈现出数量上有所差异。在理解历史上那些气候与灾害记录时，由地域性因素导致的数据非均质性也无法回避。

200 年之久：地方志与时间线

这一类灾害记载同时也涉及"知情实践"这一问题：谁搜集和传递了这些信息？搜集活动的程序与动机是什么？向中央政府提交有关灾害记载的人，并不仅限于地方官员（需要注意的是，本地的文献记录经常被忽略，并没有存留下来）。事实上，由于缺乏激励机制，地方官员们难以有动力去记录灾害。明清两代的官员和文人并不像人们以为的那样从地方资料中提取关于当地天气或者灾害的数据（这些资料也可能会出现在"祥异"或者"物产"这些条目下）。相反，他们在收录前代数据时采用的信息源（编纂地方志的活动是在 1550 年之后日渐多起来）多源于正史。按照我们的数据分析，涉及元代的资料除了《元史》外，大量内容来源于马端临编撰的《文献通考》。元代之后，明清史书中仍然收录对地方天气和灾害的记载（在"五行志"当中），然而提到的桑灾却非常有限，一共只有三处。（两条记载在《明史》当中，其中一条被光绪年间的《广平府志》所引用，另外一条记载则在《清史稿》当中，没有被地方志引用。）

若具体到每一本方志，桑灾的编年史通常都开始于非常早的时期：有些地方志（多为南方的方志），如《湖州府志》，只有明清的记载。那些有较长蚕桑灾害记录历史的地方，如《邹平县志》，其第一条记录始于西晋，下一条就到了清代的光绪和宣统年间，中间有着 1600 年的空档。

这似乎在告诉我们：地方志编纂者在搜集灾害记录时，倾向于尽其所能多收集资料，然后按时间编纂起来。因此，在现存的灾害编年中，我们既可以看到非常早的记录，这些记录往往来源于正史；我们也能看到距离编纂之时并不久远的记录，这可能来源于编纂者自己的记忆或者其他地方资料。

就元代而言，地方志当中关于桑灾有 208 条数据，其中 130 条实际上来自中央政府。考虑到大部分地方志版本都是明清编纂的，这些数据产生的流程可能是这样的：第一步，地方官员将这些数据提交给中央政府；第二步，政府官员将这些资料编入正史，然后地方官员把正史当工具书，把资料再写入地方志当中。在这个过程中，一些信息被保存，另外一些则丢失了。我们可以把这种叙事理解为信息承递的历史，或者关注力生态的变动。本文之所以采用奇通的"生态学"（ecology）这个概念而没有去谈数据的接受和存档，原因如下：地方志的首要目的不是作为档案，它们是**工作文献**，供人参考和翻看，其功用与广告类似。奇通用广告来解释资本主义经济体系下关注力获取和价值形成的机制，他的"生态学"概念直截了当地凸显了这一点：关于天气异常的记录（降雨的多少，气温的高低）能否被报告、能否成为文献、能否被保留，与执政者及信息转录者（正史或地方志的编纂者）的关注力有关，他们有意识地影响信息的数量与质量，从而"建构了我们的基本沟通场域"。[1]

明清正史、地方志编纂者对这些灾害资料的引用与保留也是一个重要的研究方向。这类信息不仅仅被当作管理桑蚕业的工作

---

[1] 参见 Citton, *Pour une écologie de l'attention*。

数据而放入正史和地方志中。这些有关元代灾害的描述，在"天人感应"的框架下，可以作为元代治政弊端的佐证，并借此彰显新统治具有合法性。例如，地方志章节的标题也许能提供一些线索，我们从中可以看出不同时期与地点的编纂者们在搜集灾害资料时是否采取一种随意的态度。通过自动聚类分析，有关地方志编纂过程的更多信息可能会被揭示出来：地方志编纂者或遵循着宋代包含灾害章节的编纂模式，或遵循编纂者偏好的不同指导方针（凡例）。自动聚类分析或许还能有助于指出特定学术取向抑或政治取向造成的地方志编纂模式，这也可能关系到编纂者身处的社会网络等因素。奇通的"生态学"概念更进一步帮助我们凸显一个问题：地方志的记载如何代表着一个思考者群体基于一致的价值判断，通过对史料的挑选而产生"带有可见性的实在体"——即以被他人感知的数量和质量来衡量一个人的存在意义。[1]

　　这种可见性本体论可以解释很多层面的问题，既与历史上人们如何理解气候变化相关，也与对历史上气候变化的理解和研究相关。科学家们，尤其是气候学家，把物候现象作为理解气候变迁的一种途径，这也给历史学家带来若干影响，这已经超出本文的范围，恕不详述。这可能涉及人们如何培育桑树（这一时期的农书尤其关注这一问题），如毛传慧（Chuan-hui Mau）的细致研究所展示的那样；[2] 以及与之相关的一系列社会映射，正如狄宇宙指出的那样：要注意灾难记录生成过程中的社会适应性问题，元

[1] Citton, *Pour une écologie de l'attention*, pp. 74–75.
[2] 参见 Chuan-hui Mau, "A Preliminary Study of the Changes in Textile Production under the Influence of Eurasian Exchanges during the Song-Yuan Period," *Crossroads-Studies on the History of Exchange Relations in the East Asian World* 6 (2012): 145–204. 祝平一：《宋元时期蚕桑技术的发展与社会变迁》，《中国史新论：科技与中国社会分册》，台北：联经出版社，2010 年，第 299—351 页。

代的蚕桑业正是这项高度复杂的社会技术复合体的示例，通过分析大数据获取的桑灾记录完美体现了这一适应过程。

地方志：理解中国科学技术史中认知变迁的途径

在分析某一数据、某一个案的含义时，比较研究往往是不可或缺的，此时 LoGaRT 可以发挥作用。让我们再来看这些灾害记载。彩图三、四和表 2.1 表明，河北、山西和山东这三个省份桑灾报告数量最多。就时间上的分布而言，河北和山东有着相似的结构：这两个省份的元代记录都很多，且绝大多数记录都为明代以前。山西的记录在数量上要少于其他两个省份，时间分布于西晋、东晋、北宋，而没有来自元代的数据。与表 2.1 相结合，我们可以看到北京、天津、山东、江苏、河北和湖北在时间分布上相关性较高，而安徽与河南则呈现另外一种结构。在前一组的省份当中，元代的记录占主导多数。在安徽和河南这两个省份，元代的记录所占比例比较低，宋明两代的记录反倒更多。

由此可见，蚕桑灾害在时间上和空间上的分布并非呈均匀状态，其时空分布可能受到很多因素的影响：王朝的实际统治范围和强度；蚕桑业在不同地域与时间维度上的地位差异；[1]实际的气候条件；桑叶的商品化程度；赋税征收方式的变化；灾害报告从中央集中掌控转变为地方传统；地方志的编纂和资料筛选的做法；等等。

---

[1] 比如在南方，虽然宋代已经有丝绸业，元代还得强制实行新桑蚕业。在北方则需要恢复战争破掉的传统蚕桑业。参见范金民：《衣被天下：明清江南丝绸史研究》，南京：江苏人民出版社，2016 年。

	安徽	北京	河北	河南	湖北	湖南	江苏	江西	山东	山西	陕西	天津	浙江
安徽	1.00												
北京	0.51	1.00											
河北	0.72	0.86	1.00										
河南	0.96	0.51	0.68	1.00									
湖北	0.64	0.89	0.98	0.64	1.00								
湖南	-0.18	-0.13	-0.13	-0.17	-0.09	1.00							
江苏	0.67	0.88	0.93	0.68	0.96	0.13	1.00						
江西	0.09	-0.13	0.09	-0.17	-0.09	-0.09	-0.15	1.00					
山东	0.72	0.87	0.99	0.67	0.96	-0.16	0.92	0.13	1.00				
山西	0.36	-0.22	0.04	0.15	-0.16	-0.16	-0.15	0.85	0.10	1.00			
陕西	0.51	0.76	0.85	0.51	0.89	-0.13	0.82	-0.13	0.86	-0.22	1.00		
天津	0.64	0.89	0.98	0.64	1.00	-0.09	0.96	-0.09	0.96	-0.16	0.89	1.00	
浙江	0.04	-0.09	-0.12	0.13	-0.12	-0.12	-0.03	-0.12	-0.05	0.26	-0.16	-0.12	1.00

表 2.1 条汊分布省份模式相关性

明代的 32 条记载中有 25 条来自安徽、山西、河南、山东、河北和江苏，这些地方都曾经有过桑灾报告的传统。不过，这些省份在明代已经不再是丝绸业的核心区域。但是，记录桑灾的传统在这些地区后世的地方志编辑中仍然得以延续下来。

对灾害的关注并不新鲜，但是，（在元代之前）国家从未系统地、有组织地去关注灾害情况。帝国宣示地域统治的做法，是否助推了理解气候的新方式的形成？这一问题并非空穴来风，或者完全出于现代的视角，毕竟至少一部分朝廷官员在定期汇集帝国范围内的各种信息。我们知道得非常清楚，宫廷的学者和官员致力于从这些报告中发展出一般性的理论和规则，以此形成农学知识。从李伯重到白馥兰（Francesca Bray），学者们都已经注意到元代官员和皇帝把书面文本和农书当作一种手段，用以指导人们如何使桑树免受霜冻和害虫的侵害。[1]

此外，中央政府对各个地区的统治强度是不同的。在整个元代，太湖的官员都没有报告任何蚕桑灾害（彩图五），[2] 尽管这里是桑基鱼塘和胡桑的起源地，而且在很多私人记录的材料中，太湖都被描述为元代的一个主要丝绸生产中心，且常常遭受蝗灾的侵袭。[3] 与宋代的官员相似的是，元代的官员也强调推广预防蚕桑灾害的方法。王祯提供了一种防范指南，建议农民要定期除虫：

---

[1] Bozhong Li, *Agricultural Development in Jiangnan, 1620–1850.* London: Palgrave Macmillan, 1998. 中译本参：《江南农业的发展，1620—1850 年》，王湘云译，上海：上海古籍出版社，2006 年。另见白馥兰：《技术、性别、历史：重新审视帝制中国的大转型》，吴秀杰、白岚玲译，南京：江苏人民出版社，2017 年。

[2] 参见顾兴国、刘某承、闵庆文：《太湖南岸桑基鱼塘的起源与演变》，《丝绸》2018 年第 7 期，第 97—104 页。

[3] 高文学：《中国自然灾害史（总论）》，北京：地震出版社，1997 年。宋代的官方记载多次提及虫灾毁掉全部桑叶，每一种灾情报告中都记录了害虫的颜色，并对其类别予以区分（步屈、蛹虫和蠓虫）。高文学发现有 12 场较大的虫害，认为这与 22 年一次的太阳黑子活动周期有关。

"凡桑果不无虫蠹，宜务去之。其法：用铁线作钩取之。一法：用硫黄及雄黄作烟薰之，即死。或用桐油纸燃塞之，亦验。"[1]《农桑辑要》的作者则援引了关于害虫生活周期、生活习性和特征的信息："蠦蛛、步屈、麻虫、桑狗为害者，当生发时，必须于桑根周围封土作堆，或用苏子油于桑根周围涂扫……野蚕为害者，其虫与家蚕同眠起，小时不为害；欲大眠时，将应有五六日内饲蚕桑叶，并力收斫，连枝积贮，不令日气晒炙。"[2]实际上，这一段记载转引自元代之前的金代农书《韩氏直说》。[3]

　　回到东明在 1301 年和 1308 年的灾害情况，在农历四月和五月有虫食桑。对养蚕而言，这的确是一场灾难，因为一眠的蚕如果喂养不好就非常容易死掉。所需要的桑叶，不仅要像《农桑辑要》建议的那样多汁新鲜，而且要干燥，这样蚕才不会因此生病或者产丝量降低。近年甘肃省出土的官方文献表明，元代官员一直注重管理桑树种植，会巡行全国各地以确保桑树不被砍伐、桑叶采集得法。[4]政府的大规模行动，还包括推广新品种桑树，以及补偿那些因灾歉收的地方。这些政策的记载见于官方史书《元史》的第 33 卷和 96 卷。当然，有补偿则必然存在欺诈，要想达

---

[1] 王祯：《锄治》，《农书》，北京：中华书局，1956 年。

[2] 大司农司：《元刻农桑辑要校释》，北京：中国农业出版社，1988 年，第 188—189 页。

[3] 关于元代出版史请见隗静秋、吴加功：《元代浙江出版业述略》，《学理论》2012 年第 18 期，第 144—146 页。本文尤其关注的是该地区出版的史书，但是也包括《大元一统志》。关于《农桑辑要》一书的历史，参见胡道静：《秘籍之精英，农史之新证——述上海图书馆藏元刊大字本〈农桑辑要〉》，《图书馆杂志》1982 年第 1 期，第 46—49、56 页。另见周匡明、刘挺：《〈农桑辑要〉中凸出的蚕桑科技成就》，《蚕业科学》2014 年第 2 期，第 307—316 页。14 世纪的读者很可能会看到《王祯农书》，它和《农桑辑要》在当时都得到官府的支持而广为印行。元代版的《王祯农书》已经失传。鲁明善的《农桑衣食撮要》在当时不为人知。参见尚衍斌：《鲁明善〈农桑衣食撮要〉若干问题的探讨》，《中国农史》2012 年第 3 期，第 132—141 页。

[4] 见塔拉、杜建禄、高国祥：《中国藏黑水城汉文文献》，第二册，北京：北京图书馆出版社，2008 年。关于这些文献的元代历史背景另见侯爱梅，《黑水城所出元代词讼文书研究》，中央民族大学博士论文，2013 年。

到欺诈的目的，需要能听起来确有其事。为什么我们要谈及欺诈？因为桑树在遭受虫害后可以很快恢复，蚕的喂养周期（桑蚕有三到五个喂养和休眠的阶段），以及在一年中开始得早或者晚，都可以相应地调整。于是，正如《农桑辑要》所观察的那样，官员们知道，一个坏的开端并不一定意味当年蚕丝生产完全崩溃。

彩图六和彩图七表明，在不同地区和时间段内，蚕桑灾害被报告的原因是不同。从这些图表中我们可以看到，虫害最早被列为桑灾的原因是在唐代，此前霜冻被列为主要原因。虫害报告在元代达到高峰，此后作为一种引发蚕桑灾害的方式在史料中急剧减少。在元代这一阶段，大多数记载是关于山东与河北的，其中山东的记载中霜冻更多、虫害相对较少，而河北则正好相反。如彩图八所示，桑灾的原因和时间因地区而异。元代分布在华北平原上的桑灾更多的是关于虫害，而西晋和北宋记载在漯河平原上报告的灾害主要是由霜冻引起的。

基于这些数据的分析，在气候史研究中，需要考虑一些新的问题和研究方向。例如，科学研究与史学研究在研究取向、数据与方法上如何相互借鉴和比较。本文的方法为我们展开这一研究带来了机会。图 2.2 立足于历史上气温数据的科学证据和文本证据，是相关资料的详细总结。[1] 标记着 b, c, d, m, n, o 的曲线是关于中国东部的。在这些曲线中，b 是北京石龙洞中石笋同位素的科学证据，其他的源于多种替代的文本证据，包括文人笔记和农书中的物候现象，元代官修史书和地方志中详细描述的冷和热事件，海岸线的延伸和收缩等。不过，学者构建的曲线上出现了明显的气温降低，但是在北京的石笋同位素曲线上，没有这样的下行趋势。

---

[1] 见葛全胜：《中国历朝气候变化》，北京：科学出版社，2011 年。

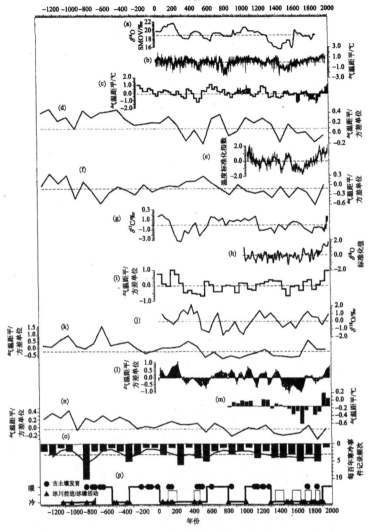

图 2.2　根据不同代用指标重建的中国不同地区（点）过去千年温度变化

葛全胜：《中国历朝气候变化》，北京：科学出版社，2011 年，第 62—63 页[1]

[1] 本图原图说为：（a）吉林金川泥炭 δ18O 含量变化（洪业汤等，1997）。（b）北京石
花洞石笋重建的夏季气温距平值（相对于序列均值）；灰细线：每年；（转下页）

用单一个案或者特定的冷暖事件作为标记来断定天气普遍地变冷或者变暖，这是有问题的。人对气候变化的感知可能会是主观的和相对的——习惯于温暖天气的人可能会对一个正常的冷天气反应强烈，这是造成描述与事实不符的一部分原因；另外一部分原因在于，气温变化是再正常不过的现象，现代测量手段可以证实。

所有这些技术手段所展示的是，地方志记录对于获知历史上人们理解自然世界的实践及其动力具有指示意义，它们代表的不只是自然生态问题，也是政治统治的关注力问题。正如李晓方所提到的那样，"地方志既在一定程度上映射出历史过程，其自身又是历史过程的一部分"。[1]

（接上页）粗实线：30 年滑动平均（Tan et al., 2003）。(c) 中国东部冬半年气温距平（相对于 1951—1980 年的均值）；灰柱：每 10 年；粗实线：每 30 年（Ge et al, 2003）（其中，秦汉和魏晋南北朝时期依据新补充的资料进行修订。隋唐时期采纳了新的研究结果）（Ge et al., 2010）；虚线：世界上观测时间最长的 4 个气象站观测的气温距平（相对于 1961—1990 年均值）平均值的 20 年高斯平滑变化（IPCC, 2007）。(d) 根据多种代用证据集成重建的中国东部地区每百年气温变化（葛全胜等，2006）。(e) 祁连山中部山地气温，细线：3 年平均；粗线：30 年滑动平均（Liu et al., 2007）。(f) 根据多种代用证据集成重建的中国西北地区每百年气温变化（葛全胜等，2006）。(g) 青海苏干湖沉积物 δ13C 含量距平值（强明瑞，2005）。(h) 青藏高原 4 个冰芯（普若岗日、古里雅、达索普、敦德）的 δ18O 标准化值（姚檀栋，2006）。(i) 根据冰芯、树轮集成重建的青藏高原温度变化相对距平（Yang et al., 2003）。(j) 四川红原泥炭 δ18O 含量距平值（徐海等，2002）。(k) 根据多种代用证据集成重建的青藏高原地区每百年气温变化（葛全胜，2006）。(l) 根据多种代用证据集成重建的中国气温变化相对距平。灰柱：每 10 年。粗实线：每30 年（Yang et al., 2002）。(m) 根据文献记载重建的中国东部年均气温变化（王绍武，龚道溢，2000）。(n) 根据多种代用证据集成重建的中国每百年气温变化（葛全胜等，2006）。(o) 根据公开发表文献统计的每百年寒冷事件记录频次；黑柱：冰川前进/冰缘活动事件记录频次；灰柱：除冰川前进/冰缘活动事件外的其他寒冷事件记录频次；粗实线：每百年各种寒冷事件记录总频次的 3 点二项系数加权平均（方修琦等，2004）。(p) 根据冰川前进/冰缘活动（三角）和古土壤发育（圆点）等证据划分的中国过去冷暖阶段变化；细实线：冷期中出现的暖事件（葛全胜等，2002）。

图中的所有细虚平直线为各序列的过去 2000 年的均值或序列（当序列长度不足 2000 年时）均值。

[1] 李晓方：《社会史视野下的地方志利用与研究述论》，《中国地方志》2011 年第 7 期，第 26—33 页。

　　数据分析表明，元代桑蚕灾害之所以远超于其他历史时期，并非单纯由于气候格外恶劣，而是因为元代官员出于务实的理由必须报告。我们可以说，"气候灾害"在这里变成了一种"朝廷的"气候，此处的"气候灾害"可以理解为是由于"关注力生态"的变化而产生的。不仅在元代如此，明代人的集体关注也加深了"元代气候恶劣"这一历史看法。在我们看来，这项研究带来的影响是非常值得期待的，尽管我们深知其复杂性——这不仅要求数字化的方法，还要进行合作研究。对那些以中国为对象的历史学家及科学家来说，它提供了能更好地理解政治周期与环境变化之关系的可能性，并有助于我们观察历史上的每个单一案例。然而，我们的研究更多聚焦于人们的认知实践及其在中国历史上的延续性——天气、气温在历史记载和政治记载中的情况如何，以及它们为什么得到认可；我们也要进一步追问，在涉及气候变迁时，经由哪些途径，文本记载可以在"长时段"研究上派上用场。

　　地方志的个案表明，这种关注力生态的分布如何变成了一种可见的实体。甚至可以说，赋予本体论以认识论的维度，凸显社会和政治在灾害资料生成过程中的影响，对于重新认识历史上的"灾害"是十分重要的。我们认为，对于像地方志这类文献的研究，给历史学科提出了两个重要问题。首先，我们获得了理解地方知识之历史构建的一桩个案，进而发现了一个资料类别——在这些（有关灾害和气候的）资料中，全球视野尤其经常与客观、普遍的"科学"并置。地方知识也像科学一样，是值得（更多地）去研究的社会建构和历史建构。其次，对地方志的研究表明我们需要理解到这一点：认识论范围不止于对象本身，也不止于与对象相关的文本、环境或者物品等资料。**知识主要存在于关**

联领域当中。东明的灾害是一桩个案，元代的灾害是一个总体，它们自身都是信息，而我们要获取的知识存在于二者的相互作用之中。

（吴秀杰 / 译）

第三讲 生命科学史中的物质性
和模式实验材料

柯安哲

在第一场讲座（本书第一讲）中我们提到，自 20 世纪六七十年代以来，科学史家便扩展了其关注范围。此前的研究对象大多以理念和理论为主，此后则扩展到分析实验和实践的角色。这是科学史上所谓的"物质转向"的关键性背景。[1] 这一看重"物质性"的学术取向，如今在整个人文学科里都是一种大趋势。[2] 不过，在本文中，我不想浮光掠影地谈它，而是尝试以病毒研究史中的个案为例，来展示这一研究进路的用处。我提出的论点是：要想理解生命科学的发展，我们就必须去关注科学家们进行实验所用的物质（材料），去关注科学家们如何处理、培育或者繁殖、操纵、分享、展示这些物质（材料）。对于生物医学而言，所谓的实验系统和模式实验材料[3]的角色非常重要，可以让我们理解物、

[1] 几本关键性的著作包括：Bruno Latour, *The Pasteurization of France*. Cambridge, MA: Harvard University Press, 1988; Andrew Pickering, *The Mangle of Practice: Time, Agency, and Science*. Chicago: University of Chicago Press, 1995; Karen Barad, *Meeting the Universe Halfway: Quantum Physics and the Entanglement of Matter and Meaning*. Durham, NC: Duke University Press, 2007。

[2] Jane Bennet, *Vibrant Matter: A Political Ecology of Things*. Durham, NC: Duke University Press, 2010.

[3] 在涉及采用病毒进行实验时，因为病毒不是生物体，本文没有采用通行"模式生物"这一惯用译法，而使用"模式实验材料"一词。——译者注

工具、想法三者是如何关联在一起的，以及这些关联的结构状态是如何因时而变的。

让我们首先回顾托马斯·库恩。

1962 年，托马斯·库恩出版其著作《科学革命的结构》，提出一种对于"科学"的理解：科学是通过"范式"（paradigm）来推进的，而范式是指导研究者的全方位世界观，经由关键事例或者样本来确立易于处理的问题，并通过解决这些问题而生成新知识。库恩把这一进程描述为"正常科学"，这就如同要完成一幅拼图一样：只要一种范式还能够提供框架，在其框架之内的不同碎片能匹配到一起，就能确立接下来的步骤。

在该书的第二部分"通向正常科学之路"中，库恩提到，他之所以选择"范式"一词，意在指出"某些实际科学实践的公认范例——它们包括了定律、理论、应用和仪器——为特定的连贯的科学研究的传统提供了模型"。[1]在接下来对于"范式"的讨论中，他既强调了"范式"在培养学生加入特定的研究共同体时的作用，也强调了它们在引导科学预设和理论方面的功能。请注意，在这一语境下，他强调了"模式"（models）。库恩在描述范式之间的转变时，采用了一个具有摧枯拉朽般力量的词汇——革命。

在该书第二版的后记中，库恩重新审视了他的范式概念，承认他采用这一术语既是指大规模的、涵盖性质的概念框架，也指地方性的参照点。他认为，用"范例"（exemplar）一词来表示后者可能会更为贴切，指向那些把学术共同体联结在一起并给予导向的共享事例。他强调说，这也许是他那本备受讨论的著作中最

[1] Thomas S. Kuhn, *The Structure of Scientific Revolutions*, 4th edition. University of Chicago Press, 2012, p. 11. 中译本参：《科学革命的结构》，金吾伦、胡新和译，北京：北京大学出版社，2012 年。

为重要的洞见："范式是共有的范例，这是我现在认为本书中最有新意而最不为人所理解的那些方面中的核心内容。因此，比起专业基质中的其他成分，我们应当更注重范例的讨论。"[1]我将向读者展示库恩的科学变革概念中的这一层面，即范例作为一种共同体共有的模式，对生物学和生物医学有着特别的重要性。

库恩在接下来的著作中的表述有所改变，对于科学革命持有一种更倾向于演化论式的观点。但是，正是"科学在一个概念框架内运作"这一看法，被科学史学家们所接受，并且他们开始从文化、社会、制度和政治等方面入手让这些框架变得更加丰满。因此，对共同信念的强调，有力地推动了学者们形成许多共同的假设（如自然主义）和偏见（如性别规范），而这些都影响了人类的知识。人们趋于把重点放在概念和理论上，即便当学者们在思考上超越库恩时，他们也乐此不疲地指出社会利益如何影响了科学理念。

这种趋势也来自社会学家和人类学家对科学家进行的那种以参与观察为手段的民族志式的研究，他们在工作场所追踪科学家们，记录他们的行动、表述以及基础设施。布鲁诺·拉图尔和史蒂夫·伍尔加因为《实验室生活》一书变得特别具有影响力，这是关于加利福尼亚的索尔克实验室所做的一种颇具嘲讽意味但也颇有洞见的民族志。他们特别聚焦那些被他们称之为"转写器械"的设施，这些器械将实验转换为数据和文字。他们的研究让人们看到，那些历史学家和哲学家——他们分析从实验室生活中抽象出来的科学概念之发展——曾经忽略过多少东西。布鲁诺·拉图尔在随后出版的《行动中的科学》（*Science in Action*）一书中，启发并刺激了一代学者去注意科学家们实际上在**做**的事情，而不是他

[1] Thomas S. Kuhn, *The Structure of Scientific Revolutions*, pp. 186–187.

们写出来的或者断言如此的那些事情。[1]英美学者倾向于用"实践"（practice）一词指科学家所做的事情，较少强调科学活动的重复本质（比如操作仪器），而更多强调的是研究活动中那些需要动手、程序导向的本质。1989年出版的由大卫·古汀（David Gooding）、特雷弗·平奇（Trevor Pinch）和西蒙·谢弗编辑的《实验的用处》（*The Uses of Experiment*）一书，把注意力重新放回到那些产出数据、证实或者证伪理论的活动上。

这一转向实验实践的做法与聚焦仪器的研究携手并行：从空气泵到粒子加速器。[2]加斯东·巴舍拉尔（Gaston Bachelard）关于仪器是"具象化的理论"的断言经常被引用。的确，他的著作一直给许多研究以重要的启发，无论是拉图尔和伍尔加关于索尔克研究所的民族志式描述，还是《实验的用处》一书。历史学家力图去理解一些问题，比如实验的动力机制、从事研究所必需的基础设施、科学仪器的重要性。[3]彼得·伽里森（Peter Galison）在他的著作《图像与逻辑》（*Image and Logic*）中提出，理论和仪器

[1] Bruno Latour and Steven Woolgar, *Laboratory Life: The Construction of Scientific Facts.* Princeton, N.J.: Princeton University Press, 1986; Bruno Latour, *Science in Action: How to Follow Scientists and Engineers in Society.* Cambridge, MA: Harvard University Press, 1987.

[2] Steven Shapin and Simon Schaffer, *Leviathan and the Air-Pump*; Peter Galison, *How Experiments End.* Chicago: University of Chicago Press, 1987; Andrew Pickering, *Constructing Quarks: A Sociological History of Particle Physics.* Chicago: University of Chicago Press, 2008.

[3] 关于我提到的三个问题，有一些恰当的例子，参见 Frederic L. Holmes, *Meselson, Stahl, and the Replication of DNA: The Origin of "The Most Beautiful Experiment in Biology"*. New Haven: Yale University Press, 2008; Adele Clarke, "Research Materials and Reproductive Science in the United States, 1910−1940," in *Physiology in the American Context, 1850−1940*, ed. Gerald L. Geison. Bethesda, MD: American Physiological Society, 1987, pp. 323−350; Nicolas Rasmussen, *Picture Control: The Electron Microscope and the Transformation of Biology in America, 1940−1960.* Stanford: Stanford University Press, 1999; Jean-Paul Gaudillière and Ilana Löwy, eds., *The Invisible Industrialist: Manufactures and the Production of Scientific Knowledge.* London: Macmillan Press, 1998。该书中的若干篇文章也探讨了最后两个题目。

需要被耦合得不那么紧：他采用"插层"（intercalation）这一表述——仪器、理论和实验关联紧密，但是彼此间并非牵一发而动全身。伽里森也注重科学工作中的物质性。正如他在前言中所说的那样："我想看到早期云室里的玻璃器具及湿核乳胶液渗出来的那些湿乎乎的面条状轨迹；我想听到气泡室的液化装置在排放氮气时发出的那种持续的嘶嘶声；我想重新听到高压室里的高压电弧噼啪作响，让整个实验室里弥漫着臭氧的难闻气味；我要看到静悄悄而黑暗的房间里，一排排扫描仪让跟踪球滑动，把气泡室的成像图扫描个遍；我要看到夜深人静之时，电脑屏幕上的那些旋转而后消失的轨迹有着复杂的结构，一条明亮的紫色线条横穿终端显示器的背景。"（见该书第 xvii 页）我估计，让那些参观实验室的人类学家从各种感官性入手来体验和描述科学中的物质性，这会更容易做到。但是，这些真实情况对于历史学家也一样重要，它们确实会留下痕迹。

　　强调物品在实验以及由此得来的科学知识中的主动角色，这不仅仅是对库恩强调概念框架和理论这一做法的纠正。这也是对于 20 世纪 80 年代建构主义视角的一种回应（在某种程度上，是对其的反动）。[1] 学者们并不单单从"科学的真理诉求是社会性建构"这一角度来说明科学，而是对知识生成与"大自然"——或者更直截了当地说，与物质世界——的桀骜不驯之间形成关联的方式感兴趣。安德鲁·皮克林（Andrew Pickering）的《实践的冲

---

[1] 我不想在这里尝试着去综述建构主义这一研究进路的发展情况，尤其是那些来自科学知识社会学的研究成果。许多其他学者已经做过这些工作。我最喜欢的阐述是 Andrew Pickering, "From Science as Knowledge to Science as Practice," in *Science as Practice and Culture*, ed. Andrew Pickering. Chicago: Chinese University Press, 1992, pp. 1–26. 也参见 Bruno Latour, *We Have Never Been Modern*. Cambridge, MA: Harvard University Press, 1993, 我认为该书别出心裁、富有洞见。

撞》在某种意义上是这一趋势的宣言。在他看来，这种新兴起的看重物质世界的观点，源于一种更陈旧的对于科学活动的**表征式**理解，而建构主义并没有从根本上撼动那些陈旧观念：

> 表征性语言描述视科学为寻求表征自然并产生描摹、映照和反映世界的真实面貌的知识的活动。……但是，还有一种完全不同的思考科学的方式。我们可以起始于这样一个见解：世界不仅充满着观察和事实，而且充满了各种力量。我要说，世界始终不停地处在制造事物之中（doing things），各种事物不是作为智慧化身的观察陈述依赖于我们，而是作为各种力量依赖于物质性的存在。[1]

对物质世界之角色的关注，在科学知识生成中将研究者的能动性移除，以利于认可物质世界在其中所起的作用。至少，在简单化和标准化的实验室环境中，这种情况发生了。

西蒙·谢弗和彼得·伽里森的著作，促使科学史界同行们重新转向实验、实践、仪器和物质材料。不过，他们和库恩一样，都聚焦物理科学。在生命科学史领域，"物质转向"的形式有所不同，提出的问题也有所不同。毕竟，给生物学带来点石成金般飞跃的，是进化论的兴起，而该理论并不直接与实验室中的实验有关联，这与物理学中的情形有所不同。要获取源于自然史研究的知识，人们需要能够参考收藏品和进行观察，而不仅仅是实验科学。此外，如果说皮克林已经在一般意义上强调了物质材料的动

---

[1] Andrew Pickering, *The Mangle of Practice: Time, Agency, and Science*. Chicago: University of Chicago Press, 1995, pp. 5-6. 中译本参：《实践的冲撞：时间、力量与科学》，邢冬梅译，南京：南京大学出版社，2004。

因性的话，那么生物学上的物质似乎拥有一种另类的动因性，尤其是如果研究对象还能够繁殖，或者甚至还有感知能力。[1]

　　事实上，当人作为研究对象时，赋予他们（而不仅仅是他们的物质性躯体）以动因性，总体来说这不成问题。但是，正如伊恩·哈金所指出的那样，人作为研究对象有意识地参与研究过程，会让研究的复杂程度大为增加。当那些研究人的科学以分类（比如同性恋、抑郁、虐童）为手段新制造一些"人的类别"时，这些分类会被研究对象自身所接受，他们可能（有意识或者无意识地）主动符合预期，或者反过来与专家对抗。正如哈金所说的那样："被解析者可能会占解析者的上风。"[2] 在这里，实验对象的动因性，意味着某种与果蝇的繁殖力或者 DNA 黏度完全不同的东西。我会集中于动因性的后一种含义、生物体的物质特性，以及当它们在被重组、培植、研究和共享时，它们带来的动因性。但是，我的目的在于让读者看到，在以人为对象的各门科学中，动因性领域要复杂得多。在许多动物研究领域也是如此，比如动物行为学。

　　让我们回到库恩，我们曾称其为（科学史）"物质转向"的标杆，而在谈及生物学中如何引入"模式生物"时，我还想再提到他。引人注目的是，在《科学革命的结构》的第二版里，库恩自己提及生物学，尽管与首版中几乎所有的例子都形成反差。他谈及科学共同体的规模层面有着非常不同的情形——从囊括全部自然科学家的规模，向下到单一学科，再到亚群体如蛋白质化学家、

---

[1] 关于"物质文化"对生物学研究意味着什么，参见 Robert E. Kohler, *Lords of the Fly: Drosophila Genetics and the Experimental Life*. Chicago: University of Chicago Press, 1994, 尤其是《实验生活的本质》（"The Nature of Experimental Life"）一章。

[2] Ian Hacking, "The Looping Effects of Human Kinds," in *Causal Cognition: A Multidisciplinary Debate*, eds. Dan Sperber, David Premack, and Ann James Premack. Oxford: Oxford University Press, 1996, p. 360.

078

固态物理学家、射电天文学家等，并指出：

> 只有在再次一级层次上才会出现经验问题。举一个现代的例子来说，你如何在一个噬菌体专家的团体公开宣布之前界定出它呢？为了这个目的，你必须借助于出席特殊的会议，了解他们的论文发表前手稿或校样的传播范围，特别是他们正式和非正式的交流网络，包括在书信往来和引文脚注中发现的联系。[1]

对库恩来说，噬菌体团体是学术共同体的显著案例，这并不让人吃惊。马克斯·德尔布吕克（Max Delbrück）、萨尔瓦多·卢瑞亚（Salvador Luria）和阿尔弗雷德·赫尔希（Alfred Hershey）因为在噬菌体研究方面的贡献而共获 1968 年诺贝尔生理学和医学奖。众所周知，这三人被认为是噬菌体生物学家共同体的联合发起人，甚至是共同体之"父"：这个共同体的成员相聚在冷泉港实验室，举办暑期课程和研讨会。

将这些研究者联合起来的，不是某个概念图式或教科书（虽然 J. D. 沃森 [James D. Watson] 那本 1965 年首次出版的、不同凡响的《基因的分子生物学》[Molecular Biology of the Gene] 堪当此任），而是他们都共同致力于一个特定的实验对象，即大肠杆菌的 T-even 噬菌体。噬菌体小组一直用内部通讯非正式地交流那些尚未发表的结果，并利用他们在冷泉港的聚会以及从加州理工学院到南加州山区的露营旅行，彼此交流新发现并吸收新助手。在

---

[1] Kuhn, *The Structure of Scientific Revolutions*, p. 177. 在库恩发表该观点后没几年，他提到的这类研究出现了：Nicholas C. Mullins, "The Development of a Scientific Specialty: The Phage Group and the Origins of Molecular Biology," *Minerva* 10 (1972): 51–82。

分享材料和信息时，他们有意识地模仿了果蝇研究者网络的做法，而后者让加州理工学院声誉卓著。[1]

噬菌体、果蝇——生物学家通常把这种经过充分研究的、常见的供研究之用的生物体或（研究）对象称为模式生物。这些模式生物，如实验室的小鼠已经通过培育而被标准化，并且可以商业性获得。挑选（研究对象）的一个重要标准是可获取性，这可能有赖于广泛的可供给性，形体特征（体积、易于处理、繁殖率），或者单纯地有赖于在某一研究领域所获得的知名度。模式生物因其特殊性、物质性以及容易处置而备受青睐。但是，其关键特征肯定是典型性。此外，模式生物表现出自我强化的质性：一个对象得到的研究越多、被从多角度理解得越透彻，就越可能变成模式生物。[2]

我认为，模式生物的功能显然就是库恩所说的范例，尽管他没有用"模式"这个词。物理学当中那种典型的象征性泛化，在生物医学研究中很少出现。[3] 然而，库恩本人强调，相似性更多地体现在物理情境中，而不是在规则或者定律当中。在《科学革命的结构》的后记关于"范例"的那一节，库恩分析了牛顿第二运动定律如何通过类比而得以被拓展应用到新情境当中——

[1] John Cairns, Gunther S. Stent, and James D. Watson, eds., *Phage and the Origins of Molecular Biology.* Cold Spring Harbor, NY: Cold Spring Harbor Laboratory Press, 1966; James D. Watson, *Molecular Biology of the Gene.* New York: W. A. Benjamin, 1965.

[2] 在这里我简要地使用了普林斯顿大学一个系列研讨会的学术成果，该系列研讨会为期两年，论文结集出版，见 Angela N. H. Creager, Elizabeth Lunbeck, and M. Norton Wise, eds., *Science without Laws: Model Systems, Cases, Exemplary Narratives.* Durham: Duke University Press, 2007。

[3] 一些学者会认为，这在物理学当中也很少出现，参见 Nancy Cartwright, *How the Laws of Physics Lie,* Oxford: Oxford University Press, 1983. 关于生物学当中的情况，参见 John Beatty, "The Evolutionary Contingency Theory," in *Concepts, Theories and Rationality in the Biological Sciences*, ed. G. Wolters and J. G. Lennox. Pittsburgh: University of Pittsburgh Press, 1995, pp. 45–81。

比如自由落体、谐波振荡器或陀螺仪。这种延伸要求物理系学生要学会"从各种前所未见的物理情形中鉴别出力、质量、加速度",同时也学会"设计出 f=ma 的适当形式将这些物理量相联系"。换句话说,这关乎学习"把他的问题看作像是一个他已遇到过的问题"。[1] 接下来,库恩展示了一个简要的历史事例,涉及惠更斯(Huyghens)对伽利略的单摆实验的分析,以及伯努利(Bernoullli)延展惠更斯的钟摆理论来描写水流。库恩断言说:"这个事例,应有助于读者开始理解我上述说法的意思,即学会从不同的问题中看出彼此间相似的情形,并将其看作同一科学定律或定律概略的应用对象。同时,它也应能表明为什么我认为我们关于自然界的重要知识得自于学习相似的过程,并因而蕴涵在观察物理情形的方式中,而不是在规则或定律中。"[2]

库恩的描述(科学家如何通过与已经深入研究过的问题或者题目进行类比,而将知识扩展到尚未探索的领域)恰好是模式生物在生物医学中发挥作用的方式,这令人吃惊。让我们以前面提到的噬菌体学术共同体为例。其中的一些成员试图把那些用于检测和定量噬菌体的视觉方法,应用于动物病毒上,即在培养皿上出现噬菌体"斑块"。雷纳托·杜尔贝科(Renato Dulbecco)首先开发出这类动物病毒检测,1952 年,在其培养的鸡胚细胞上出现西部马脑炎病毒。[3](见图 3.1A、3.1B)在细胞组织培养的单层细胞中,该病毒由于坏死而出现斑块,类似于在受到大肠杆菌的感染和裂解后噬菌体出现在琼脂培养基上。细菌噬菌体测定

---

[1] Kuhn, *The Structure of Scientific Revolutions*, p. 188.

[2] 同上书,第 190 页。

[3] Renato Dulbecco, "Production of Plaques in Monolayer Tissue Cultures by Single Particles of an Animal Virus," *Proceedings of the National Academy of Sciences USA* 38 (1952): 747–752.

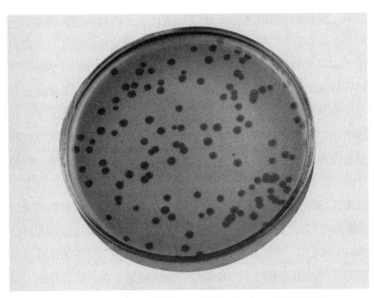

图 3.1A　在培养皿中大肠杆菌细胞培养基上长出的噬菌体噬斑

图片来源：Gunther S. Stent, *Molecular Biology of Bacterial Viruses*. San Francisco: W. H. Freeman, 1963, p. 41

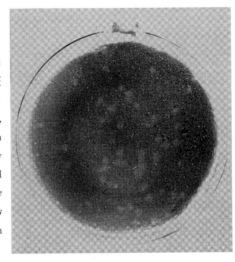

图 3.1B　西部马脑炎病毒在鸡胚成纤维细胞上的斑块。斑块呈圆形清晰区域

图片来源：Renato Dulbecco, "Production of Plaques in Monolayer Tissue Cultures by Single Particles of an Animal Virus," *Proceedings of the National Academy of Sciences USA* 38 (1952): 747–752, on 748

082

显示，死掉的鸡胚细胞的每个斑块都代表了西部马脑炎病毒的一个"感染单位"。[1] 对其他动物病毒的类似检验也出现了，最值得注意的是由杜尔贝科和玛格丽特·福格特（Marguerite Vogt）针对脊髓灰质炎病毒开发的检测。这种噬斑测定使病毒学家能够确定给定样品中的滴度，或动物病毒的数量。其他人发明了类似的肿瘤病毒聚焦形成检验；病毒转化细胞的过度生长，如其他检测中的斑块一样，代表了一个感染单元或者病毒。[2] 霍华德·特明（Howard Temin）这样描述他和哈里·鲁宾（Harry Rubin）为劳斯肉瘤病毒（RSV）开发的检测方法："病灶是鸡肿瘤的细胞培养的类似物。"[3] 此外，因为一些噬菌体可以将自身插入宿主大肠杆菌的 DNA 中（在条件有所改变之前是"潜伏的"），噬菌体和肿瘤病毒之间的类比开启了一种手段，来说明后者如何将自身嵌入宿主基因组中，并且在那里发现了若干肿瘤病毒和细胞同源色体。[4]（见图 3.1A、3.1B）

然而，噬菌体不是动物病毒研究的唯一可用的范例。弗雷德里克·沙弗尔（Frederick Schaffer）和卡尔顿·施维特（Carlton Schwerdt）在伯克利温德尔·斯坦利（Wendell Stanley）的病毒实验室里，沿着先前研究烟草花叶病毒的路线（将其作为大分子做化学分析和结构分析）开始研究脊髓灰质炎病毒。这让他们在

[1] Renato Dulbecco and Marguerite Vogt, "Plaque Formation and Isolation of Pure Lines with Poliomyelitis Viruses," *Journal of Experimental Medicine* 99 (1954): 167–182.
[2] Howard M. Temin and Harry Rubin, "Characteristics of an Assay for Rous Sarcoma Virus and Rous Sarcoma Cells in Tissue Culture," *Virology* 6 (1958): 669–688.
[3] Howard M. Temin, "The DNA Provirus Hypothesis," *Science* 192 (1976): 1075. 这是特明的诺贝尔奖获奖演说。他在 1975 年与雷纳托·杜尔贝科以及戴维·巴尔的摩（David Baltimore）同获 1975 年的诺贝尔生理学和医学奖。
[4] Michel Morange, "From the Regulatory Vision of Cancer to the Oncogene Paradigm, 1975–1985," *Journal of the History of Biology* 30 (1997): 1–29.

1955 年得以（从多余的疫苗液中）结晶出脊髓灰质炎病毒，正好是斯坦利获取烟草花叶病毒晶体后的二十年。[1]（见图 3.2A、3.2B）随后，伦敦伯贝克学院的罗莎琳德·富兰克林（Rosalind Franklin）在 1957 年就从斯坦利的实验室里得到脊髓灰质炎病毒晶体，并试图利用 X 射线衍射来确定脊髓灰质炎病毒的对称性和结构，直到她于 1958 年 4 月英年早逝。她的团队继续此项研究，显示脊髓灰质炎病毒具有二十面体对称性，类似于球形植物病毒烟草黄色花叶病毒（但不是棒状烟草花叶病毒）。[2] 在这里，对植物病毒的生物物理学研究，指引了人类病原体的研究，打开了在分子水平对脊髓灰质炎病毒进行结构测定之路，而噬菌体生长的定量方法，使得其他病毒学家能够把脊髓灰质炎的病原体作为一个基因感染单元而进行分析并视觉化。

正如病毒研究的这些例子所表明的，在研究的整体设计方面，库恩强调理论及问题导向的作用。模式实验材料的方法凸显出，在科学变革的前沿上，实验与相似情形所具有的核心意义。科学家从噬菌体或烟草花叶病毒这样的范例中所收获的，不一定是以不同的方式**看待**世界，而是以不同的方式**处理**世界，即重组世界。即便如此，这些范例也不是静态的。最好不要把这些范例视为固定的或者僵化的，而是把它们当成研究工作日常决策中的可变参照点。通过这些相类情形，我们可以看出模式实验材料可以在不同研究领域影响研究方向。

---

[1] Frederick L. Schaffer and Carlton E. Schwerdt, "Crystallization of Purified MEF-1 Poliomyelitis Virus Particles," *Proceedings of the National Academy of Sciences USA* 41 (1955): 1020−1023; Wendell M. Stanley, "Isolation of a Crystalline Protein Possessing the Properties of Tobacco-Mosaic Virus," *Science* 81 (1935): 644−645.
[2] Angela N. H. Creager and Gregory J. Morgan, "After the Double Helix: Rosalind Franklin's Research on *Tobacco mosaic virus*," *Isis* 99 (2008): 239−272, esp. 266−267.

图 3.2A　斯坦利的结晶
烟草花叶病毒的显微照
片（放大了 675 倍）
图片来源：Bancroft Library,
University of California,
Berkeley

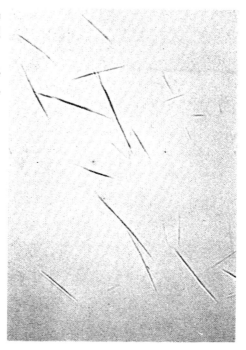

图 3.2B　在可见光下显
微拍摄的 MEF−1 脊髓
灰质炎病毒颗粒的晶体
图片来源：Frederick L. Sch-
affer and Carlton E. Sch-
werdt, "Crystallization of
Purified MEF-1 Poliomyelitis
Virus Particles," *Proceedings
of the National Academy
of Sciences USA* 41 (1955):
1020−1023, on 1021

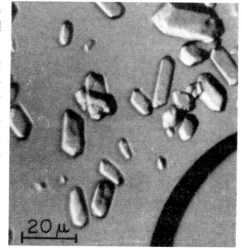

毋庸置疑，我把生物医学中的实验看得比那些在历史著作中提到的理论检验更具有决定性，而后者在库恩的著作发表之后的一段时间里，尤其是在 20 世纪 90 年代和 21 世纪最初十年，变得势头猛烈。关于如何进行与物质有关的历史书写，以及由此而来的如何修正库恩关于科学变革的描述，彼得·伽里森的《图像与逻辑》仍然是一部标杆性的著作。在生命科学领域，汉斯－约尔格·莱茵贝尔格（Hans-Jörg Rheinberger）和罗伯特·科勒（Robert Kohler）都去关注实验体（用生物学家们的话说）如何作为研究的本地单元。[1] 从某种角度来说，只要这些实验体是被组合起来的，这一研究进路依托后库恩时代关于建构主义的学术成果：它们是**物质建构**，而不是天然的对象。[2] 当实验体依赖在基因上被标准化的生物体或者那些在生物化学上被纯化过的材料时，实验对象在实验室之外根本就不存在。其次，实验体随时间而生长，并且路径不可预测。[3] 其结果是，学者们强调了那些生物实验体中自有的意外因素。[4] 这提供了一种截然不同的方式来看库恩所说的"反常现象"

[1] Robert E. Kohler, *Lords of the Fly: Drosophila Genetics and the Experimental Life.* Chicago: University of Chicago Press, 1994; Hans-Jörg Rheinberger, *Toward a History of Epistemic Things: Synthesizing Proteins in the Test Tube.* Stanford: Stanford University Press, 1997.

[2] 在这一研究思路上早期的深刻洞见，参见 Karin D. Knorr-Cetina, "The Ethnographic Study of Scientific Work: Towards a Constructivist Interpretation of Science," in *Science Observed: Perspectives on the Social Study of Science*, ed. Karin D. Knorr-Cetina and Michael Mulkay. London: Sage Publications, 1983, pp. 115–140, esp. 118–120。

[3] Andrew Pickering, *The Mangle of Practice: Time, Agency, and Science.* Chicago: University of Chicago Press, 1995.

[4] Robert E. Kohler, "Systems of Production: Drosophila, Neurospora, and Biochemical Genetics," *Historical Studies of the Physical and Biological Sciences* 22 (1991): 87–130; Hans-Jörg Rheinberger, "Experiment, Difference, and Writing. Part 1. Tracing Protein Synthesis. Part 2. The Laboratory Production of Transfer RNA," *Studies in History and Philosophy of Science* 23 (1992): 305–331, 389–422.

086

（anomalies）：它们不是危机的催化剂，而是科学变革的引擎。[1] 从这种非预期结果中获得的知识改变，可能不会像"范式改变"所说的那样有横扫一切的效果，但还是具有转变性的力量。

在遗传学里，科勒认为黑腹果蝇（*Drosophila melanogaster*）占据了 T. H. 摩尔根的实验室并取代了其他生物。高繁殖率推动了这种转变——果蝇种群变成了一个"增殖反应堆"，其出现突变体的速度之快，以至于摩尔根的助手们来不及绘制它们的基因图谱。[2] 为了保持领先地位，这些研究人员发展出共享材料和信息的模式，并向其他对此感兴趣的研究者和教师输送果蝇种群。在这方面，实验遗传学作为一个研究领域，其社会动力机制在很大程度上源自该专业的首要实验对象的自然本质。[3] 与此同时，果蝇一旦被构建为一种遗传学研究的工具，相关的制约会导致一些研究者转向其他生物体。比如，乔治·比德尔（George Beadle）在与鲍里斯·埃弗吕西（Boris Ephrussi）一起将果蝇用于生物化学遗传学研究之后，开始转向采用脉孢菌（Neurospora crassa）（此次的合作者为爱德华·塔图姆 [Edward Tatum]），因为这种面包霉被证明能带来更多的生物化学知识。[4]

---

[1] 这种对于"反常现象"更为正面的看法，与库恩认为科学基本上是保守的这种描述有冲突。Thomas S. Kuhn, "The Essential Tension: Tradition and Innovation in Scientific Research," in *The Essential Tension: Selected Studies in Scientific Tradition and Change.* Chicago: University of Chicago Press, 1977, pp. 225–239. 就"反常现象"这一概念在生物学中是否有意义这一问题，理查德·列文汀（Richard Lewontin）、罗蕊安·达斯顿（Lorraine Daston）和卡洛·金斯堡（Carlo Ginzburg）之间曾经有过非常有意思的讨论。请参见 "Editors' Introduction," in *Questions of Evidence: Proof, Practice, and Persuasion Across the Disciplines*, ed. James Chandler, Arnold I. Davidson, and Harry Harootunian. Chicago: University of Chicago Press, 1994, p.7。
[2] Kohler, *Lords of the Fly*, ch. 2.
[3] 科勒采用了历史学家 E. P. 汤普森（E. P. Thompson）的概念，称果蝇研究共同体中的通行规范是科学界的"道义经济"。Kohler, *Lords of the Fly*, pp. 11–13.
[4] Kohler, *Lords of the Fly*, ch. 7.

　　对经典模式生物之出现的描述，在很大程度上将科学知识的引擎从聪明的研究者转换到富有产出性的材料上：果蝇、小鼠、霉菌。在修辞层面上，科勒的观点得到支撑，部分是由于果蝇是生物体这一事实：它们是流动的，它们具有自然的历史，它们有实在的生物学动因性。因此，"果蝇接管了实验室"这一表述在比喻意义上的和字面意义上所指的情形重合。还有与此类似的情况，凯伦·雷德（Karen Rader）对实验室小鼠标准化的看法，博尼·克劳斯（Bonnie Claus）对实验大鼠的研究，以及雷切尔·安克尼（Rachel Ankeny）和索拉娅·德·查达里维安（Soraya de Chadarevian）的线虫历史研究，都是因为这些研究对象是真正的生殖性生物。[1] 一些同样重要的差异在这些关于实验生物的历史描述也得到了强调。例如，在 20 世纪 40 年代，由杰克逊实验室（Jackson Laboratory）产出和销售的实验室小鼠以数万计，然而，科学家们对这些标准化的模式生物的使用，不像在果蝇研究中那样用途单一，而是用于很多不同目的。这些小鼠更像是纯粹的化学试剂，而不是被当作科学研究的工具。[2] 即便如此，人们仍可

---

[1] Muriel Lederman and Richard M. Burian, eds. "Special Section: The Right Organism for the Job," *Journal of the History of Biology* 26 (1993): 233—367. 其中包括：Bonnie Clause, "The Wistar Rat as a Right Choice: Establishing Mammalian Standards and the Idea of a Standardized Mammal," *Journal of the History of Biology* 26 (1993): 329—349; Rachel Ankeny, *The Conqueror Worm: An Historical and Philosophical Examination of the Use of the Nematode C. elegans as a Model Organism,* Ph.D. dissertation, History and Philosophy of Science, University of Pittsburgh, 1997; Karen A. Rader, *Making Mice: Standardizing Animals for American Biomedical Research, 1900—1955.* Princeton: Princeton University Press, 2004; Carrie Friese and Adele E. Clarke, "Transposing Bodies of Knowledge and Technique: Animal Models at Work in Reproductive Sciences," *Social Studies of Science* 42 (2012): 31—52。

[2] Ilana Löwy and Jean-Paul Gaudillière, "Disciplining Cancer: Mice and the Practice of Genetic Purity," in *The Invisible Industrialist: Manufactures and the Production of Scientific Knowledge,* ed. Jean-Paul Gaudillière and Ilana Löwy. London: Macmillan, 1998, pp. 209—249.

以通过聚焦这些为研究目的而被"驯化"的生物体（实验室里以及之外）在科学上的稳定性，来分析历史上生物学和生物医学的主流做法。[1]

生物学中也存在多种实验材料体，它们不能与某种活生物体组合起来或者由一种活生物体所指代。汉斯－约尔格·莱茵贝尔格从事的蛋白质合成历史的研究，再现了保罗·扎美克尼克（Paul Zamecnik）对大鼠肝细胞的研究，刚好给我们提供了一桩个案。莱茵贝尔格试图把实验系统（具有高度地方性的仪器、检测、材料的配置）与生物体或者构成材料体的物质（这可以是大鼠的肝脏、大肠杆菌或者果蝇）区分开来。此外，他把所谓的研究对象称为"认知之物"（epistemic thing），它们有赖于那个对其进行研究的系统，但是不等同于那个系统。认知对象既不是静态的，在实验情境之外也不存在。在他研究的个案中，"认知之物"是可溶性核糖核酸（RNA），最终在20世纪60年代初被细分并被重新纳入若干个分子实体中加以考虑，最著名的是转运核糖核酸（tRNA）。扎美克尼克实验室中的实验系统，包含了材料体以及那些将核糖核酸视觉化的操作：大鼠肝脏组织、超速离心机、放射性同位素、闪烁计数器以及实验中使用的其他器具和方法。[2]

---

[1] Karen A. Rader, "Of Mice, Medicine, and Genetics: C. C. Little's Creation of the Inbred Laboratory Mouse, 1909–1918," *Studies in History and Philosophy of the Biological and Biomedical Sciences* 30 (1999): 319–343, esp. 321–323, and idem, *Making Mice*, ch. 1. 最近在这一研究路径上涌现出一些非常出色的研究成果：Friese and Clarke, "Transposing Bodies" and Nicole C. Nelson, "Modeling Mouse, Human, and Discipline: Epistemic Scaffolds in Animal Behavior Genetics," *Social Studies of Science* 43 (2012): 3–29。

[2] Rheinberger, *Toward a History of Epistemic Things*. 对这一研究进路更为丰富的阐述，参见 Rheinberger, *An Epistemology of the Concrete: Twentieth-Century Histories of Life*. Durham, NC: Duke University Press, 2010。

就莱茵贝尔格的设想而言，特别重要的是实验系统的内在不稳定性，实际上，经常出现的移位才使得该实验对研究有用。的确，一旦"本质"被稳定住，让人足以理解认知对象，那么它在科学研究意义上便不再引人入胜。在这一节点上，认知对象变成一个技术性物品，被用于实验的构造中去找出新的认知对象。莱茵贝尔格认为，标准化本身提供了受限的解释力，用以理解"新科学知识是如何从生物学实验中出现的"这一问题。在这方面，他的研究提供了一种重要的、与强调计量针锋相对的观点，而后者是生物学中绝大多数其他研究模式生物和实验材料体的著作所持的观点。[1]

科勒和莱茵贝尔格二人以不同的方式，将实验系统展示为用于研究的一种机器：系统一旦建立起来，就展示出自生成的本质。莱茵贝尔格引用了弗朗索瓦·雅各布（François Jacob）那句值得铭记的名言：实验系统是"制造未来的机器"。[2]然而，研究轨迹中的"下一步"，并不一定是由实验系统决定的。科学家不会在隔绝状态中用自己的实验系统工作，他们或者会与支持其工作的机构，或者与他们的同事和竞争对手们（这甚至是更为重要的）打交道。当研究者从其他人的实验系统中借鉴策略、方法或概念时，实验当中的许多创新就产生了。

正是在这个意义上，库恩对科学共同体以及有范例可循的强调，被证明是非常有启发意义的。"模式实验材料"的概念可以用来凸显科学家们如何重新设置自己的本地实验体系，来模仿他人

[1] Gaudillière, Jean-Paul, and Ilana Löwy, eds. *The Invisible Industrialist: Manufactures and the Production of Scientific Knowledge*. London: Macmillan, 1998. 关于这一点，也参见 Friese and Clarke, "Transposing Bodies"。
[2] Rheinberger, *Toward a History of Epistemic Things*, p. 28; François Jacob, *The Statue Within: An Autobiography*, trans. Franklin Phillip. New York: Basic Books, 1988, p. 9.

已经取得的成功。让我们看一下分子生物学中的一个经典例子：1961 年的莫诺（Jacques Monod）和雅各布的乳糖操纵子（lac operon）模式，启发了一代微生物学家去寻找其他通过抑制因子和诱导因子控制基因表达的例子。这既有利于也限制了对代谢调节的研究。因为莫诺和雅各布的结果从根本上依赖于负面调节（抑制），研究者在很长时间内错过了随处可见的正面调节。[1]

聚焦这类具体的类比个案，可以把我们对作为研究单元的实验系统的关注与更大的科学变革和转型连在一起。"实验系统"追踪了一个更精细划分的中间地带，这一地带在库恩的"范式"这个单一标题下，会显得模糊不清。当人们追随某个单一的研究轨迹时，甚至可以将科学家的行动纳入"实验系统"当中。但是，当人们将"实验系统"视为更大叙事中的互动因素时，那么就必须谈及科学家之间的互动——他们不断地参照他人成果，修改和重新校准自己的实验系统。[2] 莱茵贝尔格从"联结"（conjunctures）出发来讨论实验系统相互间的重新塑造。对这些系统的"界定，变成会尊重但

[1] Harrison Echols, *Operators and Promoters: The Story of Molecular Biology and Its Creators*, ed. Carol A. Gross. Berkeley: University of California Press, 2001, pp. 60–62.
[2] 一些学者已经开始感兴趣这一问题，即科学研究（尤其是生物医学）如何与不同社会环境关连在一起：Joan H. Fujimura, "Constructing 'Doable' Problems in Cancer Research: Articulating Alignment," *Social Studies of Science* 17 (1987): 257–293; Susan Leigh Star and James R. Griesemer, "Institutional Ecology, 'Translations' and Boundary Objects: Amateurs and Professionals in Berkeley's Museum of Vertebrate Zoology, 1907–1939," *Social Studies of Science* 19 (1988): 387–420; Adele E. Clarke and Elihu Gerson, "Symbolic Interactionism in Science Studies," in *Symbolic Interactionism and Cultural Studies*, ed. Howard S. Becker and Michael McCall. Chicago: University of Chicago Press, 1990, pp. 170–214; Ilana Löwy, "The Strength of Loose Concepts— Boundary Concepts, Federative Experimental Strategies and Disciplinary Growth: The Case of Immunology," *History of Science* 30 (1992): 371–396; Jean-Paul Gaudillière, "Oncogenes as Metaphors for Human Cancer: Articulating Laboratory Practices and Medical Demands," in *Medicine and Social Change: Historical and Sociological Studies of Medical Innovation*, ed. Ilana Löwy. Paris: John Libbey Eurotext, 1993, pp. 213–247。

要有别于其他相邻的实验系统。"[1]实验室之间达成协议的一种方式是，实验系统互为模板，每一个实验系统都帮助观察许多不同物种、细胞、代谢途径和基因中的类似的生物学现象。由此一来，经由这类物质融合，实验系统产出的结果会"旅行"并被泛化。[2]

实验系统的界限可能很难确定：人的行动是包括在内还是排除在外？实验系统在实验室门口就终结了吗？若如此，模式实验材料／模式生物的概念可能太容易将研究对象（果蝇，病毒，基因）与研究它们所需的研究设备，或者与所探讨的认知对象混淆在一起。[3]实际上，当生物学家讨论实验系统和模式实验材料／模式生物时，这类说不清的情况无处不在。[4]然而，这种模糊性指出了把这类系统用作参照物时遇到的一个重要问题。虽然模式实验材料／模式生物深深地植根于其物质基础中，其中的一部分则遭到理念化。将某个人的系统称为"果蝇"，并非要让人想到某特定蝇类。这一指称也并不完全是抽象的。"果蝇"后面是许多只实实在在的果蝇，也可能是许多不同的果蝇种群，与遗

---

[1] Rheinberger, *Toward a History of Epistemic Things*, p. 135.

[2] 关于这一论点的详细案例，参见 Angela N. H. Creager and Jean-Paul Gaudillière, "Meanings in Search of Experiments and Vice-Versa: The Invention of Allosteric Regulation in Paris and Berkeley, 1959–1968," *Historical Studies in the Physical and Biological Sciences* 27 (1996): 1–89。

[3] 莱茵贝尔格把"认知对象"与实验系统予以区分。这提供了一种手段，来处理那些经常会发生的对象与系统混淆的情形，尽管"认知之对象"同样也既是物质性的又是表征性的。Rheinberger, *Toward a History of Epistemic Things*.

[4] Annette W. Coleman, Lynda J. Goff, and Janet R. Stein-Taylor, eds. *Algae as Experimental Systems*. New York: Alan R. Liss, 1989; James Hanken, "Model Systems versus Outgroups: Alternative Approaches to the Study of Head Development and Evolution," *American Zoologist* 33 (1993): 448–456; Elizabeth A. Kellogg and H. Bradley Shaffer, "Model Organisms in Evolutionary Studies," *Systematic Biology* 42 (1993): 409–414; Daniel E. Koshland, "Biological Systems," *Science* 240 (1988): 1385; Ray White and C. Thomas Caskey, "The Human as an Experimental System in Molecular Genetics," *Science* 240 (1988): 1483–1488.

传学实验的重要实践关联在一起。正如科勒指出的那样："遗传学研究的工具是能扩展的系统，由那些为特定目的而设计的大型而多产的突变体蝇群组成，并且带着不断增长的工艺知识和技能而被运送出去。"[1] 因此，当研究人员将其所用的生物体称为模式生物时，本地实验系统只好蹲在后台，一套实践行为则变得隐而不显。[2]

在使用特定生物体时嵌入进来的实践和知识积累，赋予模式实验材料以自我强化的质性。正如约书亚·莱德伯格（Joshua Lederberg）在说明大肠杆菌于战后变得为大众所知时所观察到的那样："很快，那些主要集中在一个单一菌株'K-12'上的知识积累，使得它非常可能成为进一步研究的原型之一。"[3] 在提到模式实验材料被视为"原型"时，有两个主要问题应该得到注意。一种模式实验材料被研究得越透彻，它就会越有用，成为能提出更为细致而复杂问题的工具。其次，就其所展现的重要过程，或者它们被用以研究的疾病而言，模式实验材料经常被当作"典型的"来对待。[4]

---

[1] Kohler, "Systems of Production," *Historical Studies of the Physical and Biological Sciences* 22 (1991): 127.
[2] 我们甚至也可以把低层次的描述作为某一模式生物的组成部分。雷切尔·安克尼认为，确定线虫神经元之间所有联结的连线图本身，就是模式生物的一部分。该连线图并非基于某一特定线虫，而是标准性的神经联结，基于对许多常规标本的观察。R. A. Ankeny, "Model Organisms as Models: Understanding the 'Lingua Franca' of the Human Genome Project," *Philosophy of Science* 68 (2001): 251–261.
[3] Joshua Lederberg, "Escherichia coli," in *Instruments of Science. An Historical Encyclopedia*, eds. Robert Bud and Deborah Jean Warner. New York: Garland Publishing, 1998, pp. 230–232, on 231.
[4] 20世纪的生命科学研究在着重于主导的模式生物时，忽视了比较分析这一反向做法：Bruno J. Strasser and Soraya de Chadarevian, "The Comparative and the Exemplary: Revisiting the Early History of Molecular Biology," *History of Science* 49 (2011): 317–336。关于发育生物学领域中对典型性的推测，相关的科学评论可参见 Jessica Bowker, "Model Systems in Developmental Biology," *Bioessays* 17 (1995): 451–455。

如果说生物医学中模式实验材料的力量，部分源于使用它们时所形成的实践和知识，那么，模式实验材料与人类及其健康问题的类比性则加强了其力量。在二战后的医学科学领域，一位研究者使用的实验材料能否变成某种特定的疾病或过程的模式，这是它在研究界获得一席之地的关键所在。由政府支持的改进健康的使命，要与实验室科学家的日常活动联结起来，后者在通过基础研究实现前者的目的，模式实验材料的特殊呈现，经常为这种连接提供理由。在 20 世纪 50 年代美国联邦政府对生物医学研究的支持显著增加之前，公共慈善机构如全国残疾婴儿基金会（National Foundation for Infantile Paralysis）以及美国癌症协会（American Cancer Society）已经开始资助一些对人类病原体或者疾病进程的实验室模式进行研究。随着美国国立卫生研究院（National Institutes of Health）采取疾病导向或者"目录式"框架来增加研究项目的数量和预算时，机构也热衷于使用这类模式。对美国国家健康研究院而言，这一资助基础研究的理由，仍然是核心性质的。[1] 在这个意义上，我之所以力图用"模式实验材料"作为一种分析范畴，其启发源于从事生命研究的科学家与资助机构如何理解生物医学进步的本质。

也就是说，如何建立一个模式实验材料的医疗重要性，这可能并不是一条笔直的路。有意思的是，当斯坦利（Stanley）主

---

[1] Angela N. H. Creager, "Mobilizing Biomedicine: Virus Research Between Lay Health Organizations and the U.S. Federal Government, 1935−1955," in *Biomedicine in the Twentieth Century: Practices, Policies, and Politics*, ed. Caroline Hannaway. Washington, DC: IOS Press, 2008, pp. 171−201; Buhm Soon Park, "Disease Categories and Scientific Disciplines: Reorganizing the NIH Intramural Program, 1945−1960," in *Biomedicine in the Twentieth Century*, pp. 27−58. 也可参见：http://www.nih.gov/science/models/。

张对那些已经得到充分研究的病毒进行研究以便理解癌症的起因时，他本人最明确地使用"模式实验材料"这一用词。在这一个案中，实验室情境与目标疾病之间的类比性尤其令人难以释怀。[1] 毕竟，人类癌症未表现出其他病毒性疾病典型的感染模式或者大规模传染模式。况且，癌症不是单一疾病，而是与不规则的细胞生长相关的一系列疾病。因此，一种病因学不太可能解释全部的人类癌症状况，那些对癌症的病毒性解释持有疑虑的医生和临床研究者不会放过的一项事实。[2] 尽管如此，斯坦利于1959年在国会发言时强力主张，基于肿瘤病毒的模式研究对于癌症研究至关重要，他呼吁国家癌症研究所支持这类模式研究。[3] 正如几年之后他在美国癌症协会的一个演讲中所说的那样：

> 我继续对模式材料体特别感兴趣。在模式材料体研究中，由病毒引起的正常细胞转化为癌细胞的情况，在实验室里可以在精确控制的条件下得到精细的研究。两种特别有利的实验材料是多瘤病毒和劳氏肉瘤病毒。……我相信，

[1] 让－保罗·戈迪利埃尔（Jean-Paul Gaudillière）描述了历史上开发动物模式用以研究人类癌症（尤其是癌症的病毒传播）所面临的复杂性，参见他的文章 "NCI and the Spreading Genes: About the Production of Viruses, Mice and Cancer," in *The Practices of Human Genetics: Sociology of the Sciences Yearbook*, ed. Michael Fortun and Everett Mendelsohn. Dordrecht: Kluwer, 1999, pp. 89-124。

[2] Angela N. H. Creager and Jean-Paul Gaudillière, "Experimental Arrangements and Technologies of Visualization: Cancer as a Viral Epidemic (1930-1960)," in *Heredity and Infection: The History of Disease Transmission*, ed. Jean-Paul Gaudillière and Ilana Löwy. London: Routledge, 2001, pp. 203-241.

[3] Jean-Paul Gaudillière, "The Molecularization of Cancer Etiology in the Postwar United States: Instruments, Politics and Management," in *Molecularizing Biology and Medicine: New Practices and Alliances, 1910s-1970s*, ed. Soraya de Chadarevian and Harmke Kamminga. Amsterdam: Harwood Academic Publishers, 1998, pp. 139-170.

对多瘤病毒和劳氏肉瘤病毒等模式实验材料的研究可能会
提供一些想法，这在研究人类身体上的癌症与病毒关系方
面会有用处。[1]

事实上，对肿瘤病毒的基础研究在 20 世纪 60 和 70 年代的确变成了研究的热点领域，尽管肿瘤病毒作为人类癌症源由之一的重要性，无论在政治上和医学上都仍然有争议。美国国家癌症研究所（National Cancer Institute）发起了一项特殊癌症病毒计划（Special Cancer Virus Program），旨在研发用于人类的癌症疫苗。不过，这一计划以失败告终。[2] 尽管如此，这些研究活动所培养的多种模式实验材料，比如 SV40 和腺病毒，已成为分子生物学中理解真核基因控制的主要工具。在争论与遗传工程关联在一起的潜在公共健康危险时，肿瘤病毒也是争论的核心。这些争论的结果是向科学家们发出呼吁，自愿停止采用那些与癌症相关的动物病毒进行 DNA 重组实验。[3] 此外，在 20 世纪 70 年代，在认识癌症名义下进行的对于反向病毒的研究，为认识并且最终治疗艾滋病提供了重要的参考。

　　在其中的每一个方面，对模式实验材料的关注都表明了在实验室实践、病因学变革以及科学政策之间有着非显而易见的关联。这也提供了一种方式，来重新重视库恩关于事例与类比性的深刻

---

[1] 这是斯坦利于 1962 年 10 月 22 日在美国癌症学会科学组上的演讲。Wendell M. Stanley, "Viruses and Cancer," lecture presented at the Scientific Session of the American Cancer Society, New York City, 22 Oct 1962, Stanley papers, carton 20, folder "Manuscripts for talks."

[2] Doogab Yi, "The Enemy Within? Oncogenes and the Demise of the Special Virus Cancer Program in the 1970s," paper presented at "Debating Causation: Risk, Biology, Self, and Environment in Cancer Epistemology, 1950–2000," Princeton University, 21 Oct 2011.

[3] 参见 Susan Wright, *Molecular Politics: Developing American and British Regulatory Policy for Genetic Engineering, 1972–1982*. Chicago: University of Chicago Press, 1994。

见解，无须纠结于如何定义"范式"这一概念——他从来都无法做到让哲学家们感到满意。如果我们把焦点放在实验室工作台这一层面上，倒是能够指出一条通向前方的道路。

（吴秀杰／译）

第四讲 晚明时期的"物"与"造物"：关于宋应星和黄成论工艺知识的比较研究

薛凤

卜正民（Timothy Brook）和柯律格（Craig Clunas）等历史学家已经让我们看到，晚明时期人工制成物（从食品到手工艺品）有着多么重要的地位。[1]随着社会的商品化发展与市场日益繁荣，人们可以得到来自帝国各个角落的货物和原材料。上层精英、乡绅和商人将明帝国疆域内外的市场搜罗遍尽，去发现"天下"的宝物、贵物和奇物。一切经济的、社会的和知识的价值和实践都因之发生改变。比如，面对这些新机遇，地方官员、精英阶层和国家都不得不强化各种手段来核实某件物品的来源，追踪其在时间和空间中的流通轨迹。物主们开始在自己的所有物上添加标记，比如书法家周天球（1514—1595）甚至在自己最喜欢的椅子上题文刻字。[2]地方志的编纂者越来越详细地记载当地收取

---

[1] Timothy Brook, *The Confusions of Pleasure: Commerce and Culture in Ming China*. Berkeley: University of California Press, 1998. 中译本参：《纵乐的困惑：明代的商业与文化》，方骏、王秀丽、罗天佑译，桂林：广西师范大学出版社，2016 年。Craig Clunas, *Superfluous Things: Material Culture and Social Status in Early Modern China*. Urbana and Chicago: University of Illinois Press and Polity Press, 1991, p. 103. 中译本参：《长物：早期现代中国的物质文化与社会状况》，高昕丹、陈恒译，北京：生活·读书·新知三联书店，2015 年。

[2] Sarah Handler, *Austere Luminosity of Chinese Classical Furniture*. Berkeley: University of California Press, 2001, p. 208.

的税赋种类和贡品。所有这些做法本身都可以提升某一商品的市场价值和社会价值：例如，宜兴地区出产的紫砂茶壶被认为最珍贵，来自绍兴河畔的黄酒也备受青睐。[1]

这类研究也表明，商品、人员和物料的流动性日益增长，赋予某些特定物品（那些作为文化、社会和地理归属之标记的物品）的重要性也越来越强，此时关于某物的渊源以及使用历史的知识则得到重视。此外，有关真品与赝品的学术争论可以被视为面对挑战的回应：那是形成这些道德的、社会的及物质的秩序所带来的挑战。事实上，这个时代的知识秩序也在变动中。工匠兼学者黄成（大约活跃于1567—1572）以及底层官员兼学者宋应星（1587—1666）留下的著作，是这一变化趋势再好不过的例证。二人都处于明代学术生活的外围，因为他们都给予物质生产过程及应用以认识论的功能。这种做法撼动了该时代对"万物"进行探究的宇宙观基础——在那种宇宙观中，工艺技术及其产品通常毫无地位。

本文的关注焦点是黄成和宋应星这两位作者所设想的各种秩序，即他们对于可流动之物以及物品流动方面发生的变化所做的思考。很少有人将这两位作者放在一起来讨论，因为黄成和宋应星探讨技艺的方式完全不同。黄成的《髹饰录》（1625年刊刻，杨明［主要活跃于1621—1627］作序）只涉及一种技艺，即髹漆；而宋应星的《天工开物》（1638年刊刻）则全面得多，涉及18个领域里的工艺实践，从农业、纺织品生产、冶金、采矿到酒曲、采珠等不一而足。两位作者所采用的探究进路，都是直接将工艺技术置于关于物质复杂性的宇宙观当中。他们都在实用工艺中追寻普遍模式、

---

[1] 地方志中的"物产"一章中反映出这些看法，税赋登记也如此。关于地方志的多样性，见Joe Dennis, *Writing, Publishing, and Reading Local Gazetteers in Imperial China, 1100–1700*. Cambridge, MA: Harvard University Asia Center, 2015。

终极真理和本真性，而不是聚焦消费或者识别赝品和假冒品。

　　本文首先简要地将两位作者各自的研究放置在他们所在的哲学和历史语境当中。随后我会对黄成和宋应星关于宇宙和工艺的看法进行比较，进而探索他们所主张的空间地理特征对于造物产生的影响。二者共有的宇宙观框架以及对转化过程及造物的探究方法，如何影响了他们去看待不同产品及其在时间和空间中的流动——通过检视这些问题，我希望能在回答"中国的知识人如何理解地理差异、地方特色、普遍性诉求三者间关系"这一问题上，提供一些新洞见。

晚明时期的万物

　　在宋应星和黄成生活的时代，人们对于物质和物质世界之复杂性的把握，在语言层面和哲学层面上普遍限于"万物"这一语境之内。"万物"一词展示了人生存其中的世界的多重本质和形式——这个世界由有机物（包括鬼怪）、无机物和人组成。宋应星和黄成正是在这一大背景下思考工艺产品的智识角色。比如，经学家孔颖达（574—648）将物解释为"外境"，把"物"的功用与一个人的内在自我，即"心"对立起来。[1] 晚明哲学家的确把追寻人的"心"作为"大道"，他们与宋代哲学家朱熹（1130—1200）的思想一脉相承。在朱熹看来，自身之外的一切皆为物："仰则观象于天，俯则观法于地。"[2] 朱熹也强调"格物致知"的重要性，当

---

[1] 孔颖达：《周易正义》，北京：中华书局，2003 年，第 86 页。
[2] 朱熹：《晦庵先生朱文公文集》（第 15 卷），台北：台湾商务印书馆，1979 年，第 15b，第 220 页。

耶稣会传教士们如利玛窦（1552—1610）等人在 17 世纪中叶将
欧洲科学知识带到明代宫廷时，也借用了这一说法。[1] 尽管不同
思想家的想法有诸多重合之处，那些在宇宙观之下理解"物"的
人，并非总能与那些力图让社会和国家从动用"物"中受益的人达
成一致，后者是遵循"小道"的官员。哲学家和官员大体上都一致
认为，关于工艺技术人们可以了解很多；他们也都认为，通过工
艺技术几乎无法揭示事物本质。

　　宋应星和黄成都偏离了当时的这种主流想法。他们的主要著
作涉及当时被其他人普遍忽视的题目，即工艺生产作为一系列认
知过程。黄成的《髹饰录》和宋应星的《天工开物》还呈现出其他
共同之处。例如，两位作者的理论方法都建立在《易经》的推演
和"气""礼""五行"等概念之上；[2] 两位作者都认为，从"造物"
中可见"造化"，而"造化"又揭示了道德秩序和认知秩序。相
比之下，比他们晚一代的学者如王夫之（1619—1692）和李渔
（1611—1680）对于制物的讨论，则在"技艺作为人的创造力"这
一框架内。[3] 中国的历史学家把这一情况描述为由"器以载道"到
"器体道用"观念的转变。[4] 在明清的政治更迭之际，有了这种
对于工艺技术的实用观点，学者们对于像黄成和宋应星那样去追

[1] Benjamin A. Elman, *On Their Own Terms: Science in China, 1550–1900*. Cambridge, MA: Harvard University Press, 2005, p. 89. 中译本参：《科学在中国（1550—1900）》，原祖杰等译，北京：中国人民大学出版社，2016 年。
[2] 《易经》是古代经典著作之一，是探讨哲学和宇宙观问题的核心文本。晚明时期通行多种不同版本，有的版本带有核心思想家如朱熹的评注，也有为科举备考之用的版本。比如，著名的藏书家朱睦㮮（1518—1587）在他的《万卷堂书目》（1570 年）中列出了 115 种版本。
[3] Kim Young-Oak, "The Philosophy of Wang Fu-chih (1619–1692)." PhD diss., Harvard University, 1982. 付黎明、谢云霞：《论李渔造物设计思想中的平民意识》，《湖南社会科学》2013 年第 3 期，第 251—253 页。
[4] 叶康宁：《从"器以载道"到"器体道用"：明代工艺造物思想转变争议》，《艺术与生活》2006 第 6 期，第 79—80 页。王夫之在他的《周易外传》里也讨论了这一问题。

"物"的兴趣甚至更少了。这两本以《易经·系辞》为理论基础的书，18 世纪初便在中国失传了，尽管其中包含的工匠技艺信息是其他书籍中所没有的。[1] 所幸它们曾在德川时代被传至日本，今日才能留存于世，为后人所见。笔者曾在其他文章中论及，当宋应星将《易经》中的"易"与物质变化紧密连在一起时，这可能让他同时代的学者感到困惑。[2] 当然，同样的情形可能也出现在黄成身上。关于宇宙法则（以及哲学理论）的物质主义基础，很多读书人也许与他们持有相类的理念，但是这种实践性质的探究方式可能不足以说动当时的大多数知识分子，甚至会让他们望而却步。其结果便是，读者只是从他们的著作中获取与工艺技术相关的信息，而对其宇宙论方法视而不见。[3]

　　尽管两部作品有很多共同之处，却很少被放在一起讨论。黄成的《髹饰录》作为明代唯一的漆器专著，大多情况下被认为体现了晚明时期的工艺品位，而宋应星的《天工开物》则一直以其百科全书的风格而备受推崇。[4] 本文的目的即在于填补这一比较研究的空白。

---

[1] 清代官修的《古今图书集成》（完成于 1725 年）和《授时通考》（大约完成于 1742 年）辑录了宋应星《天工开物》中部分内容，这些涉及到官方认可的领域如制盐和农业生产。

[2] Dagmar Schäfer, *The Crafting of the 10,000 Things: Knowledge and Technology in Seventeenth-Century China.* Chicago: University of Chicago Press, 2011, pp. 203–229. 中译本参：《工开万物：17 世纪中国的知识与技术》，吴秀杰、白岚玲译，南京：江苏人民出版社，2015 年。

[3] 黄成：《髹饰录》，北京：中国人民大学出版社，2004 年。另见黄成：《髹饰录图说》，济南：山东画报出版社，2007 年。

[4] Clunas, *Superfluous Things*, pp. 34–36.

记录工艺技能

> 凡工人之作为器物，犹天地之造化。此以有圣者，有
> 神者，皆示以功以法。故良工利其器。然而，利器如四时，
> 美材如五行。四时行，五行全，而物生焉。四善合，五采
> 备，而工巧成焉。
>
> ——黄成《髹饰录·乾集》[1]

宋应星与黄成的共同之处在于，他们通过确立物质生产和使用过程中的秩序，找到了应对物质秩序发生变化这一挑战的答案，而他们那一代的绝大多数学者则力图尽可能远离各种物质世界，去经典文本和抽象思辨中找到慰藉。他们并没有深入讨论其哲学和道德的根基，而是直接描绘物质及日常劳作的加工过程。他们二人的理论都基于《易经》的推演以及"气""礼""五行"概念。这种理论铺垫并非仅出于修辞的必要（也不仅仅是提升工艺知识价值的手段）。其证据在于这一事实："易"的构想渗透在这两本书的论证结构和内容当中。漆器大师黄成明确地将他的书分为两部分，一为"乾"，一为"坤"。在《易经》的推演中，"乾"和"坤"分别对应"天"与"地"的卦象，这是两种互补的力量。在宋应星那里，《易经》给十八种不同工艺技术的编排提供了结构性框架，而阴阳之间的互相转化也解释了为什么五种金属能够融化以及如何冶炼。[2]

这两位作者以非常相似的方式分析制造过程，但是他们的焦

[1] 黄成：《髹饰录》，第 6 页。
[2] 本文采用的《天工开物》中的引文出自宋应星著、潘吉星译注：《天工开物译注》，上海：上海古籍出版社，2013 年。

点有所不同。黄成只考虑漆器及其步骤逻辑，而宋应星则在各种材料实践里以及跨不同材料的实践中去确认阴阳推演的逻辑。[1]可以说，在黄成那里，"阴—阳"解释了漆器生产的步骤逻辑；而对于宋应星来说，任何工艺生产都揭示了"阴阳"与"气"的运作。

他们二人在方法上和对象上的差异，清晰地体现在书的编排结构上。黄成对命名规范与工作步骤进行了区分，即一部分为"命名附赞"（名称以及相关的描绘钩沉），另一类则是包含形制、设计、物料和用途的"分类举事"部分。这两"集"（又进一步细分为18章，186条）是互补的，正如一枚硬币的两面，因为名称和制作步骤在"乾"（天）之下，而形制和设计则与"坤"（地）连在一起。尽管宋应星从不同的物事中探究一种普遍的推演模式、要在物事的制作中发现秩序，他却围绕着一种经典的文明变迁观来安排自己的书，从食物生产到铸造青铜钟鼎。对黄成来说，一件物的"成"（即转化为器具）构成了其存在的结构框架。

虽然黄成的《髹饰录》在成书时间上要比宋应星的《天工开物》早了近一个世纪，但值得注意的是，《髹饰录》的声名鹊起发生在宋应星生活的时代，此时杨明刊行了一个新的校注版本。[2]有中国学者推测，黄成可能是《嘉兴府志》（1685）中记载的一位来自嘉兴西塘的漆器工匠。西塘在元朝时期（1279—1368）已经成为漆

---

[1] 黄成这一名字也提示出他与生产制作的关系。当时另外一位实用技艺书籍的作者、《园冶》（1613年刊印）一书的作者计成（生于1582年）的名字中也出现了"成"字。计成是一位山师，他的著作《园冶》的英译本见 Alison Hardie, *The Craft of Gardens* (Shanghai: Shanghai Books, 2012); 另见 Alison Hardie, "Ji Cheng's Yuan Ye in Its Social Setting," in *The Authentic Garden*, eds. Erik de Jong and Leslie Tjon Sie Fat. Amsterdam: Clusius Foundation, 1991, pp. 207–214。

[2] 王世襄的《髹饰录解说》一书基于世称为"丁卯朱氏刻本"的版本（1927）。关于杨明，请参见索予明：《剔红考》，《故宫季刊》1972年第3期，第6页。他的本名为杨清仲。蒹堂版写为"扬"，丁卯朱氏版认为"扬"为衍字，用"杨"字取代。

器的生产中心，西塘也是张德刚（主要活跃于 1403—1424）的出生地，他经常把自己的名字署在其作品的突出位置上。众所周知，张德刚曾与精于漆雕艺术的杨茂（主要活跃于 1350—1380）合作。一件有他署名的作品现存于北京故宫博物院。显然，后世的作者力图将黄成放置在一个由某地来定义和推进的髹漆技艺轨迹当中，而不是如当时欧洲人对待工匠那样出于强调本真性而去认定黄成的原籍。我们可以看到，虽然两位作者对普遍性原则的诉求都基于《易经》，但他们对地区差异的看法却大相径庭。

《髹饰录》的编排原则与漆器生产

> 今命名附赞而示于此，以为《乾集》。乾所以始生万物，而髹具工则，乃工巧之元气也。乾德至哉！
>
> ——黄成《髹饰录·乾集》[1]

黄成在展示产品制作的步骤顺序时，遵循了农书和工艺著作的标准化程式记录，然而他开辟了以文字记述漆器制作和漆器雕刻的先河。[2] 他在描述所有的步骤时都引用了《易经》，从而把工艺解释为转变的过程。然而，他从来没有提及原材料的来源，也没有提到这些产品最终会在哪里交易或使用。相比之下，宋应星在《天工开物》每一章的引言段落里都引用了《易经》，从而强调了工艺的结构性质及其对社会和国家的作用。宋应星对题目的编

---

[1] 黄成：《髹饰录》，第 6 页。
[2] 我用的《髹饰录》版本主要是日本蒹葭堂藏本，并参考了长北：《〈髹饰录〉版本校勘记》，《故宫博物院院刊》2006 年第 1 期，第 108—122 页。

排直接挑战了学术讨论的旧有框架。例如，他的同僚会认为蚕桑是一个农业题目，宋应星却将丝绸归到"乃服"卷中。宋应星的章节安排所遵循的逻辑，是从原材料到成品市场的递进，也简明地指出了它们的原料地、生产地点和市场。

这种地域性意识上的差异，可以有一种完全说得通的解释，那就是黄成和宋应星成长和生活的环境有所不同。尽管二人都是在远离明朝政治权力中心的地方长大，但他们的社会阶层却略有不同：宋应星出身于士大夫家庭，黄成则有匠人或商人的背景。两位作者及其著作的确都可以被放置在商业化的思想氛围当中，此时市场在扩大，产品贸易覆盖到前所未有的远距离地区，而精英阶层在考虑如何对社会和国家内的物和人进行管理、组织和调动。[1] 黄成来自商贾云集的安徽徽州，而宋应星则来自江西南昌附近的乡下。我们对黄成所知甚少，只知道他是地区官营漆器作坊里的漆器工艺专家。他的家乡是一个新近繁荣起来的出版中心，晚明时期徽州的刻书业非常发达。[2] 因此，这个地方出产的徽墨，自然也量大质高，而转运盐税使徽州大商人成为中国最富庶的群体，他们经商的足迹甚至遍布天下。徽商"走遍全国寻求利润"，这让黄成看到了外面的世界。[3]

相比之下，宋应星生活的地方则相对偏僻。南昌的市场并不

[1] 见 Joseph W. Esherick and Mary Backus Rankin, eds., *Chinese Local Elites and Patterns of Dominance*. Berkeley: University of California Press, 1990.
[2] Joseph McDermott, "'Noncommercial' Private Publishing in Late Imperial China," in *The Book Worlds of East Asia and Europe, 1450–1850: Connections and Comparisons*, ed. Joseph McDermott and Peter Burke. Hong Kong: Hong Kong University Press, 2015, p. 128.
[3] Binlun Zhang, "A Preliminary Analysis of Scientific Development and Its Causes in Anhui Province during the Ming and Qing Dynasties," in *Chinese Studies in the History and Philosophy of Science and Technology*, eds. Fan Dainian and Robert S. Cohen. Dordrecht: Springer, 1996, pp. 327–344. 另见 Yongtao Du, *The Order of Places: Translocal Practices of the Huizhou Merchants in Late Imperial China*. Leiden: Brill, 2015, pp.54–56。

像徽州那般生机勃勃，尽管也不乏大量来自各地的商品。两相比较，黄成在自家门口就能看到来自各地的物品，而宋应星本人的旅行则要多一些。他曾六次前往京城参加科举考试，并被派往中国沿海和北方地区任职。这些大为不同的游走经历，可以很好地解释两位作者著作中不同程度的地理意识。宋应星对帝国内原材料和生产的地理分布情况以及帝国的贸易和朝贡往来了解得非常清楚，尽管他也会从书中或者同僚那里获得一些这类信息。当然，宋应星和黄成不一样，他所涉猎的工艺技术远不止于漆器制作，可以说他纵览全国和全天下范围内的生产、使用和贸易。比如，他注意到在山东青州可以看到野蚕，也描述了广东高州的铸币技术。这两个地方距他的出生地以及他在编写《天工开物》时任职的地方都有相当的距离。[1] 实际上，宋应星在书中提及许多他本人也从未去过的地方，这些相关信息很可能来自书籍，或来自他和当地同僚、地区官员甚至中央政府的上级官员的交谈，比如《天工开物》的资助者涂绍煃（1582？—1645）。相比之下，无论是在产品的制漆工艺还是原材料的可能性来源以及市场方面，黄成都很少提及其他地方，哪怕各地产品非常不同，而在徽州的市场上当然也能看到不同地区的各种产品。

《髹饰录》的作者黄成在徽州长大，这里是晚明时期的一个主要市场。撰写了"手工艺大全"《天工开物》的作者宋应星出生于一个叫分宜的地方，位于中国南方的乡下。黄成没有提及明代以漆器生产闻名的任何地方，只有一次提到一个边远的特殊之地，即琉球王国。相比之下，宋应星非常清楚明代生产与使用上的地理分布，尽

---

[1] 见《天工开物·乃服》，"野蚕自为茧，出青州、沂水等地，树老即自生"，第65页；《天工开物·冶铸》，"唯北京宝源局黄钱与广东高州炉青钱，其价一文敌南直、江浙等二文"，第127页。

管他的大部分信息似乎来源于同僚或者其他文字材料。

由此可见，对黄成而言，地域多样性既不重要，对于普遍性诉求也不构成挑战；或者说，这种差异与他的诉求无涉。显然，他的目标是将自己的行当（髹漆工艺）视作一系列变换过程，在这一过程中，工具（第一章《利用》）和制作原理及法则（第二章《楷法》，包含三法、二戒、四失、三病、六十四过）的结合代表着"乾"，"坤"则对应着各种漆器的形态、特征（第三至十六章在描述器物时，偶尔也涉及制法），工艺设计（第十七章《质法》）以及对古代漆器的鉴赏、补缀、仿效（第十八章《尚古》），以此来说明"成象之谓乾，效法之谓坤"[1]。他认为，随着器物的制作，天象（即万物）就受到了尊重，他建议通过万物造化的原则来锻造漆艺工具，以作为构成漆器的原始之气或原材料。然而，"坤"也包括重复固定的步骤和遵循先例，正如"效法"一词所描述的那样。

对于黄成来说，生产的过程和工具（无论是用画笔描绘图案还是用刀子雕刻饰物）都处于以阴阳为尺度来进行分类设计的核心。他认为材料（质）构成了阴，装饰或"图案"（文）构成了阳。这种设计的复杂性也可能源于《易经》，其图式所涉及的是《洛书》与《河图》中带有神秘力量的纹样。也就是说，这是一类以图式形式呈现出来的蕴含力量的物体和充满神奇力量的文本。[2]

---

[1] 杨天才、张善文译注：《周易》，北京：中华书局，2011年，第571页。

[2] 《髹饰录图说》序。关于河图和洛书，请见 Vera Dorofeeva-Lichtmann, "Spatial Orga-nization of Ancient Chinese Texts (Preliminary Remarks)," in *History of Science, History of Text*, ed. Karine Chemla. Dordrecht: Springer, 2004, p. 31。关于洛书的详细讨论另见 Marcel Granet, *La pensée chinoise*. Paris: La Renaissance du Livre, 1934, pp. 177–208; John B. Henderson, *The Development and Decline of Chinese Cosmology*. New York: Columbia University Press, 1984, pp. 82–87。关于河图，请见 Anna Seidel, "Im-perial Treasures and Taoist Sacraments: Taoist Roots in the Apocrypha," in *Tantric and Taoist and Studies in Honour of R. A. Stein*, vol. 2, ed. Michel Strickman. Bruxelles: Institut Belege des hautes études chinoises, 1983, pp. 297–302。

黄成相信，宇宙法则能够对人制作物品的创造力和技艺产生影响。他建议将"巧法造化"看作生产和使用漆器的"三法"之一。[1] "凡工人之为器物，犹天地之造化。所以有圣者有神者，皆示以功以法，故良工利其器。然而利器如四时，美材如五行。"[2] 因此，在黄成看来，"利器"和"美材"是造物的两个基本条件。而熟练的操作（"工巧"）是创造奢靡之物的条件。[3] 他的解释扩展了《考工记》中的"材有美，工有巧"观念。[4] 所以，地区差异对此没有任何影响，因为黄成力图去建立普遍性诉求，而不是列举漆器可以在哪里制造、生产和买卖。

《天工开物》，工艺之序

黄成依托《易经》来讨论漆器生产，这种做法挑战了读书人对于"什么是正当的智识主题"所持的观点；当宋应星将《易经》中人类文明逻辑的图式转换为不同类型工艺的先后顺序时，他也在对抗学者的学问。宋应星认为，《易经》赋予各种工艺的渐进顺序以正当性，其开始于食物生产、犁具及其他农业工具，接下来为衣服的原料来源和加工（乃服）以及附带的染色（彰施）、交通（舟车）、工具制作（如杵和研钵），最终以兵器（佳兵）和珠玉收尾。这一文明逻辑把地理上的中心当作中国的重心。在这里，

---

[1] 黄成：《髹饰录》，第 21 页。根据王充的说法（见《论衡》，台北：台湾中华书局，1976 年），第 244 页，"巧"指的是"无文"的方法。

[2] 黄成：《髹饰录》，第 6 页。

[3] 参见 Clunas, *Superfluous Things*。

[4] 孙诒让：《考工记》，收录于《中国科学技术典籍通汇》，郑州：河南教育出版社，1993 年。

普遍性原则被领会得完美无瑕，尽管原则上无论在哪里，这一逻辑本身都存在。

宋应星列举实用技艺的顺序，遵循了儒家的"生存之需先于奢侈之物"的理念。然而，他对内容的相应分类又巧妙地挑战了这一传统理念。例如，宋应星将蚕业和丝绸纺织品生产放在名为"乃服"的章节中，而在农书的分类中这通常被看成农业范畴的题目。宋应星将丝绸与其他纤维制品放在一起，也包括毛毡和皮毛。虽然"乃服"一词在汉语文献中并不罕见，但是，在其他著作中却从未被用作独立的标题。

与那些将蚕桑业视为农艺学一部分的其他著作相比，宋应星对地区角色的看法与他的同僚之间的分野尤为明显。白馥兰关注到，当农学被视为国家和统治者的一种道德责任并且是一个受到尊崇的学术研究领域时，桑蚕业在明代文化中获得了非常高的地位。[1] 其原因在于，桑蚕业被认为关乎民众的福祉，因此，庙堂之上的统治者要让人修书描述丝织技术，解释纺织品的社会功能和政治功能。在这些官修农书以及其他类型的文稿、农书、文集和专著中，桑蚕业主要被描述为一种耕作技术，有时候被看作季节性日程中的一种阶段性任务，有时候被安排到全年的生产当中。比如，官修的农书集成《农桑辑要》（1273）在书名和结构上将"桑"与"农"并置。其结果是，饱读诗书的男性（君子）被要求深入地了解一个有着重要社会影响、能传递政治价值和理念的题目，比如"男耕女织"这种基于性别的生产技能划分。这一观念通常可以追溯到孔子那里，并在宋代日益得到学者文人的倡导，因

---

[1] Francesca Bray, *Technology and Gender*. Berkeley: University of California Press, 1997. 中译本参：《技术与性别：晚明帝制中国的权力经纬》，江湄、邓京力译，南京：江苏人民出版社，2021 年。

为蚕丝业变成体面家庭的一个主要职业，是儒学官员们的一个重要收入来源。不过早在唐代时，制丝和织绢已经被确定看作男性的工作，因为这些工作是在（男性主导的）佛教寺院环境中进行的。[1] 王祯（1271—1368）在他的《农书》（该书提供了很多农具和器具图）里也提及了蚕丝业的内容，并按照由种桑到丝织品加工的顺序进行了讨论。为数不多的专门聚焦丝织生产的几部作品，比如秦观（1049—1100）的《蚕书》和稍晚的沈秉成（1823—1895）汇总的《蚕桑辑要》，同样描述了从原材料到成品的整个丝绸生产过程。[2]

这些作品都描述了步骤化的操作链，旨在将相关的有效技术知识传播到其他地区。作者们强调地区的特殊性（经常用这一点来解释他们为什么要写一本书），且常常不厌其烦地用大量篇幅来详细描述在当地获取材料、货物、人员、知识和技能的可能性。谁是这些信息的预期受众很难确定，但由于没有别人能读到这些文稿，这些作者很可能主要是为他们的同侪而写。比如，作为诗人学者的杨慎（1488—1559），或者既是大地主也是官员的陈宏谋（1696—1771）[3]。在宋应星看来，这个前后相续的链条支撑了"气"的逻辑，这表明存在着一种普遍性秩序，这在桑蚕和丝绸之外的其他领域里也同样存在。由于宋应星把确认这些原则看作自

---

[1] Bray, *Technology and Gender*, p. 185.

[2] 作者们经常提及自己的焦点来解释自己的著作与现存文献有所区别。一些人强调，他们的书只是要填补一个明显的空白，略去一些问题，调整了着重点，以便能聚焦地方多样化的重要性和细节，或者为了扩展一个题目的总体视野范围。见 Chuan-Hui Mau, "Les progrès de la sériciculture sous les Yuan (13e–14e siècles) d'après le *Nongsang jiyao*." *Revue de Synthèse* 131 (2010): 193–217。

[3] William T. Rowe, *Saving the World: Chen Hongmou and Elite Consciousness in Eighteenth-Century China*. Stanford: Stanford University Press, 2001, pp. 236–237. 中译本参:《救世：陈宏谋与十八世纪中国的精英意识》，陈乃宣译，北京：中国人民大学出版社，2013 年。

己著作的主要目标，他不太热衷于系统地提供关于当地特定材料或工艺的信息。

　　宋应星同时代的人撰写关于丝绸的书籍是为了传播技能知识，即详细介绍如何种植桑树、养蚕、纺线、制丝和织绢。但是，宋应星详尽地记录了丝绸加工技术和具体的产品，这些内容解释了这一技术体系中供需之间的微妙平衡，声称其内在因果关系揭示了事物表层之下的普遍原则。因此，在《天工开物·乃服》篇中，他描述了织布机的结构，并概述了不同的纤维、毛毡和皮草。但是，他却没有记录在哪里能找到能打造织机的最好的木匠，也没有描述在四川内陆高原上养蚕与在江南沿海地区养蚕有什么不同。

　　另一个明显的区别是，黄成仅仅专注于生产和宇宙观问题，而宋应星还考虑了原材料、成品和市场。这种差异也反映在两人对古典文献的不同运用上。工艺匠人黄成提及的主要是《易经》，而更有学术倾向的宋应星还提及黄帝、尧和舜的治国神话，"黄帝、尧、舜垂衣裳而天下治"。[1] 此外，宋应星还援引了《论语》等经典著作，以证明如漂染布料等题目的重要性："君子不以绀緅饰，红紫不以为亵服。当暑，袗絺绤，必表而出之。"[2] 他也认为着装是身份的象征，因此他不无矛盾地崇尚那种以服饰来定义一个人社会地位的传统价值观，这与哲学家荀子的观点一脉相承："贵者垂衣裳，煌煌山龙，以治天下；贱者裋褐，枲裳，冬以御

---

[1]　杨天才、张善文译注：《周易》，第 610 页。
[2]　《论语·乡党第十》。见李零：《丧家狗：我读〈论语〉》，太原：山西人民出版社，2007年，第 194 页。英文版参 Arthur Waley, *The Analects of Confucius.* London: George Allen and Unwin, 1938, pp. 147–148。

112

寒，夏以蔽体，以自别于禽兽。"[1]

宋应星一直诚劝读者秉持谦逊之态，他认为衣服的重要功能是御寒、蔽体，"是故其质则造物之所具也"。[2]"造物"是一个通用术语，体现了自然的创造力，当然也包括人。这种创造力在所有宇宙活动的自发和自我再生过程中都有所体现。[3]宋应星没有把丝绸看成一种生产布料的先进方法（传说黄帝买了丝绸来代替兽皮和羽毛），也没有强调丝绸作为一种纤维的质量，而是把丝绸与裘、皮一起归为"属禽兽与昆虫者"："属草木者为枲、麻、苘、葛；属禽兽与昆虫为裘、褐、丝、绵。各载其半，而裳服充焉矣！"[4]

宋应星对地区差异的兴趣集中在技术上，而他对材料来源的研究似乎带有特定主题，而非连贯的类型划分。例如，关于金属，他谈及地方来源，但在列举染料成分时，他只关注配方。如在《燔石》篇中，他指出一些材料是可替代的："石不堪灰者，则天生蛎蚝以代之。"[5]因此，原则上，他认为所有的地区都提供了相同的条件，而各地的差异是由不同的转换技术造成的。例如，他指出茧色在不同地区是不同的，"川、陕、晋、豫有黄无白，嘉、湖有白无黄"，因为"若将白雄配黄雌，则其嗣变成褐茧"。[6]因

---

[1] 见《天工开物·乃服》，第 62 页。根据王圻 1607 年编写的《三才图会》，这种华服是宋代和明代的最高级礼仪服饰。另见黄能馥：《中国服装史》，北京：中国旅游出版社，1995 年。
[2]《天工开物·乃服》，第 62 页。
[3]"天覆地载，物数号万，而事亦因之，曲成而不遗，岂人力也哉。事物而既万矣，必待口授目成而后识之，其与几何？"《天工开物·序》，第 1 页。
[4]《天工开物·乃服》，第 62 页。宋应星在这个语境下为何没有提到棉？这可作为进一步研究的一个有价值的题目。
[5]《天工开物·燔石》，第 156 页。
[6]《天工开物·乃服》，第 64 页。英译见 Sung Ying-hsing. *T'ien kung k'ai-wu: Chinese Technology in the Seventeenth Century.* Mineaola, NY: Dover, 1966。

为阴阳转化过程在当地的多样性，造成不同的地方材料成分和构成的差异。技术可以起源于当地的一种环境，例如，宋应星声称"凡皮油造烛，法起广信郡"[1]，而后各地发展出不同的方式。然而，他认为各种做法背后的宇宙基本原则在任何地方都是一样的。

探究生产和物事

在过去的 20 年里，科学史和全球史学家都同样为学术话语中的"空间转向"感到兴奋不已。科学史学者"在地图上铺开那些涉及科学践行者的大型网络"时让我们看到，一旦人、物和理念摆脱了特定地域逻辑的限制后，知识和信息是如何流通、改变或者交换的。[2] 人们显然强调边远地方以及东方和西方的比较，因此，关于翻译、不可通约性、接受、流通的历史研究层出不穷，在某种程度上这似乎意味着，陌生化的程度在这一时期无可避免地随着地理上的距离而出现。[3] 同时，这些记录也表明另一个事实，当类似中华帝国这样的社会政治体系能够扩散其物质和精神文化以及经济实践时，地理上的距离变得不那么重要了。因此，一位身处北方城市西安的读书人，会感觉到自己离分宜（宋应星的出生地，在今天的江西省）很近，而离中亚绿洲上的敦煌则非常远，

[1]《天工开物·膏液》，第 284 页。广信郡位于今天的江西上饶。
[2] Jan Golinski, *Making Natural Knowledge: Constructivism and the History of Science.* Chicago: University of Chicago Press, 2005, p.172. 另见 Karine Chemla, ed., *History of Science, History of Text*. Dordrecht: Springer, 2004; Feza Günergun, and Dhruv Raina, eds., *Science between Europe and Asia: Historical Studies on the Transmission, Adoption, and Adaptation of Knowledge*. Dordrecht: Springer, 2011。
[3] Marie Noelle Bourguet, Christian Licoppe, and H. Otto Sibum, eds., *Instruments, Travel and Science: Itineraries of Precision from the Seventeenth to the Twentieth Century*. London: Routledge, 2002, pp.1–19.

尽管实际上西安离这两个地方的测量距离几乎是一样的。

那些研究中国人的旅行及其目的历史学家让这一实测距离的角度变得更加完备，他们提出了要进行更为细致的"时空汇合"（time-space convergences，这是历史学家唐纳德·贾内尔 [Donald Janelle] 在讨论旅行时间对距离感之影响时使用的词汇）的历史研究，要超过迄今人们所认可的程度。[1] 在地理学之外，把流动性作为一种历史实践和经验来进行考察，这开启了一个振奋人心的角度，以此来看待帝国疆域内的互通和知识交流。从这个角度可以清晰地看到，尽管宋应星和黄成都生活在同一社会政治体系下，尽管他们都同样远离明朝的京城，但是他们可能会以不同的方式来面对流动性，也以不同的方式来理解地理。

虽然明朝晚期的技术变革并没有使旅行时间大幅减少，但明朝的政治安排却将旅行和商品交换变成了一种日常体验。[2] 工匠们每年必须前往官营作坊服役；官道和商路上（无论陆路还是水路，江河还是运河）充斥着络绎不绝的客商、官员和考生；进香朝圣者和文人悠闲地徜徉于名川大山之间。即使是那些完全拒绝云游世界的人，外面的世界也会在他们面前倏然显现，其形式是人、理念和货物运输。

宋应星和黄成对这一动态中的世界有着截然不同的思考。宋应星明确注意到这一正在改变着的时间—地点"间隔"（distanciation，安东尼·吉登斯用它来表示中华帝国这样跨越时间和空间的

---

[1] Donald Janelle, "Global Interdependence and Its Consequences," in *Collapsing Space and Time: Geographic Aspects of Communications and Information*, eds. Stanley D. Brunn and Thomas Leinbach. London: HarperCollins, 1991, pp. 49−81.
[2] 关于明代旅行时间的讨论见 Brook, *Confusions of Pleasure*, pp. 173−185; Denis C. Twitchett, and Frederick W. Mote, *The Cambridge History of China,* vol. 8. Cambridge: Cambridge University Press, 1998, pp. 632−634。

社会政治体系在延伸时而形成的熟悉感）。[1] 那些曾经似乎遥不可及的方外之地，现在可以轻易抵达。市场上可以买到来自四面八方的商品，中国的瓷器、茶叶和丝绸也销往世界各地。[2] 相比之下，黄成根本没有关注这些。因此，宋应星看到，那个作为文明之地理表征的帝国与他的普遍性诉求之间存在一种关系，而这些帝国问题在黄成那里根本不扮演任何核心角色。

黄成和宋应星的这些从生产到使用的操作说明被称为"经营式的"，这一方面突出了他们自身从生产者或者制作者出发的角度与其他人的著作有所差异，另一方面也让人看到，他们的角度也取决于他们与国家机构和行政任务的关系。[3] 很清楚，宋应星和黄成对于那些作为地方特色标志的物品和事情都不感兴趣，这和当时的管理者截然不同。如果把他们的著作与地方志或者地方管理者的报告进行一番比较的话，这种区别就变得尤为明显。比如，孙珮编写的《苏州织造局志》详细地列具了物料和成品。[4] 事实上，与这种行政方式（实际上，地方官员经常采用这种方式）相反，宋应星和黄成都强调"物"本身总是具有普遍性。黄成完全无

[1] 这个概念首见于 Anthony Giddens, *A Contemporary Critique of Historical Materialism,* vol. 1, *Power, Property and the State.* Berkeley: University of California Press, 1981, p. 90。

[2] 见 Robert Finlay, *The Pilgrim Art: Cultures of Porcelain in World History.* Berkeley: University of California Press, 2010，中译本参：《青花瓷的故事：中国瓷的时代》，郑明萱译，海口：海南出版社，2022 年；Debin Ma, "The Great Silk Exchange: How the World Was Connected and Developed," in *Textiles in the Pacific, 1500–1900,* ed. Debin Ma. New York: Routledge, 2005, p. 26。

[3] Peter Golas, "'Like Obtaining a Great Treasure': The Illustrations in Song Yingxing's The Exploitation of the Works of Nature," in *Graphics and Text in the Production of Technical Knowledge in China: The Warp and the Weft,* eds. Francesca Bray, Vera Dorofeeva-Lichtmann, and Georges Métailié. Leiden: Brill, 2007, p.574.

[4] 该书编纂于康熙年间，孙珮是编纂者之一。关于该书的讨论以及德文译本情况，见 Elke Piontek-Ma, *Der Bericht von Sun Pei über die kaiserliche Seidenm-anufactur von Suzhou im 17. Jahrhundert.* Heidelberg: Edition Forum, 1999。

视地域认定（而这对于任何不得不计算税收的管理者来说都是非常重要的）。相比之下，宋应星强调了原材料的地域来源以及产品的地方多样性。他也指出了技艺上的地域差异，强调同样的原则可以应用在任何地方。

在对技艺步骤的解释中，黄成和宋应星二人都把臆想的和操作性的因素组合起来，相信"做事"的组织原则解释了知识的本质，即知识的动力性特征。换句话说，两位作者都认为"造物"堪比（甚至等同于）"造化"。这意味着，生产过程被视为包含了所有把材料转化为成品的举措，也包括这些成品被用作物件或产品。两位作者都意识到，生产的每一个要素和细节都必须到位，才会有令人满意的结果。然而，地点作为一种"特征"并不重要，因为同样的原则在任何地方都是有效的。黄成从未提及地理来源问题；宋应星在不同语境下的确提到地方特殊性。然而，如果与当时的农业记录相比，他的这些想法是相当不系统的。很明显，他既没有注意到材料的质量，也没有从当地来源的角度讨论材料的特性。从这个意义上说，转化过程（即人类或自然的创造过程）揭示了使物事运转的重要事件序列。黄成认为产品的性能及其在生产中的转换进程是经由阴阳之气来揭示的（对阴阳之气问题，宋应星在他的《论气》一文中解释过），而宋应星的《天工开物》在很多方面则更进一步，他主要用阴阳二元论来强调那些在多种工艺中被揭示出来的管理原则和文明原则。

最后还要指出的是，我们有必要区别对待不同作者完成的内容。宋应星这样的学者，以及黄成这样身份明确的漆器制作师匠人所完成的著作，应该与那些品评鉴赏类的书籍区分开来，后者主要把空间和地域性与物品真伪相联系。黄成和宋应星关心的不是物品的时空源起及所在地，他们考虑更多的是那些通向特定技术和生产逻辑的结构框架。尽管两位作者分门别类地列出技能、实践和生产步骤的方式都类似于材料登记和管理指南，但是他们以《易经》为依托的做法表明，他们对于揭示普遍原则更感兴趣——它们内在于那些物品及其生产背后所隐藏的结构性偶发情形、模式、方法、进程性逻辑当中。因此，我们也需要将这两本著作与像陈宏谋这类清代官员的著书予以区分，陈宏谋编写关于实用工艺的书籍，目标在于促进国家经济能够繁荣发展，而在道德上要保持白璧无瑕。通过比较我们可以看到，宋应星和黄成有着共同的目标，即让物品、物的制作、物的内在特征成为指示标，来表明一种更广（在时间和地理意义上）、更深（不仅限于有形的物和人）的普遍秩序。这一普遍秩序囊括了一切可流动或不可流动的事物。

（王蓉 / 译）

第五讲　知识的工具：20 世纪科学和医学中的放射性同位素

柯安哲

1947 年 5 月，以深度分析著称的期刊《科利尔》（Collier's）推出一个特别专题："人与原子：揭开一个黄金时代"。在这一栏目下，有科学记者阿尔弗雷德·梅塞尔（Alfred Q. Maisel）撰写的一篇题为《医疗红利》的文章。文章配了一张引人注目的拼合照片：一位男子从轮椅上站起来，在蘑菇云的辐射环绕下欣喜若狂。这不是讽刺性质的画面，这篇文章意在盛赞原子能即将带来的医学益处（图 5.1）。"原子弹研究的首个良性结果，已经成为医学科学家的新工具，有望治愈迄今为止不可治愈的疾病（癌症的代名词）。会有失败的情况，但工作刚刚开始，研究人员普遍充满希望。"这希望从何而来呢？放射性同位素。正如梅塞尔所解释的那样："因为对于科学家来说，在与疼痛和死亡的永久战斗中，放射性同位素是强有力的工具，它甚至可能是撬开一扇曾经紧闭着的大门的手段，由此理解生命的内在进程。"[1]

对于放射性同位素治疗力量，这种乐观主义想法是对四十年来致力于将放射性用于治疗这一承诺的更新和强化。居里夫妇在

---

[1] Alfred Q. Maisel, "Medical Dividend," Collier's 119 (3 May 1947): 14, 43–44.

图 5.1　1947 年 5 月 3 日《科利尔》杂志"人与原子"专号中阿尔弗雷德·梅塞尔撰写的《医疗红利》一文的配图

1898 年发现了镭，临床医生在 20 世纪初年开始使用（部分地沿
着 X 射线医学使用的模式）。医生们用镭来治疗从痤疮到痔疮的
不同疾病，但其主要医疗用途是用于癌症，作为手术疗法的替代
或补充。它的治疗价值没有受到权威部门的严格监管。在 20 世
纪 20 年代出售的许多药剂中，镭都是成分之一，包括一种名为
"镭钍水"（Radithor）的流行药，这种药曾经让有钱的社会名人
伊本·拜尔斯（Eben M. Byers）中毒身亡。镭也进入工业领域，
导致其价格在第一次大战期间达到每微克 180 美元。它在荧光喷
涂料中得到广泛使用，这让医生们认识到摄入镭造成的危害。给
表盘做喷涂的年轻女工的死亡悲剧，让人们明白镭的危险就在
身边。[1]

在 20 世纪 30 年代，人工制造的放射性同位素（最初从小中
子源、而后从回旋加速器中获取）迅速地被用于医学研究和治疗。
同位素是主元素下的不同变体，其中子数量不同。稳定同位素的
质量不同，但是不会衰变。放射性同位素（也称为放射性核素）
在化学成分上与其他同位素相同，但是它不稳定并且会衰变，释
放出可检测到的辐射。一些放射性同位素是天然出现的，另外一
些放射性同位素则可以采用以中子或其他粒子撞击元素的方式人
为地生产出来。

在伯克利，对放射性同位素的研究与实验性治疗携手并进——
从放射钠和放射磷开始。物理学家欧内斯特·劳伦斯（E. O. La-
wrence）在 1934 年宣称，在他的伯克利实验室中生产的放射钠，

[1] J. Samuel Walker, *Permissible Dose: A History of Radiation Protection in the Twentieth Century*. Berkeley: University of California Press, 2000; Maria Rentetzi, *Trafficking Materials and Gendered Experimental Practices: Radium Research in Early Twentieth-Century Vienna*. New York: Columbia University Press, 2008. online edition: http://www.gutenberg-e.org/rentetzi/.

其性能"优于那些治疗癌症的镭"。钠 -24 可以用食盐制造出来，
这使得其成本非常之低。在 1936 年，约瑟夫·汉密尔顿（Joseph
Hamilton）给白血病患者服用钠 -24。[1] 尽管这些患者的状况没有
改善，但是也没有出现不良效果。基于这些临床试验中明确显示
出的安全性（或者说，至少没有中毒症状），汉密尔顿启动了一项
更大规模的关于人体对钠吸收程度的研究：让健康的实验对象服
用钠 -24，作为一种示踪剂。绝大多数实验对象，包括汉密尔顿
本人，要口服 80—200 微居里（同位素的质量单位）的放射性钠。
实验对象一只手上拿着盖革计数器（对辐射进行测数），另一只手
拿起放射性盐溶液饮下。几分钟以后，放射性活动会出现在手上：
在人体摄入放射性盐溶液后，盖革计数器上的轻微咔嚓声会体现
人体中的放射性活动，这被当作"吸收的指标"。[2] 类似的展示成
为劳伦斯在全国进行巡回公共演讲的内容，他本人把这些展示说
成是"杂耍"。[3]

对于治疗实验和生物实验而言，磷 -32 也是一个很好的备选
材料。圣弗兰西斯科医学院的伯克利大学研究者们于 1936 年从
回旋加速器中获得磷 -32，并马上开始使用，将其喂给小鸡、近
交小鼠，而后喂给猴子。伯克利的植物研究科学家们把磷 -32 施
加给西红柿秧苗。在动物和植物当中，在活跃的分裂组织中，磷
被吸收得最快。基于放射磷会辐射快速分裂的细胞这一点，约

[1] J. L. Heilbron and Robert W. Seidel, *Lawrence and His Laboratory: A History of the Lawrence Berkeley Laboratory.* Berkeley: University of California Press, 1989. 引文见第 395 页。

[2] 一位实验对象曾经得到一份 2000 微居里的大剂量，而后汉密尔顿意识到，用该剂量的 5%—10% 带来的放射性也会有同样令人满意的效果。Joseph G. Hamilton, "The Rates of Absorption of Radio-Sodium in Normal Human Subjects," *Proceedings of the National Academy of Sciences* 29 (1937): 521–527.

[3] Heilbron and Seidel, p. 191.

翰·劳伦斯（John Lawrence）在 1937 年圣诞节给一位患有慢性淋巴白血病的患者服用了磷 -32。[1] 1938 年，他给一位患有真性红细胞增多症的女性服用放射性磷，取得明显的成功。[2]

在 20 世纪 30 年代，医生们热衷去寻找的另外一种放射性元素是放射碘。麻省理工学院的罗伯雷·埃文斯（Robley Evans）制造了碘 -128，与索尔·赫兹（Saul Hertz）和亚瑟·罗伯茨（Arthur Roberts）一起在马萨诸塞总医院甲状腺治疗所做了首个示踪剂实验。在那篇于 1938 年发表、被多方引用的论文中，他们展示了兔子的甲状腺中放射碘快速而有选择的聚集处。在当年的晚些时候，伯克利的利文古德（J. J. Livingood）和格伦·西博格（Glenn T. Seaborg）宣布发现一种长衰变期的同位素，碘 -131。约瑟夫·汉密尔顿和马约·索利（Mayo Soley）迅速将这种放射性同位素用于医疗实验上，让患者口服碘 -131。甲状腺过于活跃的患者所吸收的放射碘量，超过健康者十倍以上。[3] 这项发现为

[1] 1978 年 10 月 13 日，约翰·劳伦斯给爱德华·希尔伯斯坦（Edward B. Silberstein）的信。Nuclear Medicine R&D Technical Documents, Lawrence Berkeley Laboratory Archives, FRC Accession 434-92-66, ARO-2225, box 2, folder S. 参见 David S. Jones and Robert L. Martensen, "Human Radiation Experiments and the Formation of Medical Physics at the University of California, San Francisco and Berkeley, 1937–1962," in *Useful Bodies: Humans in the Service of Medical Science in the Twentieth Century*, ed. Jordan Goodman, Anthony McElligot, and Lara Marks. Baltimore: Johns Hopkins University Press, 2003, pp. 81–108。我看到的文献证据表明，这是劳伦斯第一次采取治疗应用的日期，而不是汉密尔顿的，这与 Jones 和 Martensen 在上述文章中的看法有所不同。
[2] John H. Lawrence, "Early Experiences in Nuclear Medicine," *Journal of Nuclear Medicine* 20 (1979): 561–563. 真性红细胞增多症是一种骨髓疾病，其血细胞增生过量，导致流鼻血、脾脏肿大和血栓风险等症状。海尔布伦和塞德尔把这一治疗日期定为 1936 年（Heilbron and Seidel, *Lawrence and His Laboratory*, p. 399），但是约翰·劳伦斯在通信中说，这一治疗在 1938 年。
[3] Joseph G. Hamilton and Mayo H. Soley, "Studies in Iodine Metabolism by the Use of a New Radioactive Isotope of Iodine," *American Journal of Physiology* 127 (1939): 557–572; Joseph G. Hamilton and Mayo H. Soley, "Studies in Iodine Metabolism of the Thyroid Gland in Situ by the Use of Radio-Iodine in Normal Subjects and Patients with Various Types of Goiter," *American Journal of Physiology* 131 (1940): 135–143.

随后广泛应用碘 -131 治疗甲状腺亢进的做法奠定了基础。[1] 放射碘被证明在诊断甲状腺功能方面也同样有价值。

临床医学上日益增加的对放射性同位素的需求，被"曼哈顿计划"所打断——该计划让那些以回旋加速器为基础的物理学重新以原子能的军事用途为导向，为生产钚而建的核反应堆，使工业规模生产放射性同位素成为可能。但是，只有特定的军事人员和科学家才知道它们的存在。在战后，曾经在"曼哈顿计划"中工作过的科学家们游说政府从军事控制下"解放原子"，以便让民用科学、医学和工业从中受益。[2] 放射性同位素分配计划，变成了原子能的民用新取向的第一份宣言。

在日本施放原子弹爆炸造成的可怕的人员伤亡，并没有减少风行当时的新希望：放射性材料这一新资源会给医学带来突破。如果说有任何影响的话，那便是原子能的新规模提高了人们的期望值。正如医学物理学家罗布利·埃文斯（Robley D. Evans）在1946 年的《大西洋月刊》上发文断言（并没有证据）的那样："清楚的事实是，仅通过医学进步，原子能拯救的生命数量已经超过在广岛和长崎被夺走的。"[3] 次年，众议员埃弗雷特·麦金利·德克森（Everett M. Dirksen）说服美国国会拨款 500 万美元给美国原子能委员会（The United States Atomic Energy Comission，简称 AEC）用于癌症研究，因为放射性材料构成"整个癌症问题的关

---

[1] Joseph G. Hamilton and John H. Lawrence, "Recent Clinical Developments in the Therapeutic Application of Radio-Phosphorus and Radio-Iodine," *Journal of Clinical Investigation* 21 (1942): 624; Saul Hertz and A. Roberts, "Application of Radioactive Iodine in Therapy of Graves' Disease," *Journal of Clinical Investigation* 21 (1942): 624.

[2] See Angela N. H. Creager, *Life Atomic: A History of Radioisotopes in Science and Medicine.* Chicago: University of Chicago Press, 2013, chapter 2.

[3] Robley D. Evans, "The Medical Uses of Atomic Energy." *Atlantic Monthly* 157 (1946): 68–73, on p. 68.

124

键点"。正如他指出的："如果我们要在原子能领域花费数亿美元来完善一种致死手段，那么何不用这笔钱中小小的一部分来开发一种保护生命的工具。"[1] 放射性同位素似乎为摧毁性地使用原子能提供了一种自我救赎方式。

用同位素治愈癌症的希望，基于同位素能对特定肿瘤定位并能进行体内辐射这一想法。1947 年报道的一桩轰动性个案，让这一期待得到加强。一名被诊断患有甲状腺癌的患者，尽管在二十年前因为甲状腺亢进而切除了甲状腺，还是被使用碘 -131 进行治疗。放射性碘定位出若干个甲状腺腺癌的转移性癌细胞，多个肿瘤因此被探测到，而且这些肿瘤随着时间的推移在变小。正如梅塞尔在《科利尔》杂志上的那篇文章中所说的："B 先生的个案，是很久以来医学界最充满希望的事情，因为它展示了原子能的两个用处：作为示踪探测器及体内医疗子弹，在整个美国的实验室和医院当中，许多不同方式的应用在涌现。"[2]

第二次世界大战后，"曼哈顿计划"的设施被转移到一个新设立的民用政府机构"原子能委员会"的管辖之下。原子能委员会负责和平时期的原子能开发，以及继续制造核武器。甚至在新机构成立之前，"曼哈顿计划"的领导人就决定让其原来的大型反应堆（橡树岭的 X-10 反应堆）变成一个生产放射性同位素的设施，其目标是供应民用机构的需求。1946 年 8 月，第一批放射性同位素从橡树岭运出来。到 1955 年，美国原子能委员会已经向国内外购买者发送了近 6.4 万件放射性同位素——这些产品被发往实验室、

---

[1] Statement of Everett M. Dirksen, 15 May 1947, in US Congress, House, *Independent Offices Appropriation Bill for 1948, Hearings*, 80th Congress, 1st session. Washington, DC: U.S. Government Printing Office, 1947, pp. 1538-1540.
[2] Maisel, "Medical Dividend," *op. cit.*, p. 43.

图 5.2 工人在向 X-10 石墨堆（反应堆）中添加铀燃料棒

田纳西州的克林顿工厂（Clinton Engineer Works）。美国能源部图片，橡树岭，图片编号：7576-1

126

图 5.3　1964 年 8 月 2 日，在反应堆前，橡树岭国家实验室主任尤金·维格纳（Eugene Wigner）将 1 微居里碳 -14 同位素递交给癌症研究者考德里（E. V. Cowdry）。站在维格纳左面的是埃尔默·柯克帕特里克（Elmer E. Kirkpatrick）上校，考德里右面的是威廉·西默森（William L. Simoson）

图片来源：James E. Westcott, Oak Ridge. National Archives, RG 434-OR, box 22, photographs no. 430-OR-58-1870-4

医院和公司。这一数字要比最终端的用户数量低出许多倍，因为许多批量出货都发给了批发公司，而这些公司制作放射性化合物以及放射性药物用于零售。同位素部门负责人估计，仅在 1956 年一年，就有 5 万件放射性同位素货品达到最终用户手上。[1] 在

---

[1] Paul C. Aebersold, Outline of Isotope Production and Licensing, 9 Mar 1956, Aebersold papers, box 2, folder 2-4 Gen Corr Jan-Mar 1956, Texas A&M University Special Collections.

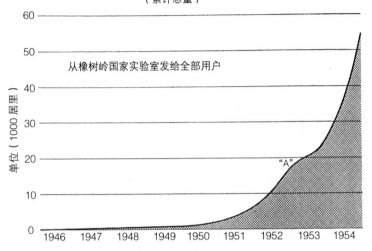

图 5.4　1946—1955 年间从橡树岭国家实验室发货出去的同位素数量（以居里为单位）

图片来源：美国原子能委员会编写的 *Eight-Year Isotope Summary*, vol. 7 of *Selected Reference Material, United States Energy Program* (Washington, DC: U.S. Government Printing Office, 1955), 第 79 页

美国原子能委员会计划的第一个十年期间，超过 1 万份公开发表的科学研究成果的取得，使用了放射性同位素。[1] 这些放射性同位素绝大多数来自橡树岭反应堆，那曾经是"曼哈顿计划"的一部分。

　　使用放射性同位素，可以有两种方式。（1）与镭一样，它们

---

[1] US Atomic Energy Commission, *Eight-Year Isotope Summary*, vol. 7 of *Selected Reference Material, United States Energy Program*. Washington, DC: U.S. Government Printing Office, 1955, p. 1.

128

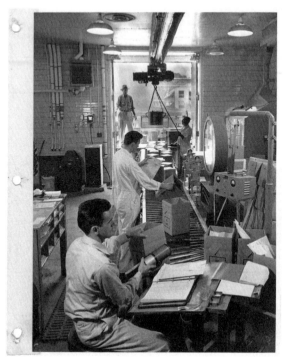

图 5.5　橡树岭国家实验室的同位素发货室。运出之前
需在这里对同位素进行包装、标记、称重、检查放射
性泄漏情况
图片来源：National Archives, RG 434-SF, box 25, folder 2,
photograph no. AEC-55-5353

可以用作辐射源，例如癌症治疗。（2）更具创新性的是，放射性
同位素可用作分子示踪剂。许多领域的生物学家使用放射性同位
素来追踪关键分子的运动和化学转化，描绘贯穿细胞、有机体、
生态群落的物质和能量循环。放射性同位素能让科学家看到以前
看不见的分子过程，所以也经常被拿来与显微镜相比较。美国原
子能委员会 1948 年的半年度报告强调了放射性同位素的革命性特

征:"作为示踪剂,它们证明了这是自17世纪发明显微镜以来最有用的新研究工具,事实上,它们代表了所有科学进步中最罕见的东西:一种新的感知模式。"[1]

我自己在从事历史研究时,也把同位素当成"示踪剂"。[2]我在《原子的生命》(*Life Atomic*)一书中,把放射性同位素作为历史示踪剂,分析它们如何被引入科学研究系统、如何传播,以及造成了哪些科学新发展。[3]我跟踪在美国和世界各地的政府设施、实验室和医院里放射性同位素的行踪,用这种方式,让二战后围绕着生物学和医学的政治及认识论为人所见。从在分子意义上认识生命这一问题而言,放射性同位素是战后时期认知探求中的关键性因素。我将在本文中以若干个案为例来阐述美国政府对放射性同位素的供应,给二战后的科学研究带来多么大的影响。

与其他国家(英国 [在哈维尔建造了一个反应堆来制造放射性同位素]、德国 [在第二次世界大战之后核技术被禁止]、法国和俄罗斯)相比,美国当仁不让地率先考虑让放射性同位素进入生物化学领域。[4]在解决光合作用如何在分子层面上生成糖这一谜团上,同位素变得尤为重要。卡尔文(Melvin Calvin)和本森(Andrew Benson)使用了单细胞绿藻(*Chlorella pyrenoidosa*),它像微生物一样在一种培养悬浮器中生长,所需的二氧化碳来自另外一个容器(因为其形状被称为"棒棒糖")。在细胞得到光照

[1] US Atomic Energy Commission, *Fourth Semiannual Report to Congress.* Washington, DC: U.S. Government Printing Office, 1948, p. 5.

[2] Creager, *Life Atomic*, op. cit. note 10.

[3] 采取相关做法的研究,请参见 Néstor Herran and Xavier Roqué, "Tracers of Modern Technoscience," introduction to a special collection "Isotopes: Science, Technology and Medicine in the Twentieth Century," *Dynamis* 29 (2009): 123−130。

[4] 参见 Engelbert Broda, *Radioactive Isotopes in Biochemistry,* translated by Peter Oesper. Amsterdam: Elsevier, 1960, p. 2。

130

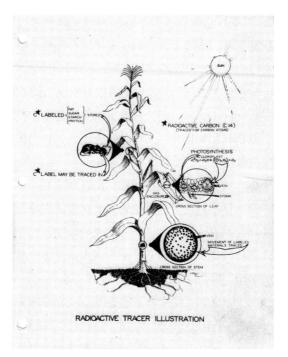

图 5.6　该图描绘了玉米植物如何吸收二氧化碳中的放射性碳 -14 并成为放射性示踪剂，使科学家能够检测出二氧化碳如何通过光合作用转化为葡萄糖，葡萄糖随后储存在根、茎和叶当中。左边的小图显示，如何在食用过带有放射性的玉米的动物身上，追踪碳的痕迹

图片来源：National Archives, RG 434-SF, box 25, folder 2, AEC-49-3803

使光合作用得以进行之后，将含碳 -14 的二氧化碳注入普通二氧化碳流和培养基当中，持续预先设定的一段时间，从数秒到数分钟不等。然后，杀死绿藻并分析其内容。纸色谱（也是一种新技术）是主要的分析工具——绿藻汁被分为两处，采用两种不同

的溶析液。不同的化合物在二维（平面）空间中移动形成离散斑点。研究者将纸色谱暴露在 X 光胶片上，就能够找到放射性化合物，并能追踪在获得碳 -14 较长时间后放射性活动在新化合物中的出现。用这种简单但是非常有力的方法，人们可以在视觉上追踪到碳 -14 进入到代谢路径后，化合物在一段时间内的出现和消失。[1]

1948 年 8 月 26 日，物理学家弗里曼·戴森（Freeman Dyson）出席了卡尔文关于这些结果的演讲，带着钦慕描述这些图片"表明（以最有可能的方式）展示了放射性碳被同化的那些细微的、转瞬即逝的反应"。他继续写道：

> 有远见的人曾经说，一旦核能出场，它在生物研究上的应用将比在动力方面更重要。但我怀疑是否有人预期到，事情真的会这么快。这种吸墨纸加放射性技术完全是革命性的，因为它意味可以让**任何**物质进入细胞，并一秒一秒地详细追踪它的转化，即便其质量太小无法被看见或者被称重；即便这些物质不稳定，无法进行蒸馏或者化学萃取。[2]

卡尔文和他的同事们让人看到，二氧化碳首先被转化为磷酸甘油酸，磷酸甘油酸通过其他几个生物化学步骤转化为诸如果糖这样的糖类。

---

[1] Melvin Calvin, *Following the Trail of Light: A Scientific Odyssey.* Washington, DC: American Chemical Society, 1992; Andrew A. Benson, "Following the Path of Carbon in Photosynthesis: A Personal Story," *Photosynthesis Research* 73 (2002): 29–49.

[2] Freeman Dyson, Letter to family from Berkeley, 26 Aug 1948, Dyson personal papers.

生物化学家和生理学家利用放射性同位素研究新陈代谢获得成功，启发了环境学家伊夫林·哈钦森（G. Evelyn Hutchinson）在湖沼研究中使用放射性示踪剂。1941 年，他向康涅狄格州的林斯利湖（Linsley Pond）里投放了磷 -32，以追踪磷在浮游植物和无机物质中的循环。关于这个实验的论文将磷循环描述为"中间代谢的一个特定案例"[1]。水体就像生物体，可以现场研究其化学互联关系：

> 关于缺氧的观察、对浮游生物的光合作用和分解代谢活性的各种研究，已经提供一些信息，通常是……非常有限的，不足以说明整个湖泊的总体代谢情况。中间代谢的层面（与单一生物体有类比性）是鲜为人知的。[2]

二战以后，哈钦森是最早从美国原子能委员会的橡树岭同位素部门得到放射性同位素使用许可证的人之一，他利用这种非常特殊的活性放射磷，继续对湖泊磷循环进行研究。[3]

对生态系统的表征（绘制循环的模式）显示，在代谢生物化学与生态学中的生物地理化学研究之间有概念上的关联，尽管生态系统的图式也包含非生物组成部分。哈钦森在发表于 1948 年的论文《生态学中的循环因果系统》（"Circular Causal Systems in Ecology"）中，利用碳的全球性生物地理化学循环来描绘生态体

---

[1] G. Evelyn Hutchinson, "Limnological Studies in Connecticut. IV. The Mechanisms of Intermediary Metabolism in Stratified Lakes," *Ecological Monographs* 11 (1941): 21–60, on p. 56.

[2] 同上引，第 23 页。

[3] Creager, *Life Atomic*, chapter 10.

系的自调节特征。[1] 他采用了一张示意图，显示碳循环中两个自
我校正体系：碳的循环经由空气、海洋和地层沉积物变成二氧化
碳—碳酸氢盐—碳酸盐，以及涉及光合作用的生物循环。他的示
意图与时间上的代谢路径有着视觉相似性（尽管不等同）；这两个
示意图的目标都在于，将时间上的化学变化描绘为空间中的路径。

　　并非所有放射生态学实验都有意地将放射性同位素释放到环
境当中。通过美国原子能委员会的核武器生产以及相关废料的存
放，及在美国持续进行的、1949 年以后在其他国家也开始的核试
验，放射性物质大规模地进入到环境当中。美国政府计划带来的
放射性废料给生态学家们的研究提供了有用的示踪剂。我会简单
地描述在汉福德（Hanford，美国一家钚生产设施和实验室）被称
为"辐射生态学"的研究，来考察放射性同位素是如何成为其研究
成果的核心因素的。
　　当大量生产钚的设施在第二次世界大战期间开始建设时，与
汉福德相关的生态学研究就已经开始了。汉福德反应堆用哥伦比
亚河的水进行冷却，"曼哈顿计划"的领导人没把握，那些冷却过
燃料芯的水（被称为"污水"）中含有的放射物是否多得足以扰乱
水生物。这一顾虑的动机，更多是出于经济而不是环境考虑：当
地鲑鱼捕捞产业的经济规模约为每年 800 万至 1000 万美元。研究
发现，污水中的大多数放射性同位素并非源自燃料芯的废料，而
是河水正常成分中的矿物质在经过冷却容器时因为活化（通过俘
获中子）而变得具有放射性。甚至在天然状况下，铀也会以这种

---

[1] G. Evelyn Hutchinson, "Circular Causal Systems in Ecology," *Annals of the New York Academy of Sciences* 50 (1948): 221–246.

方式变得具有放射性。

　　1943 年 8 月，渔业助理教授劳伦·唐纳森（Lauren Donaldson）受美国政府委托研究放射性物质给鱼带来的后果。该项目在华盛顿大学建立了"应用渔业实验室"（Applied Fisheries Laboratory）。他的团队研究各种鱼类的卵、胚胎和成鱼在受到外部辐射后会产生哪些影响。他们证实，在哺乳动物受到高剂量辐射后出现的放射病，也存在于冷血脊椎动物当中，尽管潜伏期会更长。[1]

　　当汉福德的原子工厂还正建设之中时，唐纳森说服"曼哈顿计划"的领导者需要在哥伦比亚河进行现场研究，以直接检查反应堆冷却废水对鲑鱼和鳟鱼的影响。他的研究生理查德·福斯特（Richard Foster）于 1945 年 6 月被调到汉福德，在那里的一个水生物学实验室（Aquatic Biology Laboratory）工作。在战争结束之后，这个小组作为汉福德的放射科学的一部分得以长久立足。[2]

　　在战后的最初几年，汉福德工厂产生的放射性垃圾数量稳步增加。冷战时期军备竞赛开始，这意味着武器级钚的生产不断升级。1947 年 8 月，汉福德开始实施一项雄心勃勃的扩建计划，要在现有的三个已经运行的反应堆之外再建两个新反应堆。[3] 到 1955 年时，已经增加了五座新反应堆，哥伦比亚河的生态负担相应增

---

[1] Neal O. Hines, *Proving Ground: An Account of the Radiobiological Studies in the Pacific, 1946−1961.* Seattle: University of Washington Press, 1962; Matthew Klingle, "Plying Atomic Waters: Lauren Donaldson and the 'Fern Lake Concept' of Fisheries Management," *Journal of the History of Biology* 31 (1988): 1−32.

[2] C. D. Becker, *Aquatic Bioenvironmental Studies: The Hanford Experience 1944−84.* Amsterdam: Elsevier, 1990; Michele Stenehjem Gerber, *On the Home Front: The Cold War Legacy of the Hanford Nuclear Site.* Lincoln: University of Nebraska Press, 2002.

[3] Richard G. Hewlett and Francis Duncan, *Atomic Shield: A History of the United States Atomic Energy Commission, Vol. 2: 1947−1952.* Pennsylvania: Pennsylvania State University Press, 1969, pp. 141−153.

图 5.7　汉福德的科学家们用网收集浮游生物，以便研究哥伦比亚河里的
放射性物质在水生物中的流动。他们采用流量表来测量河水的流动程度
图片来源：Hanford, Washington. National Archives, RG 326-G, box 2, folder
2, AEC-50-3938

加：到这时，每天约有 8000 居里的放射性物质被释放到河里。

　　福斯特和他的同事们在接下来几年里对河水的研究，得出了
令人难以安心的结果：不光若干物种积聚放射性同位素，而且越
处于食物链的上端，放射性物质就越集中。[1] 这一重要的发现，

---

[1]　R. F. Foster & J. J. Davis, "The Accumulation of Radioactive Substances in Aquatic
Forms," *Proceedings of the International Conference on the Peaceful Uses of Atomic
Energy* 13 (1955): 364−367; W. C. Hanson and H. A. Kornberg, "Radioactivity in
Terrestrial Animals Near an Atomic Energy Site," *Proceedings of the International
Conference on the Peaceful Uses of Atomic Energy* 13 (1955): 385−388; J. J. Davis and
R. F. Foster, "Bioaccumulation of Radioisotopes through Aquatic Food Chains," *Ecology*
39 (1958): 530−535.

早在 1946 年就出现在汉福德的内部文献上，但是直到 1955 年，随着原子能和平利用计划的推进、相关的保密限制放宽后才得以公开发表。甚至浮游生物也可以一千多倍地浓缩放射性物质；一位汉福德的科学家把水藻描写为"是河流经济无可争议的放射性污染源"。[1] 放射性物质在食物链上游的生物富集情况，能在鱼类和水禽上看到，也能在那些经由空气而遭受放射性污染的兔子身上见到，后者与前者有着不同的食物链（碘 -131）。1958 年，尤金·奥德姆（Eugene Odum）在汉福德做访问研究时，为他的教科书第二版写了新的一章《放射生态学》，提到汉福德的研究（当时已经公开发表）。不过，他还是非常谨慎地表述为："因此，同位素在释放到环境中时，可能会被稀释到相对无害的水平，然而，它们会被有机体或者有机体系列集中起来，会达到严重程度。换句话说，我们给'大自然'的放射物数量可能看似无害，它却集聚成致命的剂量再还给我们！"[2]

在医学上，医生和政府官员在 20 世纪 40 年代谈到的治疗癌症的放射性"魔法子弹"从未实现过。磷 -32 和碘 -131 确实成为非癌症状况的常用治疗方法，如真性红细胞增多症和甲状腺功能亢进。钴 -60 开始在癌症治疗中被用作镭的替代物，但作为外部放射源（或植入），不是由身体定位直击肿瘤。[3]

[1] R. W. Coopey, "The Accumulation of Radioactivity as Shown by a Limnological Study of the Columbia River in the Vicinity of Hanford Works," 12 Nov 1948, US Department of Energy OpenNet Acc NV0717091.
[2] Eugene P. Odum, *Fundamentals of Ecology*, 2nd edition. Philadelphia: W. B. Saunders, 1959, p. 467.
[3] 关于用钴 -60 治疗癌症的情况，可参见 Creager, *Life Atomic*, 第 9 章。一些远距离治疗机器也将同样的钴 -60 用于以军事用途为目的的全身辐射实验当中，见 Gerald J. Kutcher, *Contested Medicine: Cancer Research and the Military*. Chicago: University of Chicago Press, 2009。

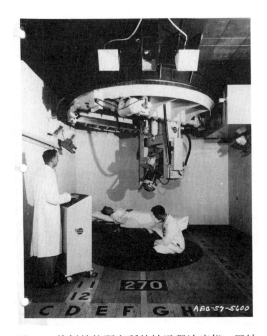

图 5.8 橡树岭核研究所的钴远程治疗仪，田纳西州，1957 年

图片来源：National Archives, RG 326-G, box 6, folder 2, AEC-57-5600

　　放射性同位素对开发新型医学诊断工具也做出了非常有力的贡献。当时的人们认识到，放射性同位素在临床诊断中的使用，基本属于示踪剂方法在医学中的应用，采用少量同位素用于测量血容量和评估器官功能。另一个主要应用与检测肿瘤有关，研究者已经发现，肿瘤会比正常机体组织摄取更多的磷 -32。然而，一旦磷 -32 进入人体，要检测到放射性却并不容易。

　　马萨诸塞州综合医院（Massachusetts General Hospital）的研究人员设计了微型放射线计数器，称为塞维尔斯通 - 鲁滨逊

APPENDIX IV

Extent of Chief Medical Uses of Radioisotopes

ISOTOPE	USE		No. of Institutions Receiving AEC Licenses	
			1953	1954
I-131	Diagnosis	Thyroid function (diagnosis only)	80	80
		Blood volume and circulation	111	151
		Brain tumor	95	104
		Liver tumor	15	33
		Cardiac output	6	13
	Treatment	Hyperthyroidism	291	431
		Cancer	242	295
		Heart disorders	124	230
P-32	Diagnosis	Blood volume and circulation	37	50
		Tumor detection	39	49
	Treatment	Polycythemia and leukemia	269	389
		Skin cancer	4	10
		Other cancer	87	104
		Intracavitary	38	51
Au-198	Treatment	Intracavitary (including bladder)	131	209
		Prostate	32	45
		Other interstitial injection	43	39
		Intravenous	24	33
		Implants	3	7
Cr-51	Diagnosis	Blood volume	43	90
		Blood cell life	17	64
		Cardiac output	1	3
			1946-53	1946-54
Co-60	Treatment	Applicators (intracavitary and topical)	37	60
		Implants	18	36
		Teletherapy	28	46
Cs-137	Treatment	Teletherapy	[1] 8	[1] 8
Sr-90	Treatment	Applicators (ophthalmic and topical)	179	232
			1953	1954
Other isotopes		Diagnosis (other than above)	131	156
		Treatment (other than above)		
		Studies in humans		
		Diagnosis (including any above)	[2] 15	[2] 17
		Treatment (including any above)		
		Studies in humans		

[1] Three are for same machines as Co-60.
[2] Special general authorizations, with use unspecified.

NOTE.—Figures for the 2 years should not be added since licensees in 1953 usually appear also in 1954. Figures within a column should not be added since an institution usually is licensed for more than one use.

82

图 5.9　放射性同位素在医学中的使用程度

图片来源：美国原子能委员会编辑的 *Eight-Year Isotope Summary*, vol. 7 of *Selected Reference Material, United States Energy Program* (Washington, D.C.: U.S. Government Printing Office, 1955), 第 82 页

（Selverstone-Robinson）探针计数器，在手术过程中直接放入大脑。[1] 衰变的磷 –32 发出的 β 射线无法穿透头皮或头骨，所以这种能很好地定位肿瘤的同位素，只有在开颅后才用得上。然后，外科医生可以把探针（长度仅为 1—3 毫米）插入不同深度，以确定肿瘤的确切位置，当计数器上显示的数值是背景数值的 5 到 36 倍时，就表明该处存在肿瘤。在首批采用这种技术的 33 位患者当中，29 位的肿瘤定位是成功的。[2]

威廉·斯维特（William Sweet）和戈登·布朗内尔（Gordon Brownell）也致力于开发一种基于同位素、可用于非手术患者的检测方法。为此，他们测试了若干释放正电子的同位素，因为这些同位素与磷 –32 不同，当正电子与电子由于相互作用而湮灭时，它们发射出的辐射与 X 射线相同（伽马光子）。结果表明，用于这种诊断测试最有前景的、能释放正电子的放射性同位素是砷 –72 和砷 –74，方法是以每千克体重 20 微居里的剂量注射到静脉当中（所含的金属砷量远低于药物中毒标准）。到 1953 年，300 名患者接受采用放射砷的脑部扫描。在 133 名被检测的脑肿瘤患者当中，99 例检测到放射性物质集中在颅内肿瘤当中，手术证实这些定位是正确的。[3]

---

[1] Paul J. Early, "Use of Diagnostic Radionuclides in Medicine," *Health Physics* 69 (1995): 649−661, p. 651; B. Selverstone, A. K. Solomon, and W. H. Sweet, "Location of Brain Tumors by Means of Radioactive Phosphorus," *Journal of the American Medical Association* 140 (1949): 277−288; William H. Sweet, "The Use of Nuclear Disintegration in the Diagnosis and Treatment of Brain Tumor," *New England Journal of Medicine* 245 (1951): 875−878.

[2] William H. Sweet and Gordon L. Brownell, "The Use of Radioactive Isotopes in the Detection and Localization of Brain Tumors," in *Radioisotopes in Medicine*, eds. Gould A. Andrews, Marshall Brucer, and Elizabeth B. Anderson. Washington, DC: U.S. Government Printing Office, 1955, pp. 211−218.

[3] 同上。

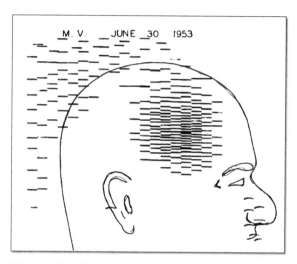

图 5.10　被注射了放射砷的患者显示出的不对称伽马
射线图。放射性集中的地方，应该是肿瘤的位置。这
一设定得到了临床手术的验证

图片来源：William H. Sweet and Gordon L. Brownell, "The
Use of Radioactive Isotopes in the Detection and Localization
of Brain Tumors," *Radioisotopes in Medicine*, ed. Gould
A. Andrews, Marshall Brucer, and Elizabeth B. Anderson
(Washington, D.C.: U.S. Government Printing Office for the
Atomic Energy Commission, 1955), pp. 211–218, on p. 216

　　在 20 世纪 50 年代初期，斯维特也在探索放射性同位素是否
可用于治疗脑肿瘤。该项目要利用某些同位素的新特性并从中
受益。在该个案中，新发现的特性是放射性元素能"捕获"中子。
硼 –10（一种稳定同位素）对慢中子具有很强的亲合力；甚至这
种同位素的踪迹也会"捕获"中子。在吸收一个中子时，硼 –10
分解成锂 –7 并在仅能行进 5—9 毫米的高能 α 粒子中释放 2.4 微
电子伏（MeV）。斯维特和他的同事意识到，如果能够在肿瘤旁

放置的硼 –10 足够多，然后用慢中子流辐射该区域，肿瘤可能就会最先被摧毁。[1] 或者，如斯维特在回顾性论文中所言："最靠近硼 –10 的细胞会遭受其原子爆炸的冲击力。"[2]

斯维特和布朗内尔与布鲁克海文国家实验室（Brookhaven National Laboratory，简写为 BNL）的科学家们合作，监督了该疗法的实验性尝试。在 1951 年至 1953 年间，10 名被诊断患有多形性胶质母细胞瘤（一种常见的致命性脑癌）的患者被施用了硼 –10，然后用新完成的 BNL 反应器辐射头部。[3] 虽然一些患者在治疗后病情有所改善，这表明肿瘤暂时消退，但没有一例存活超过 6 个月。[4] 在随后接受治疗的第二组患者身上，使用的中子剂量更高。其中一名患者存活了 18 个月。[5]

总而言之，有证据显示，在斯维特及其合作者用中子俘获疗法治疗的 21 名患者中，8 名患者身上的肿瘤生长得到遏制。[6] 然而，布朗内尔和斯维特在回顾这些治疗时，将所有这些早期研究

[1] Alfred J. Luessenhop, William H. Sweet, and Janette Robinson, "Possible Use of the Neutron Capturing Isotope Lithium6 in the Radiation Therapy of Brain Tumors," *American Journal of Roentgenology, Radiation Therapy and Nuclear Medicine* 76 (1956): 376–392.

[2] William H. Sweet, "Early History of Development of Boron Neutron Capture Therapy of Tumors." *Journal of Neuro-Oncology* 33 (1997): 19–26, on p. 19.

[3] 关于布鲁克海文方面对于这些实验的说明，参见 Robert P. Crease, *Making Physics: A Biography of Brookhaven National Laboratory, 1946–1972.* Chicago: University of Chicago Press, 1999, pp. 182–192。

[4] Lee E. Farr, William H. Sweet et al., "Neutron Capture Therapy with Boron in the Treatment of Glioblastoma Multiforme," *American Journal of Roentgenology, Radiation Therapy and Nuclear Medicine* 71 (1954): 279–293.

[5] Summary Factsheet Human Experimentation, SFS8.001, Neutron Capture Therapy, U.S. Department of Energy, OpenNet Acc NV0704284.

[6] E. G. Struxness, A. J. Luessenhop, S. R. Bernard, and J. C. Gallimore, "The Distribution and Excretion of Hexavalent Uranium in Man," *Proceedings of the International Conference on the Peaceful Uses of Atomic Energy, Held in Geneva 8 August–20 August 1955*, vol. 10. New York: United Nations, 1956, pp. 186–196.

142

描述为"全都令人沮丧"。[1]大量被中子束激活的硼留在患者的血液当中，由此产生的辐射被带到身体的多个部位。[2]患者的寿命没有显著增加，并且尸体解剖的病理学分析表明，治疗对正常脑组织形成了辐射损伤。[3]

对这种新型癌症疗法的研究，打开了原子能委员会军事方面进行实验的大门。小鼠实验表明，可以使用铀-235代替硼-10做中子俘获。铀分解时释放出的能量是硼-10的五十倍以上。斯维特的小组希望利用铀裂变的巨大力量就地摧毁脑肿瘤。[4]

马萨诸塞州综合医院的斯维特研究组从美国原子能委员会的橡树岭国家实验室获得了铀的同位素。许多患有致命性脑癌（胶质母细胞瘤）的患者被注射了各种铀同位素。就癌症研究而言，其目的在于确定是否可以使用铀代替硼来进行中子俘获治疗。然而，这些患者并未被安排做中子辐射，因此，他们不会从潜在的治疗中受益——换句话说，这是非治疗性研究。其目标只在于进行测试，集中在脑肿瘤中的铀浓度是否足以让中子俘获治疗成为一种可行的疗法（至少，对于未来的患者而言）。[5]在1953年至

[1] Gordon L. Brownell, Brian W. Murray, William H. Sweet, Glyn R. Wellum, and Albert H. Soloway, "A Reassessment of Neutron Capture Therapy in the Treatment of Cerebral Gliomas," *Proceedings of the National Cancer Conference* 7 (1972): 827–837, on p. 827.
[2] J. Newell Stannard, *Radioactivity and Health: A History.* Springfield, VA: National Technical Information Service, 1988, vol. 3, p. 1770.
[3] John T. Godwin, Lee E. Farr, William H. Sweet, and James S. Robertson, "Pathological Study of Eight Patients with Glioblastoma Multiforme Treated by Neutron-Capture Therapy Using Boron 10," *Cancer* 8 (1955): 601–615.
[4] C. A. Tobias, P. P. Weymouth, L. R. Wasserman, and G. E. Stapleton, "Some Biological Effects Due to Nuclear Fission," *Science* 107 (1948): 115–118.
[5] Advisory Committee on Human Radiation Experiments, *The Human Radiation Experiments: Final Report of the President's Advisory Committee.* New York: Oxford University Press, 1996, p. 159.

1957 年间，11 名陷入临昏迷的晚期癌症患者在所谓的 "波士顿计划" 下被施用了铀 -233、铀 -235 或铀 -238。[1]

"波士顿计划" 还有另一个目的。对于美国原子能委员会来说，确定铀的代谢情况和毒性是一个紧迫问题。早期 "曼哈顿计划" 区域的研究表明，铀会导致肾脏受损，不同物种的耐受性差异很大：小鼠的铀耐受剂量比兔子高一百倍，而一些鼠种更是高出两百倍。[2] 在罗切斯特大学医学院完成的少数人体铀代谢研究提出了这样的问题：对于那些在核能领域，尤其是在橡树岭的 Y-12 铀同位素分离工厂的从业者的安全而言，原子能委员会所允许的最大辐射额度是否可行。[3]

斯维特要收集 "波士顿计划" 中患者的样本，作为人体中铀代谢研究的跟进资料。1953 年 10 月和 12 月，斯维特拿到了硝酸铀溶液。从 1953 年 11 月至 1956 年 1 月，患者被实施注射（硝酸铀溶液）。这些患者的血液、尿液、粪便和骨骼样本，被从医院运回橡树岭进行化学分析。[4] 其结果将给美国原子能委员会提供有关其原子武器生产设施对从业者造成何种危害的信息，同时还提供关于可能的癌症疗法的初步实验信息。

利用癌症晚期以及失去意识的患者来获取此类数据，即便在

---

[1] Boston-Oak Ridge Uranium Study: Chronology of Significant Events, MMES/X-10, Central Files, Human Studies Project Files, 在 Oak Ridge Information Center, ES-00298 有副本。

[2] A. J. Luessenhop, J. C. Gallimore, W. H. Sweet, E. G. Struxness, and J. Robinson, "The Toxicity in Man of Hexavalent Uranium Following Intravenous Administration," *American Journal of Roentgenology, Radiation Therapy and Nuclear Medicine* 79 (1958): 83–100, p. 84.

[3] Advisory Committee on Human Radiation Experiments, *The Human Radiation Experiments: Final Report of the President's Advisory Committee.* New York: Oxford University Press, 1996, p. 158.

[4] 相关的详细情况，见 Boston-Oak Ridge Uranium Study: Chronology of Significant Events, Oak Ridge Information Center ES-00298。

144

当时也会引发伦理问题。利用濒临死亡的患者，让尸体解剖材料供研究之用，这对橡树岭国家实验室分析具有重要价值。[1]这种情况造成了医生与研究人员之间的利益冲突，患者的快速死亡对研究者来说具有科学研究上的价值。正因为如此，1953 年英国医学委员会开始反对把陷入昏迷的患者作为医学研究的对象。[2]此外，在整个研究期间，斯维特对那些失去意识的患者给定的铀剂量一直在增加：第一例患者的剂量为 4 毫克，第 8 例患者的剂量已经增加到超过 50 毫克。非常可能的原因是，铀定位颅脑肿瘤的结果令人失望，这导致斯维特尝试用更大剂量做试验。不过，1957 年，当橡树岭国家实验室健康物理学部门负责人卡尔·摩尔根（Karl Z. Morgan）了解到该项目的研究者给患者施用的铀剂量比允许的人体承受量高出许多倍时，他把这一项目取消了。[3]

"波士顿计划"中的患者遗体解剖表明，保留在人体肾脏中的铀量高于实验中的动物。[4]根据卡尔·摩尔根的说法，这一结果表明，工业标准中所允许的空气中铀化合物最大数值被设定得太高，甚至可能是安全值的十倍。但是，摩尔根对原子能委员会所辖工厂铀排放的担忧并没有受到重视。事实上，对从业者的保护

---

[1] 利用遗体解剖的材料是计划中的研究的一部分，文献中有非常清楚的记录，比如 Project Boston [handwritten notes], MMES/X-10, Health Sci. Research Div., 1060 Commerce Park, Rm. 253, 在 Oak Ridge Information Center, ES-00325 也有副本。
[2] Charles C. Mann, "Radiation: Balancing the Record," *Science* 263 (1994): 470–473, on p. 473.
[3] 据 1995 年对卡尔·摩尔根的访谈，见 Advisory Committee on Human Radiation Experiments, *The Human Radiation Experiments: Final Report of the President's Advisory Committee.* New York: Oxford University Press, 1996, p. 159。
[4] S. R. Bernard, "Maximum Permissible Amounts of Natural Uranium in the Body, Air and Drinking Water Based on Human Experimental Data," *Health Physics* 1 (1958): 288–305, on p. 289.

措施减少了。[1]这表明了军事方面对原子能的需求与民生福祉二者之间充满张力。

　　美国原子能委员会寄希望于放射性同位素（甚至是钚反应堆的裂变产物）会在若干民用领域中带来益处。然而，在20世纪50年代和60年代期间，人们越来越意识到低水平辐射的危险，与这连在一起的还有关于和平时期原子武器试验后果的辩论。[2] 1954年，美国发射被称为"喝彩城堡号"（Bravo）的早期氢弹装置，其产生的后果比预想中更严重，污染了大片太平洋水域，并让一艘日本渔船"第五福龙丸"受害。人们对放射性危险的意识在日益增加，这并没有减少科学家和医生对放射性同位素的需求。但是，人们的政治价值观发生了改变，尤其是当美国试图通过"和平利用原子能"（Atoms for Peace）计划将核技术和核材料转移到发展中国家时。到了20世纪70年代，我在本文开篇时展示的那张图片变得难以理解：放射性同位素已经不再被当作疗救之道，而是被视为污染物、毒药。这种认知改变，使该机构推进另一项原子能红利即核电力计划变得复杂。

　　从那时起，放射性物质造成的负面印象占据了主导地位，这让人们在文化上遗忘了此前关于原子能的愿景。曾经有过的那些原子能红利梦想没能实现，尤其需要指出的是，放射性同位素并没有消灭癌症。然而，美国政府推动利用放射性同位素的努力，实际上给生物学和医学领域带来重大进展。当放射性同位素在生

[1] Advisory Committee on Human Radiation Experiments, *The Human Radiation Experiments: Final Report of the President's Advisory Committee.* New York: Oxford University Press, 1996, p. 159.
[2] Creager, *Life Atomic*, chap. 5.

物学的许多领域里的很多情形中被其他分子标记方法所取代时，作为原子弹复杂遗产中的一部分，放射性同位素曾经带来的成就以及这些应用的政治性原初考虑不应该被遗忘。

（吴秀杰／译）

第六讲　动物、知识与历史叙述的朝代框架：以元明过渡之际的蚕业技术文献为例

薛凤

梁启超曾经提出过一种线性时间观，他对于时钟和西方（格里高利）历法作为现代性之工具尤为热衷。然而，在参观过法国凡尔赛宫之后，他得出这样的结论：任何历史研究都必须包括线性的和周期性的视角。虽然他的研究进路是实证性质的，但是更多地集中于探讨理念而非对象本身。在科学史领域，学者对改朝换代的处理莫衷一是。朝代主要被当作一种时间框架的参照体，但是也成为中国科学的差异性指标。我在本文中要讨论的问题是：朝代更迭与物品的物质生活和社会生活之间的关联。

中国技术与科学（从训诂学到农业以及采矿业）变迁的历史叙事，都沿着政治事件的编年表而进行。例如，历史学家习惯于将宋代的天文学与元代或明代的天文学区分开来。梁启超看到了时间进化史，他是线性时间观的热心普及者，这与周期循环的时间观正好相反，而后者在绝大多数中国哲学和政治思想中占据着舞台中心的位置。在本场讲座中，我将分析社会—政治断裂（实际上就是重大政治事件）与采用朝代周期为中国时间和空间参照体这二者之间的关系。正如许多学者已经注意到的那样，在中国的历史书写中，过去和现在总是把"注定的政治周期这类一般看

法"映射在哲学、思想和宗教生活中。[1] 相比之下，梁启超将中国历史分为五个阶段：太古、远古、中古、近古和现代。[2] 他对线性时间观兴趣盎然。

历朝编年史是历史学家将求知方式（人们获得知识的方式，他们如何探究以及如何产出知识）与政治变化关联在一起的最明显的方式。在中国历史书写中，战争、当政和政治改革被阐释为与对事物认识上的变迁同步并进。在 20 世纪以及 21 世纪以来的历史进程中，尤其是当改朝换代被用来表明是一种"中国的"现象、历史学家提出采用亚洲经验作为历史研究中的一项方法时，探究政治史在中国科学和技术思想中所扮演的角色这一工作就变得尤为重要。在这种情况下，物质和"物事"（things）也可以成为一个重要的参照点。正如人类学家阿帕杜莱（Arjun Appardurai）让人们注意到的那样，它们的社会生活可能与政治变化非常不一样——实际上，甚至可能完全不相干。

蚕桑业是一桩有趣的案例，可以用来探讨这一问题：中国历史观念与认识论变迁的标记之间的关系究竟如何。在宋、元、明（10—14 世纪）的转变之际，属于蚕桑业内的领域（蚕、丝、织）大量地出现在文学作品和官方文化当中。在时代变迁中，当时的人们如何看待认识论上的连续性或者断裂呢？

这一讨论往往都从秦观开始。"作《蚕书》，哀蚕有功而不免，故录《唐史》所载，以俟博物者。"这是秦观《蚕书》的结尾之语，

[1] L. S. K. Kwong, "The Rise of the Linear Perspective on History and Time in Late Qing China c. 1860–1911," *Past & Present* 173, no. 1 (2001): 165.
[2] 梁启超认同王韬的看法，见梁启超：《论学校一》，《时务报》，1897 年 4 月 12 日。他还常提到"公羊三世说"，见梁启超：《论学校一》，《时务报》，1896 年 9 月 17 日；梁启超：《论商务十》，《时务报》，1897 年 10 月 26 日。

这一作品写于 1083 年。秦观（1049—1100）这位与王安石同时代的天才诗人，被王安石赞赏为"有鲍（照）、谢（灵运）清新之致"，大诗人苏轼也称赞他"有屈、宋才"（有屈原、宋玉一般的才华）。秦观的《蚕书》只用 915 个字、11 个段落，就描写了从养蚕到制成丝线的全过程：种变、时食、制居、化治、钱眼、锁星、添梯、缫车、祷神和戎治，从养蚕到制丝及敬神仪轨等都有所描述。

秦观生活在王安石变法时期，当时虽然有党争的困扰，但总体而言还是北宋王朝统治下和平与繁荣的时代。秦观把自己对养蚕的兴趣归为闲逸之举，并在闲居期间观察妇女纺丝。他提及《唐史》中记载的一个故事（如今这个故事已经家喻户晓）来为自己的学术活动正名：一位汉族公主被远嫁到荒蛮之地的于阗，偷偷地将蚕种带到唐王朝的域外之地。在《蚕书》中，秦观提出了让他困惑不解的问题。于阗人信奉佛教，拒绝对蚕蛾杀生。可是他们还是想获得丝线，于是就有了从蚕蛾孵化完毕的蚕茧中制丝的办法。秦观在《蚕书》结语时感叹，于阗人的做法居然比世代养蚕之地更加高明，是值得一学的："呜呼！世有知于阗治丝法者，肯以教人，则贷蚕之死可胜计哉。"因此，秦观要敦促学者广泛学习、考察现象，更深入地探究唐代记录下来的知识。

我之所以用这么长的篇幅来介绍秦观的《蚕书》，是因为它足以表明在历史分期和空间观念上，改朝换代的社会－政治框架（过去和现在）如何影响了我们对于中国的自然知识及其变迁（科学与技术变迁）的看法。我之所以用"过去和现在"这一说法，是因为秦观这样的历史人物把自己对于蚕业的兴趣放置在从唐代到宋代的政治分期以及"朝代统治"的考虑当中；而现代历史学家

150

们也总是将蚕业纳入到朝代划分和政治事件的框架中。比如，白
馥兰、迪特·库恩（Dieter Kuhn）和毛传慧（Mau Chuan-Hui）
都是如此。白馥兰探讨丝织业与性别劳动分工变迁二者之间的关
联，[1] 库恩尤其从桑蚕业入手来考察历史的"长时段"，[2] 毛传慧的
研究将蚕丝业放置在中国乃至全球的纺织品生产当中。[3] 这些现
代历史学家也包括最近出版的《中国蚕业史》（上海：上海人民出
版社，2010 年）的编撰者们。毋庸讳言，"朝代"作为一个时段的
标记，不是一个中立的概念。过去与现在的行动主体，由于其不
同的社会与政治理想，价值判断自然会不尽相同。比如，秦观对
同时代人颇有微词，责怪在大宋王朝居然没有人找到让蚕免于抽
丝必死的命运；而白馥兰在 20 世纪 90 年代出版的著作中，与同
时代许多同行历史学家一致认为秦观"描写的是宋代蚕丝业生产
的改进和创新"。[4] 秦观所指出的不足之处，在白馥兰、迪特·库
恩、毛传慧等人或者几乎所有现代历史学家看来都是完美的明证，
表明中国对技术进步感兴趣，也体现了中国在技术上的先进。

　　人类学和科学史领域的学者们都倾向于将这些不同评判归结
为主位与客位的差异，或者通俗地说，那是来自行动者与分析者

[1] Francesca Bray, *Technology and Gender: Fabrics of Power in Late Imperial China.* Berkeley: University of California Press, 1997. 中译本参：《技术与性别：晚期帝制中国的权力经纬》，江湄、邓京力译，南京：江苏人民出版社，2021 年。
[2] Dieter Kuhn and Joseph Needham, *Science and Civilisation in China. Vol. 5. Chemistry and Chemical Technology. Pt. 9. Textile Technology: Spinning and Reeling.* Cambridge: Cambridge University Press, 1988, pp. 301–345.
[3] Chuan-hui Mau, "A Preliminary Study of the Changes in Textile Production under the Influence of Eurasian Exchanges during the Song-Yuan Period," *Crossroads — Studies on the History of Exchange Relations in the East Asian World* 6 (2012): 145–204.
[4] Bray, *Technology and Gender*, p. 211. 西方的科学技术史学家早就将宋代视为中国历史上重要的现代时期，强调其科学上的突出成就。与此相反，中国的历史学家们直到不久以前一直将宋代视为军事上屡弱的时期，但近期在中国国内对于宋代的成就也出现一些正面的评价（这与西方的评价趋向有一定关系）。

的观点差异。不过，这些都不能掩盖一个事实：无论过去还是现在，那些让我们梳理从一个朝代到另一个朝代、从古代到现代或者从全新世（最新的地质时代，从 17,000 年前开始）到人类世（anthropocene）的观念，都是主观的、带有意识形态色彩的，远非一清二白。在这一讨论中，现代主义假设中所认定的哪些是创新、哪些不是创新，归根结底都是我们自己的考量。尽管如此，我认为处理"朝代"这一框架还是更为棘手：在比较研究中，它会让人认为有某种特定的"中国的"原因在里面；在中国史学当中，"朝代"标记了一种几乎无法撼动的主导立场：造成改变的社会与政治原因要高于物质的和智识上的原因。[1] 现代历史学家追随着中国传统历史书写的做法与他们自己的现代理想，也形成了这样的看法：关于自然的知识，注定（不得不）也随着王朝统治的变换而发生改变。比如，我们可以看到一些事例，当政治决策、社会转变与自然知识变化之间出现不匹配、不衔接的空白段时，这些空隙总是被解释为"延迟效应"。

　　从中国的个案中，我们可以探讨科学、技术和环境历史当中一个核心性质的"大"问题——自然知识变迁的原因和效果（自然知识与环境、政治、社会、经济方面变化的本质，这二者之间的关联是什么）。自李约瑟以来的科学史学者，一直试图从现代主义理论的优势角度来回答这一问题，然而一旦涉及行动者的观点时，他们就躲进我会称之为"某一朝代的知识"（dynastic knowledge）这一研究进路当中。科学发展主要被从（社会）政治事件历史的

---

[1] 环境历史学家和科学家当然也在寻找对朝代更迭的环境解释。因此，在环境变迁（自然的或人为导致的）、政治与社会决策、技术与科学理解之间存在恶性循环。

角度来予以解释，而不是呈现为知识文化和理念的变换。[1]

我认为，找寻中国朝代框架后面隐藏的东西，有助于我们对中国的科学技术变迁形成新的理解，也能在更大范围内给科学史和环境史带来创新。但是，请允许我首先来回答一个读者的合理提问：为什么我选择从蚕业这一小题目入手来研究这一大问题，而不是从其他宏大领域（比如建筑学、数学或者天气预测等）来入手呢？一方面，我得承认，蚕业不是也不应该是唯一合适的题目；另一方面，我也坚持认为蚕业特别适合用来深究这一问题，即在中国历史研究中，在探究知识的历史本质时，政治和社会的范式所担当的角色。大部分蚕业明确无疑地起源于我们如今称为中国的地方——我在这里所说的蚕业，指的是生产和使用蚕丝的全部过程，因而也包括与驯化和养殖蚕蛾、种桑、纺、织以及加工不同产品等关联在一起的知识和实践。蚕业体现了"帝国的／某一朝代的知识"：正如白馥兰指出的那样，在帝国统治形成之时（假如不是更早的话），蚕业变成了"官府的科学"（science of the state），统治者出于利己的目的对蚕业进行重新估量、塑造和占据。因此，蚕业是政治性的，这也是为什么这一中国个案研究可以对科学史上的大问题有所贡献；但是，它也是超越社会－政

---

[1] 请注意，我在这里对王朝的兴趣仅仅是作为一个政治特征和指标，并不要介入就"变化的本质是中断的或连续的"这一问题的各种争论当中（对这些现象我在这里用"延迟"这个说法）。许多学者都已经指出，我们当然可以让知识文化的认识论变化避开这种周期性叙述，转而去强调微观历史特征以及微小变化的连续性。但即便如此，我们如何能从科学和技术理解方面来处理诸如"公元 500 年的世界看起来与公元 1000 年的世界不同，或者 1500 年的世界与 1900 年的不同"？参见 Dagmar Schäfer and Marcus Popplow, "Technology and Innovation within Expanding Webs of Exchange," in *The Cambridge World History*, ed. Benjamin Z. Kedar and Merry E. Wiesner-Hanks. Cambridge: Cambridge University Press, 2015, pp.309–338。一切历史进程的本质存在于新结构（或者关系组合）的出现和巩固当中，以及对以往朝代中旧有结构的争论、克服和取代。

治考虑之外而持久存在的自然知识。由于这一行业的连续性，它可以对一些问题提供"长时段"的看法：这类知识是如何被接受、被经历、被付诸实践，进入到文本、视觉和物质形式中；这项知识中的哪个部分在特定的时候被遗忘或者被忽略。因此，我们能从中看到，政治上与认识上的转换在何时以及如何做到真正重合，同时也能揭示出其他重要的特征——这些特征定义了技术与科学在中国的历史动力。

在本文中，我将着眼于一个问题：动物及其在自然知识中的角色表明，从动物入手是将自然知识从其政治框架中解救出来的一种方式。这项研究正在进行当中，目前虽然只有阶段性的成果，但这一研究进路似乎大有可为。对科学史当中目前研究成果做一番快速浏览（尽管这根本做不到完备）也可以让我们看到，处理已有的"朝代框架"是多么棘手，要抛开它又多么困难。

某一朝代的知识与更迭周期

至少从汉代开始，朝代的兴衰更迭就是中国历史书写中的一个指导性原则，其有用性却一直受到抨击。按照现代政治史学家费正清的观点，在实际上发生重大变迁时，朝代造成了政治体系的连续性。然而，即便学者们不完全认可朝代作为一个具有持续性的概念或者时段，他们仍然普遍地产出朝代框架，让历史脱不掉政治色彩。

据我所知，除了那些接受古典、中世纪和近代这一欧洲框架的学者以外，并没有多少人严肃地在朝代编年史框架之外来划定自然知识的历史分期。于是，前现代时期可以从辽金宋开始，如

陈学霖（Hok-lam Chan）在他的著作中指出的那样，统治者开始
将合法性定位于有能力正确地了解民众的利益所在，并为此行
动。[1] 于是，某一朝代的知识确定了真理的主导领域，彰显为智
识上的努力，并在文化及社会和制度形式中将该领域物质化。如
果我认为从事中国研究的历史学家，尤其是那些从事比较研究的
人没有意识到采用行动主体的分期框架所具有的含糊性，这未免
显得有些武断。但是，这确实并非中国研究才有的问题。如同大
多数从事欧洲之外科学技术发展的历史学家一样，研究中国的历
史学家也接受了历史行动主体的范畴，把它作为一个有生长力的
替代选择，优于采用"以今论古"式分析下的分期框架（不管他们
是在讨论 1600 年德川时代的日本统一，或者是朝鲜李氏王朝统治
下的思想倾向）。

　　在科学史领域，关于行动主体范畴之兴起的重要论点可以追
溯到 20 世纪 70 年代和 80 年代——在那一阶段，知识社会学日渐
获得根基。在此之前，日本学者中山茂（Nakayama Shigeru）教
授（在中国研究中，他是为数不多的明确涉猎这一问题的历史学
家之一）已经明确地反对沿着萨顿式传统西方科学史"英雄"叙事
的做法来确定中国历史分期（他提到法显和沈括），他在讨论该话
题的一篇文章中明确指出："中国不存在任何界线明晰的、像西方
近代初期存在的那种古代－现代二元对立。对中国历史进行分期
的传统方式是依照官修史书中的朝代更迭模式。"中山茂明确地强
调朝代的作用，他认为"唐宋时期是传统中国科学成熟的时间点，

---

[1] Hok-lam Chan, "The Rise of Ming T'ai-Tsu (1368–98): Facts and Fictions in Early Ming Official Historiography," *Journal of the American Oriental Society* 95, no. 4 (1975): 679–715; Hok-lam Chan, *Legitimation in Imperial China: Discussions under the Jurchen-Chin Dynasty (1115–1234).* Seattle: University of Washington Press, 1984. 朝代更迭的周期实际上是一个螺旋形的模式，因为它不一定会回到原点上。

这一时期印刷技术开始出现，科举考试体系开始建立起来"。他的中国研究也遵循从建立文化认同到交流期的递进模式，最终经由三个阶段（即东方学阶段、历史学阶段、比较阶段）而出现全球性的科学文化。[1]

关于中山茂这一没能建立起来的模式，还有很多可说的。然而，他成功地做到在其后的比较研究中将欧洲"去中心化"，"当在某些事件或者转折点上，科学的内在结构经历了巨大改变，而且逐渐扩展到整个汉语地区"时，这一努力让朝代更迭的框架作为一种强调"他性"（Otherness，在这一个案中是"中国性"）的手段而大行其道。[2]有一个很重要之处，我们需要注意到：中山茂以及与他同路的其他学者如席文（Nathan Sivin）所做的，主要都是在其研究范围内进行描述。[3]他们当中没有人力图提供一种新的分析框架，或者找到确立自然知识之变迁和延续的价值和范畴。

我在这里所谈（实际上已经非常简化处理）的轨迹，受到（在历史学所有分支内）专业分化的影响。专业分化处理的是若干问题，而不是把科学上的革命视为独特事件，或者当作关于自然知识发展动力的宏大历史观的指向标。当（西方国家的）科学史共同体中的西方与东方研究渐行渐远时，经济史、技术史和环境史学家开始从全球入手来考虑问题，寻求那些将事情拢在一起的方式。西方学者非常热衷于从消费主义而不是从生产格局入

---

[1] 以上引用均来自 Shigeru Nakayama, "Periodization of the East Asian History of Science," *Revue de Synthèse* 108, no. 3–4 (1987): 375–379。
[2] 同上。
[3] 我很清楚地知道，中山茂并没有想简单地以一个中国历史范畴来代替西方－欧洲的范畴，或者把它当作"以今论古"式分析的普适范畴。他的目标在于凸显差异。席文在他 2006 年以后关于"多重性"（multifariousness）的著作亦如此。

手来呈现中国历史，伊懋可则强烈建议要对经济角度的产出、扩散、互动情形进行历史分期划定。[1] 到了 20 世纪 90 年代的史学研究中，16、17 世纪的晚明社会从一个缓慢衰退的社会变成了一个开放的、全球化及商业化的社会，有着繁荣的艺术和工艺、[2] 活跃的思想生活以及读书求知活动，[3] 有着地方多样性以及全球化的经济前景和范围。[4] 在这些著作中，"朝代"模式仍然通行，即便日益变得精细，一个朝代分化成早、中、晚三期。总体上，知识、实践和理念的改变，都随着新朝代的统治而发生。因此，1270 年建造的水车仍然是属于"宋代的"，而 1371 年的服装所代表的则是明代。

自然知识历史，或者更确切地说，科学史仍然一成不变地把朝代框架当作一个参照点，尽管在最近几十年来，尤其是在讨论前现代时期时似乎也有一些更为精细的做法。比如，詹嘉玲（Catherine Jami）在她编辑的一组关于科学、国家与书籍流通的期刊专辑导言中，将东亚科学史的前现代时期框定在"覆盖两个半世纪，从德川幕府下的日本统一（1600）到中国的鸦片战争（1839—1860）"。[5] 艾尔曼（Benjamin Elman）在他 2005 年出

[1] Mark Elvin, *The Pattern of the Chinese Past.* Stanford: Stanford University Press, 1973. 中译本参：《中国的历史之路：基于社会和经济的阐释》，王湘云、李伯重、张天虹、陈怡行译，杭州：浙江人民出版社，2023 年。这也是技术史领域中的趋势，如露丝・施瓦茨・考恩（Ruth Schwartz Cowan）的著作。其中的关联肯定是存在的，但远未明确。

[2] Craig Clunas, *Pictures and Visuality in Early Modern China.* London: Reaktion Books, 1997. 中译本参：《明代的图像与视觉性》，黄晓鹃译，北京：北京大学出版社，2011 年。

[3] Cynthia Joanne Brokaw and Kai-wing Chow, eds., *Printing and Book Culture in Late Imperial China.* Berkeley: University of California Press, 2005.

[4] Timothy Brook, *The Confusions of Pleasure: Commerce and Culture in Ming China.* Berkeley: University of California Press, 1998.

[5] Catherine Jami, "Introduction Science in Early Modern East Asia: State Patronage, Circulation, and the Production of Books," *Early Science and Medicine* 8, no. 2 (2003): 82.

版的专著中，也一定程度上遵循这一全球史讨论的轨迹，并将东亚科学史的前现代时期进一步细分为两个时间段，即 1600—1800 年间和 1840—1900 年间，他突出天主教耶稣会／基督教新教的传教士交流，将 16 世纪 50 年代和 20 世纪最初十年视为科学知识发展的两个非同寻常的时期。[1] 我们应该注意到的是，在这两个例子当中，研究者采用了政治事件取代朝代来标记时间段，而不是科学或者技术上的转换、物质或者环境条件、探讨原因及过程的认识论水平。政治权力是划定历史分期的手段。

　　毫无疑问，朝代框架自有其价值和意义。我自己也曾经采用这种方法来研究制度性政策给明代官营作坊中丝织业带来的后果，的确也能从中就一些问题形成重要的看法：技术和科学的变迁、蚕丝生产中的创新力量都随着"中央政治集权的衰弱"、新税收政策以及改朝换代而兴衰起伏。20 多年前，我在博士论文里（就蚕丝生产问题）提出，尽管历史记载中关于断裂的看法显而易见，然而无论官营还是私营的蚕丝生产结构、不同的技术选择（生产的地区分布、劳动分工、机械化等）以及相关知识从 1540 年代直到 1680 年代的康熙年间都是稳定的。我认为，制度性结构和专业技能知识流通在政权更迭中是渐进改变的，甚至是持续不变的。[2]

　　在与同事的对话中我经常面对的一个论点是：清政府的执政能力和体系选择，造成了专业技能结构变迁的滞后。这种评判意味着，政府不光有完全重塑农业领域制度安排这一愿望，也会不

[1] Benjamin A. Elman, *On Their Own Terms: Science in China, 1550–1900.* Cambridge, MA: Harvard University Press, 2005.
[2] Dagmar Schäfer, *Des Kaisers seidene Kleider: staatliche Seidenmanufakturen in der Ming-Zeit (1368–1644).* Heidelberg: Ed. Forum, 1998.

计代价来实行。这一观点将政治议程放在首要位置上，高于技能知识流通、技术创新和科学范式（而不是认为国家按照技术需求而进行调整，或者科学知识的文化导致政治和社会变迁）。詹姆斯·斯科特（James Scott）将这一转变主要置于具备高度现代性的阶段。[1]

当我受到柯律格（Craig Clunas）和鲁大维（David Robinson）对明代初期研究的启发，开始深入地探究那些在王公墓葬中发现的丝衣会产于何时、何地这一问题时，我能看到的历史场景是：制度构成及自然知识的改变，与政治权力斗争并没有同步发生。这项研究的成果我会另行发表，因此这里只总结一些最重要的事实。首先，明代初期丝产品生产和设计上的改变步伐迟缓，这提出了一个严肃的问题：用那些基于后世史学视角而形成的看法来评判政治权力、体系选择和技术变迁，是否具有可行性。直到明代中期，物品与文本材料彼此之间有明显的不衔接之处。这种情况被解释为政治活动的"延迟"效果，创新力量受阻于僵化的、规模庞大的官僚管理机构或者效率低下的技术选择。[2] 如果我们把从这一时期的实物中学到的东西，与我们从相关文献中获取的关于制作诸王丝质长衣事务的知识放在一起就会发现，在明代早期的个案中，物品证实了制作实践、机构、知识和理念上具有连续性，而文字材料把这些问题描述为断裂，或者至少是非常戏剧性

[1] James C. Scott, *Seeing like a State: How Certain Schemes to Improve the Human Condition Have Failed.* New Haven: Yale University Press, 1998. 中译本参：《国家的视角：那些试图改善人类状况的项目是如何失败的》，王晓毅译，北京：社会科学文献出版社，2019 年。

[2] Yonglin Jiang, *The Mandate of Heaven and the Great Ming Code* (Seattle: University of Washington Press, 2011); 黄能馥、陈娟娟：《中国服装史》，北京：中国旅游出版社，1995 年；Antonia Finnane, *Changing Clothes in China: Fashion, History, Nation.* New York: Columbia University Press, 2008.

的转变。事实上，服饰标准和制作风格上所发生的改变，都远低于若干代以后明代官方所愿意认可的程度。实际上，与文本的记载相反，物质文化证实了在政治变动时期服装样式和生产结构都保持不变，地方上的情况决定了中央政府的政策，而这些政策后来反倒被认为是明朝知识的基础。

以制度变迁为内容的编年史，其出发点是把国家理想化；与之相对立的还有一种编年史，其中包含了性别劳动结构、技能知识的流通（也与权力获取关联在一起）以及文人的理想。正如白馥兰指出的那样，到了 16 世纪中叶，在江南的核心城市里，纺织变成了一桩男性任务。[1] 实际上我们今天知道，纺织从女性工作转变为男性工作的情况不光发生在明代，在大多数地区这种情况在元代已经发生。白馥兰的一项研究中指出，"正统的思想家们将蚕业展示为传统社会秩序的强有力象征"，[2] 官方记载有目的地忽略了明清蚕业只限定在若干优选地区这一基本事实。一个例子是宫廷的祭先蚕仪式及寺庙经济，中国学者如余连祥、王宪明、刘中平等人，对不同时代和不同地区的情况做过研究。我们可以从中得知，明世宗嘉靖年间（1522—1566）才正式在宫廷中恢复祭先蚕仪式（皇后出玄武门到北郊先蚕坛行祭礼，被认为扰乱了天象秩序）[3]，这并非自开国皇帝明太祖朱元璋开始；清代乾隆皇帝的做法则正好相反，如曹圣铢（Philip Cho）在其专门研究中发现的那样，乾隆皇帝在整个统治区域内把各地关于蚕神娘娘祭祀仪

[1]　Bray, *Technology and Gender.*

[2]　同上书，第 250 页。

[3]　Yi Jo-lan, "Gender and Sericulture Ritual Practice in Sixteenth-Century China," *Journal of Asian History* 48, no. 2 (2014): 283.

160

式的寺庙文化加以规范化和利用，作为"宗教技术网络"来"振兴地方经济"。[1]中国历史上为技术目的而对宗教结构进行政治性利用，这一题目还远未得到深入研究。但是，从这一个案中我们可以清楚地看到，政治当权者利用当地的措施和手段而不是文本来扩散和保留自然知识和实践（因而是第一手资料），同时启动相关的劳动，让专业技能知识的流通得以复兴（或者形成并加以控制）。

关于这一内容丰富的历史（还有很多尚待探讨问题），我希望自己的研究议程中尤为重要的两点能够引起人们的注意：我们探究这些特征，是为了能更好地理解中国自然知识的发展动力。首先，在蚕业问题上，文本言说与物质言说之间存在张力；其次，地方性至关重要。对不同地区的研究能够让人明确地看到，在每一个朝代统治下哪些情形具有连续性都显得非常不同，连续性在空间和时间上都是多样化的，而不是王朝一统式的。

当然，发现中国历史上知识文化的多元时间性（物质文化、思想表达、表征形式）或者地方多样性，我既不是在这方面开风气之先的学者，也不会主张这两种现象都只是"中国特有的"。不过，迄今为止，历史学家还没有利用这些观察来探讨知识的本质在如何进行转变：当我们在思考诸如知识的本质是什么、如何才能捕捉到它等问题时，该在什么时候以及如何考虑到知识文化的地方多样性——不管是正面还是负面特征。在哪些节点上，多样性会对生成"某一朝代的知识"带来影响（促使人们去鼓励多样

---

[1] Philip S. Cho, "The Circulation of Sericulture Knowledge through Temple Networks and Cognitive Poetics in Eighteenth Century Zhejiang," in *Motion and Knowledge in the Changing Early Modern World: Orbits, Routes and Vessels*, ed. Ofer Gal and Yi Zheng. Dordrecht: Springer, 2014, pp. 115-137.

性，或者强化标准；接受多元的或者一元的真理）？类似地，物质文化和思想生活的多元时间性是如何被接受的？

　　需要特别指出的是，**我并不是在说**，学者**没有**去研究权力政治或者福柯所谓的权力框架所造成的后果：关于什么是真实、什么是知识，或者谁被允许去求知。我要说的是，迄今为止的研究还从来没有去检视中国历史上的行动主体如何处理自然知识中的差异性、地方特殊性以及多元时间性，也没有任何研究把它作为**一种认定和理解**（在认识论意义上）科学与技术的连续性和变迁的途径。

蚕的生命：动物与认知改变

　　秦观注意到，丝生便意味着蚕死。一方面我们可以说，中国文人对于养蚕有很好的研究和理解——"种变"也构成秦观《蚕书》的柱脚石或者"知识关节点"；但另一方面，我们却难以说蚕得到了很好的研究。在今天的中国疆域内的居民很早以前就驯化了桑蚕（bombyx mori），令人吃惊的考古学发掘不断地证实，在整个中亚和东亚平原上，蚕都是备受景仰之物。丝制品也一直随处都可以发现，并展示在绘画、物质文化和文本描写当中，作为衣服和饰物。我们仔细检视下就会发现，蚕的各种表征形式有着很大差异。在某一点上，动物占据着核心的角色；在另一个点上，它们则被降级为后台角色，躲在文人文化、国家政治、社会生活或者日常生活的背景中——被怀疑、被嫌弃、被忽视。

　　关于蚕的文献是中国农书中的一个部分，也是出现在"谱录"和"笔记"这些文类中的一个话题。在 1990 年，华德公确定与蚕相关的古代文献数量为 290 种（其中许多已经失传），其中 62 种是农业研究，162 种专门关于栽桑和养蚕，46 种讨论柞蚕。虽然大多数存留下来的著作都是 19 世纪的（在 1820 年以后是一个真正的爆炸性增长！），在官修的以及私人的图书目录中还仍然有相当可观的数目（74 种）得到抄录或者编目。[1] 每一个新材料都给这一题目带来新见解。随着时间的累积，作者们（尤其是宋代以后的文人官员）倾向于考虑地方多样性，讨论四川与江南、北方的山东与南方的广西在养蚕方面的差异。

研读这些海量文献量的人有一个极大的共识，这令我颇为惊诧：相关知识要作为累积性质的问题来对待和理解。每一种新作都要在前人的基础上加以解释：要表明作者是否知道有这些前人著作，或者他们是否能看到前人的著作。秦观没有给出这类描写，但是他的一些同代人实际上在为这类做法正名，认为那种方式能重新找回已经失传的知识，对前人已经完成的，或者其重要性没有被认识到的知识进行校正和增添。农书的内容和焦点各不相同，因为作者们试图去填补前人著作中留下的空白。《氾胜之书》（源于 1 世纪，中国最早的农书之一）描写了种桑，但是没有描写养蚕。《齐民要术》却包含了如何养蚕的信息。在贾思勰那里，"栽桑养蚕"在同一章，他的主要兴趣在于栽种经济上能获利的作物。[2] 韩鄂的《四时纂要》描述了蚕的孵化，也解释了其准备步骤，但是没有谈及喂蚕。喂蚕在唐代文本当中才出现（《新唐书·艺文志》列举了两本蚕书。据记载，五代时期的孙光宪也曾编辑一本《蚕书》，不过已经失传）。相反，秦观所定义的蚕业领

[1] 华德公：《中国桑蚕书录》，北京：中国农业出版社，1990 年。
[2] Joseph Needham and Francesca Bray, *Agriculture, Science and Civilisation in China Biology and Biological Technology*, Vol. 6 Pt. 2. Cambridge: Cambridge University Press, 1988, p. 58.

域，包含了从蚕蛾的孵出到纺丝成线整个过程。

也许还有其他方式看待为什么人们对蚕的兴趣发生了非常重大的转变。的确，如果我们只注意到秦观的时代（11 世纪）之前的那些文献，就会发现大多数作者都把蚕处理为属于"牧"类，正如白馥兰在贾思勰的著作中所发现的那样。然而，到了明代，这种情况发生了改变。蚕"隐退"到后台，丝日益被当作一种纤维，与棉类似。

这种根本上的转变，可以在那些被归入到"农书"类的书籍、笔记、汇编、专论或者文摘当中清楚地观察到。比如，在官府发行的《农桑辑要》（1273 年，其编纂者为孟祺、畅师文和苗好谦）中，在标题和章节编排中桑蚕业与农业并置，而不是让桑蚕业成为农业的一部分。这也反映出一种传统的基于性别的生产技术上"男耕女织"的分工，至少自宋代以来在日益出现。[1] 大约在同一时期，王祯（1271—1368）也将"农桑"放在一起，描写基本方法（通诀）、物种，并以图文结合的新形式为描述手段来解释耕作过程中的问题。王祯没有把"桑"本身作为一个单独领域。王祯也把纺织品生产包括进他的研究当中，这与他的后继者徐光启（1562—1633）形成反差。[2]

我无法在这里给出更多细节，但是有一个简单的解释：正如白馥兰已经注意到的那样，中国官方史书所认可的关于文化与文明的设想，突出以粮食作物为中心的农作。畜牧业则代表了尚未开化、不适于农耕的边疆地区。不过，情况并非一直如此。王祯

---

[1] 参见 Bray, *Technology and Gender*。
[2] Needham and Bray, *Agriculture*, p. 58; 徐光启：《农政全书》，《徐光启全集》，上海：上海古籍出版社，2010 年。

164

通过引用贾思勰的著作，提供了兼及南北的观点。杨慎则从一个
儒家学者的角度出发考虑勤勉人家的任务，因而把养猪包括进自
己的著作当中。早期的农书著作考虑到经济背景，而政治愿景则
进入到后来的农业论述当中（尽管这些农书也考虑到经济方面）。
在"农书"类著作中，动物的消失和再出现是与政治上及经济上的
愿望和要求连在一起的。

从更宽泛的历史书写角度，我们可以看到一个趋势：蚕这
一动物慢慢地从农书传统这一**"官府的科学"**中**消失**。至于其原
因，在我看来，已经被秦观解释得很清楚。对秦观来说，生与
死的周期是首要考虑。他的《蚕书》集中在演化进程和动物饲养
上。他的想法与佛教理念连在一起，他忧心于蚕蛾不可避免的
死亡，以及人在生活中不得不在讲求实用与伦理行为之间做出
选择：在蚕化蛾之前，必须将蚕茧投入滚水中将蚕杀死以便获
取蚕丝。显然，这种大量杀生是对生命轮回的严重冒犯。田海
（Barend J. ter Haar）的研究表明，在秦观的同一时期，湖州的蚕
丝生产者与读书人已经受到这一因素的困扰。[1] 秦观对待蚕业的
方式，也受到了分类体系碰撞、关于信仰与信任的理念以及综摄
主义（syncretism）文化的启发，高万桑（Vincent Goossaert）认
为这开启了中国一种长久存在的、掌握在文人和国家手中的传统：
用仪式文化来规范资源。[2] 晚期帝制时代的道德之书（善书）自

[1] Barend J. ter Haar, "Buddhist-Inspired Options: Aspects of Lay Religious Life in the Lower Yangzi from 1100 until 1340," *T'oung Pao* 87, no. 1/3 (2001): 95; Dieter Kuhn and Joseph Needham, *Science and Civilisation in China. Vol. 5. Chemistry and Chemical Technology. Pt. 9. Textile Technology: Spinning and Reeling.* Cambridge: Cambridge University Press, 1988, p. 250.
[2] Vincent Goossaert, *The Taoists of Peking, 1800–1949: A Social History of Urban Clerics.* Cambridge, MA: Harvard University Press, 2007; David Ownby, Vincent Goossaert, and Ji Zhe, eds., *Making Saints in Modern China.* New York: Oxford University Press, 2017.

宋代以来的一个题目便是关爱动物。位于这些话语核心之处的是道德规范行为，包括：尊重生命；浪费和贪婪之心都同样受到谴责；谴责对动物肆意杀生；要遵守规范牧业经济的禁忌；关爱动物。国家的利益与私人考虑组合在一起，我们可以从中看到一个相当重要的认知上的断裂在发生，这使得"动物"作为研究对象不那么有吸引力。在这一进程当中，某些动物从中国传统的"官府的科学"当中消失。

当然，蚕依然存在，然而除了几个例外情况，它进入了"私人兴趣"的领域，如明代黄省曾的《蚕经》显示的那样。黄省曾也研究过鱼的孵化，著有《鱼经》，以类似方式展示生命的发育和孵化技术。到了 18 世纪，当钦定《四库全书》的编纂者们将黄省曾的《蚕经》归到农书类别当中时，却将他的《鱼经》归入特定动物的"谱录"类。[1]

对明末清初的藏书文化的初步研究可以发现，学者们在某一能给他们带来地位和休闲价值的领域里，有选择地而不是泛泛地藏书。比如，祁承㸁（1562—1628）收藏了秦观的《蚕书》，毫不迟疑地把它放在"牧养"类别之下。（他也提到属于丛书类别的《夷门广牍》中也收录了秦观的《蚕书》。在《夷门广牍》中，秦观的《蚕书》被录入到"禽兽牍"，与黄省曾的《鱼经》放在一起。）与此形成反差的是，董其昌（1555—1636）则把秦观的《蚕书》录入《玄赏斋书目》下的"农家"类，这一趋向被后来的季振宜、徐渤、陆漻等人所延续。

沿着这条脉络，我们也能看到蚕业一直存在于地方的和日常

---

[1] Martina Siebert, *Pulu: "Abhandlungen Und Auflistungen". Zu Materieller Kultur Und Naturkunde Im Traditionellen China*. Wiesbaden: Harrassowitz, 2006.

的实践当中，以及很多畜牧行业当中[1]。地方性进入学者们的视野，它提供并包含着丰富多样的理念、实践和理想。

关于物质性的几点结论

值得注意的是，邝兆江所描述的中国历史上的历书至今依然不失其有效性，或者说，如今的历书又成为过去的样子："传统的印刷和装订方式，内有需要经常查阅的内容，如农历、出行禁忌、十二生肖以及二十四孝的绘图故事。其他部分则是源自清末的内容，比如英语字母的发音指南、对月亮圆缺的解释及月球对潮汐的影响、传统的时段名称与现代钟表计时的对照表，以及过往二百年的中西日历对照表。在封面和封底之间，旧与新、中与西、道德与科学、迷信与知识，尤其是时间史的线性和周期循环概念都被展示出来。"[2]

科学史学家及环境史学家在研究中国时，很少采用关于动物的资料来理解知识的本质以及在中国自然知识是如何发生改变的，这造成的后果不可小觑。显而易见，以印刷品展示动物不那么容易，从旧与新、中国与西方、道德与科学等方面来想象动物也不容易。正因为如此，我们有必要指出这一事实：李约瑟主编的著名系列《中国的科学与文明》及其他此类著作，甚至都没有把动物当作一个主要题目。相比之下，关于大象和森林的退却、马匹使

[1] 参见张显运对宋代畜牧业的出色研究：《宋代畜牧研究》，北京：中国文史出版社，2009年；或者台湾学者郭忠豪对于明代养猪业的研究。
[2] Kwong, "The Rise of the Linear Perspective on History and Time in Late Qing China c. 1860-1911," p. 189.

用的扩展、水牛和农耕等方面的历史描述，将文本记载与现代物
种研究（采用遗传学、地质学或者其他科学手段）并置。[1]这种
方法有效地让人看到人类的力量，他们通过语言、俗语和风俗画、
物质表征和行政管理手段来研究和建构动物。这也揭示出一个历
史事实：历史书写的传统如何趋于消除动物各种社会和文化意义
上的真实存在。就动物而言，动物表征形式（作为物品和知识关
怀）的生命有别于物种世界里的生命。去检视在文本、图像和雕
塑中如何处理蚕的生命，这打开了一个重要的窗口，从中看到人
类去理解和接近自然世界的尝试，以及连续性和断裂在何时出现。

　　如今属于中国疆域的这个地区的历史主体曾经如何看待动物
的影响，为我们提供了人与动物世界共存与共建的"长时段"图景，
以及这种共建在身体上和精神上是如何发生的。在人与动物的历史
中，"长时段"图景非常稀少，相关研究大多集中在现代阶段；如
果研究其他时代来思考知识进化问题的话，研究者则选择非常特定
的关注点。比如，以中世纪或者近代初期为对象的历史学家，主要
研究动物的空间分布差异和体质差异。[2]相比之下，那些研究各种
接近动物之方式的学者，则大多选取19世纪和20世纪作为研究对
象，此时出现了进化生物学以及农业大生产全球化。因此，动物在
文本、物品和风景画中的不同显现给我们提供了一个机会，来克服
在其他地区由于资料情形而产生的偏见，去检验关于知识文化质化
和量化转变的各种推测。对中国的历史学家而言，研究不同资料中
的动物主题可以有助于学者们更加深入地探讨"中国"话题：中国

[1] Mark Elvin, *The Retreat of the Elephants: An Environmental History of China*. New Haven: Yale University Press, 2006, p. 308. 中译本参：《大象的退却：一部中国环境史》，梅雪芹、毛利霞、王玉山译，南京：江苏人民出版社，2019年。
[2] Aleksander Pluskowski, ed., *Breaking and Shaping Beastly Bodies: Animals as Material Culture in the Middle Ages*. Oxford: Oxbow Books, 2007.

作为一个与物质空间和地理空间相关联的社会实体和政治实体。

迄今为止的历史叙述，是对融贯性的叙述，是把物质看作能够并服膺于人类意图的叙述，因而这些叙述都与文化密切地捆绑在一起——文化作为范畴和**历史本体论**。或者换个说法，这些看法郑重其事地把物质当作整顿某种历史秩序的主体。物质首先（尽管并非总是如此）是特定文化方式中稳定性与持续性的源泉，是对拉图尔式主题（即不间断的、短时间内的激进改造和重整）的弱化，如果说不是反转的话。物质以及物质性研究中蕴含着巨大的机遇，如今已经得到学界的关注。比如，关于人类之外的动物，或者关于信息如何经由不同的介质发生转化——从这些此前被忽视的领域入手来确定历史分期方式具有创新性意义；因为这样一来，全部历史主体的力量，以及历史主体的力量在何时、以何种方式产生影响或者变得重要，都会被纳入历史书写当中。

对物质性的集中关注，以非常重要的方式转变了历史学在技术、艺术和科学方面关注的内容，让历史学把探索雄心扩展到在更大规模的秩序中的历史经验，从对象研究扩展到对象之间的关联——对象在事物整体运行中的位置，如何占据"生活中的席位"（Sitz im Leben）。因此，找出某一记载的叙述框架、其重要性及其因由，这一历史学重任要求我们进行相当高水平的学科思考，也许还要求我们在方法上有突破之举。

（吴秀杰／译）

第七讲　文书柜上的大象：论所有权与行政管理

薛凤

关于所有权问题的论述，至少科学史家罗伯特·K.默顿（Robert K. Merton）在 1957 年出版的《社会理论和社会结构》中表示，马克思讲得并不正确。他在书中指出：总的来说，正是行政管理实践而不是马克思所说的资本主义，使得人们对物品、工作和思想产生异化——在这个意义上，他认为马克思是弄错了。其原因在于，行政管理（它们将对象和目标进行描述、规整、分级，以便对其进一步使用并在政治、财务或社会方面进行控制）让物品、工作和思想"异化"，因而影响了个体的、集体的和公众的所有权主张和权利，毫不顾及现存的社会秩序或者法律秩序以及经济理念。在马克思式史学讨论以及韦伯式（社会学）关于理性组织讨论的背景下，默顿认为行政管理实践具备一种全方位的能力，即通过强行的政治、社会或金融管控，使得"对象"不易于为个人、集体或国家所占据。默顿这段话的完整引文如下：

随着行政管理程度的不断升级，所有明白人都清楚地认识到，人在极为重要的程度上受控于其自身与生产工具间的社会关系。这不再只是马克思主义的一个信条而已，而是一

个无关乎意识形态信念的、不容忽视的事实。行政化使得之
前模糊不清的东西变得明朗了。越来越多的人发现，如果想
工作，他们就必须得到雇佣。因为要想工作，人们就必须有
工具和设备。而且，这些工具和设备越来越多地只在行政管
理下才可用，无论是私人机构还是公共机构。因此，一个人
必须被行政管理机构雇佣，才能获得工具；有了工具，才能
工作，才能生活。正是在这个意义上，行政管理化意味着个
人与生产工具的分离，正如在现代资本主义企业或国有共产
主义企业（或者 20 世纪中叶的情况），或者就像在后封建时
代的军队当中那样，行政化带来了特定工具的完全疏离。典
型的情况是，工人不再拥有自己的工具，士兵也不再拥有自
己的武器。在这个特殊的意义上，越来越多的人成为工人，
无论蓝领还是白领，其他重要人物也一样。例如，新型的科
学工作者就是这样形成的，因为科学家与他的技术设备是"疏
离的"——毕竟，回旋加速器通常并不归物理学家所有。如
果想要从事自己的研究，科学家就必须受雇于拥有实验室资
源的某一行政管理机构。[1]

　　行政工作使用三种分离方法将对象转化为财产：（1）选择会
计式的描述性方式"使之前模糊不清的东西变得可见"，（2）做出
决策和（3）置入程序逻辑（"必须受到雇佣"，"拥有工具"）。
　　作为科学史家的默顿热衷于探讨模棱两可性和预设，这促使
他在 20 世纪 50 和 60 年代去研究行政管理机构和所有权在历史上

---

[1] Robert King Merton, *Social Theory and Social Structure.* Glencoe, IL: Free Press, 1957,
p. 195.

和当下的角色。这是大型组织得以形成以及经济日益全球化的时代，也是知识社会学和科学社会学作为学科而开始兴起的重要时代。[1] 新兴的学科如组织科学 [2] 迅速崛起，并快速地将行政管理体系的控制机制作为其主要研究课题：管理和决策。[3] 亨特·海克（Hunter Heyck）让我们看到，在这种氛围下，行政管理体制不仅成为当时的主要社会形式之一，而且成为一种对身体、自然过程和时间进行思考的模式。这种"系统方法"在工程学、生命科学和物理学等领域都占据了一席之地。[4] 相比之下，在引发激烈讨论的东西方行政管理体系比较研究中，制度一度成为核心主题。在默顿之外，马克斯·韦伯（以及后来依托马克斯·韦伯学说的其他人）和李约瑟还讨论了潜藏于社会组织和制度化中的理性与意识结构。在这场讨论中，亚洲文化变成了典型的反向模式。亚洲文化先进而繁冗的行政管理体系形成了遗产、历史和体系，然而却没有用于保护个人或者物质创造权利的法律框架。成堆的官方管理文书资料堆放在资料库中，正如"盲人摸象"寓言中的那头大象一样，一个个庞然大物堆放在案头，既无法挪动又不能被移

[1] Hunter Crowther-Heyck, *Age of System: Understanding the Development of Modern Social Science.* Baltimore: Johns Hopkins University Press, 2015.

[2] 这些学说后来被称为管理学。我指的不是以德国生物学家恩斯特·海克尔（Ernst Häckel）为先驱发展出来的那种系统理论。20 世纪 60 年代是操作研究和系统工程的时代，像瑞典计算机工程师伯尔耶·兰格福斯（Börje Langefors）在 1966 年出版的《信息系统的理论分析》（*Theoretical analysis of information systems.* Studentlitteratur, Lund）开始谈到信息系统、管理信息系统、系统开发等问题。

[3] 比如，维克多·A. 汤普森（Victor A. Thompson）认为，管理"由那些为目标而让工具完美的功能和进程所构成，也就是控制组织内部的行为，以便它们变得完全可靠和可预知，像任何良好的工具一样"。见 Victor A. Thompson, *Modern Organisation.* Tuscaloosa, AL, University of Alabama Press, 1977. p. 2.

[4] Heyck, *Age of Systems*, pp. 13–14. 实际上，从古典时代到近代初期的思想家们都比喻式地将身体与组织机构关联起来，这类做法非常普遍。比如，中国、印度文化的学者们都经常把人的体液与大地上的江河当作类比对象。正如海克所言，20 世纪的这种研究进路也依赖（或者否认）古希腊的理念，比如柏拉图的《法律篇》。因此，并非一切新说法都真有新意。

除，也让后世的史学家们在利用这类史料时感到力不从心。[1]

　　系统观念可能让这一时期的科学研究在跨领域中得以蓬勃发展。然而，这一时期的历史研究在分析过去的科学时，依然一成不变地采用 19 世纪的尺度——传统的法律、治理手段和行政管理体系各有其角色：**法律**赋予那些关乎财产的社会规范以权威性；**治理手段**用来界定（关涉到公共和私人利益的）政策结构，而后由行政管理体系来执行；行政**管理体系**则确定制度实践的总量——这些实践用来加强、利用或工具化这类财产权利。历史研究集中于去揭示行政管理体系下的财产管控如何为个人和地方共同体带来激励或阻碍。比如，知识和时间这类资源因为标准的生效而得到了释放；过程得到精简，财富也就应运而生。消极的一面是，行政管理实践经常扼杀创造力。个人或集体有所有权主张的需求或愿望，这使得情况变得日益艰难，由此一来，全部相关者都感到不满意并失去动力。简而言之，行政管理体系既是思考的切入点也是思考对象，历史研究则集中于评判行政管理体系在提出所有权主张上的执行能力。

　　史学界对行政管理体系之利弊及所有权主张的历史评判，就是沿着这种思路进行的，尽管其论证逻辑会因地区不同而有所差异，也出现过一些重要的相互抵牾的逻辑。于是就有了这些说法：在英国早期资本主义阶段，工业资产阶级刺激了科学和实用知识的发展；当市场力量解放了资本和好奇心时，法律保护在增长。[2]

---

[1] Desmond J. Ball, "The Blind Men and the Elephant: A Critique of Bureaucratic Politics Theory," *Australian Outlook* 28, no. 1 (1974): 71−92. Welch, David A. "The Organizational Process and Bureaucratic Politics Paradigms: Retrospect and Prospect." *International Security* 17, no. 2 (1992): 112−146.
[2] 这类观点见于 1980 年代那些关于实用知识的研究以及与大英帝国相关的大量比较研究著作当中。

在一些学者看来，在这些方面都无出其右者。不过，其他学者也重新审视了伊斯兰世界和亚洲社会，在相当长的历史时期内，那里的政府强大而且高效运行，并没有实行法律或者制约手段。他们意识到，这些文化具备高度复杂的封建行政管理制度，却仍然取得了实质性的进步。[1] 1983 年，当托马斯·休斯（Thomas Hughes）提出"技术系统"（technological systems）这一概念时，研究欧洲以及欧洲之外物权问题的学者们开始考虑，行政管理实践的规模和范围是如何影响所有权主张的；行动者如何看待行政管理实践的工具和表征程式——行政管理实践作为一种手段，可以被用来生成法律保护的可能性或需求，使其臻于完备，或者令其废止。我斗胆断言，在那些年里，科学史和技术史领域的研究都把行政管理体系和所有权主张看作影响知识发展的因素，但是都不认为这两种因素之间有关联。

行政管理体系作为框架：什么可以被拥有

行政管理体系在所有权主张中担当的角色到底开始于何处，又终结于何处呢？作为一种行动手段，行政管理体系的结构影响了所有权主张之对象以及目标的基本情况。例如，伊沛霞（Patricia Ebrey）的中国历史研究让我们看到，宋代以来的思想和政治行动促成两类群体的形成。一类是呈现为树状的继嗣群体，基于集体所有权和身份（绝大多数与乡村和匠人有关联）以维持稳定的仪式共同体；另一类模式则是线性的、有着共同祖先的继嗣群体，

---

[1] Bryan Turner, *Medical Power and Social Knowledge*. Beverly Hills, CA: Sage Publications, 1987.

基于一位父系家庭首领。[1] 前一类群体要确保对政府和国家的忠心，后一类则要确保对家庭的忠心。一个人的身份认同，定义了该人会主张自己拥有什么。[2]

我们可以说，这些都是非正式的结构。赋税体系的约束层面要正式得多，它不仅界定了工作任务及物质效能，它也界定了那是一个什么样的家庭，以及家庭中的哪些人可以工作、提供服务、拥有（或交出）某些东西。国家对家庭单位的决策完全是基于财政考虑，这种决策能够而且确实影响到所有权在亲属和家庭成员之间的动态变化，无需用法律来界定谁可以真正成为所有者。

因此，行政管理体系为知识——那些在社会上和政治上得到认可的，或者有其可能的知识（无论知识以何种形式出现，劳务、体力、脑力、默会知识等）——的"所有者"设定了一个框架，这要早于任何法律实践。行政管理实践的框架及其举措通过界定家庭单元（家）及其作为纳税实体（户）的有效性，确立了权利与义务、对象与工作的基础。葛学溥（Daniel Kulp）在 1923 年将这种情况定义为"经济家庭"，它构成了一个父系组织。[3] 它"将家庭置于空间当中，规范它与乡里、官府和超自然的行政管理体系（译者按：即神鬼与祖先）的关系"。它是"生产和消费的基本单位，包括男性和女性"，但二者在其中的角色大不相同。男性是股

---

[1] Patricia Buckley Ebrey, *The Inner Quarters: Marriage and the Lives of Chinese Women in the Sung Period*. Berkeley: University of California Press, 1993. 中译本参：《内闱：宋代妇女的婚姻和生活》，胡志宏译，南京：江苏人民出版社，2018 年。

[2] Xiaonan Deng and Christian Lamouroux, "The 'Ancestors" Family Instructions": Authority and Sovereignty in Song China,'" *Journal of Song-Yuan Studies* 35 (2005): 79–97.

[3] Daniel Harrison Kulp, *Country Life in South China: The Sociology of Familism*. New York: Teacher's College, Columbia University, 1925, pp. 148–150. 中译本参：《华南的乡村生活：广东凤凰村的家族主义社会学研究》，周大鸣译，北京：知识产权出版社，2012 年。需要注意的是，在 1920 年代的讨论中，资本的重要性还远不如社会财富和生活富足。因此，那时讨论集体所有权的责任及权利的方式，与第二次世界大战后充满共产主义与资本主义在政治上针锋相对的二元对立色彩的讨论非常不同。

东，女性则要"产出大于消费，为男性亲属创造剩余价值。未婚女性的生产性劳动是在产出进奉给父母的物品，而不是形成留给女性自身的财产，因此也不是在构筑女性的社会地位"。[1] 女性可以拥有物品，但是，她们并不总被允许使用自身拥有的物品。例如，中国有个民间故事讲述了一个卖身为奴、筹钱葬父的男人被织女解救的故事：织女在一个月内织绢300匹来偿还他的债务。[2] 能干的、有技能的女性是商品，可以换来金钱和性命。

官府对一代人集体财富产出的决策影响了代际间及地区间的财富分配模式，这是马伯良（Brian McKnight）提醒我们注意的问题。他着重指出，一个家庭的消失（绝户）以及将财产转给女性，会破坏宋代税收体系的稳定性。他也表明，在采用行政管理手段或者法律手段来处理所有权主张时，代表国家的行动者会审慎地做出选择："在宋代，国家并没有尝试强行要求家庭生育后代来解决绝户问题；相反，国家似乎已经接受了绝户将会频繁发生的现实，并力图让一系列规则具有合法地位，而这些规则会减少对所有权进行旷日持久的争夺。"[3] 我们可以发现许多这类微妙的决策时刻。毋庸讳言，这些决策也影响到知识的生产。在集体式的亲属关系下，哪些东西可以（或者不可以）由母亲传给女儿，很可能也一直较少为人所知，因为这些情形很少被记录下来。例如，政府在1171年规定，典卖（宋代官僚机构的一项常规业务）可以针对房屋、船只、马、

---

[1] Hill Gates, "The Commoditization of Chinese Women," *Signs: Journal of Women in Culture and Society* 14, no. 4 (1989): 814.

[2] Joseph Needham, *Mechanical Engineering, Science and Civilisation in China. Physics and Physical Technology*, Vol. 4, Pt. 2. Cambridge: Cambridge University Press, 1965, p. 34.

[3] Brian McKnight, "Who Gets It When You Go: The Legal Consequences of the Ending of Households (Juehu 绝户) in the Song Dynasty (960-1279 C.E.)," *Journal of the Economic and Social History of the Orient* 43, no. 3 (2000): 318.

骆驼等，但不能针对已婚或者未婚的女性身体。政府强行规定，被用作抵押之物必须是那些可以拥有之物。[1]

尽管宋朝发展了一套完善的法律体系，但工作流程和所有权主张仍然主要归行政管理手段进行管辖。法律手段要解决的是国家对劳役、匠役或脑力劳动如何进行征召的问题（以应对某些地方可能会出现的问题），而非是否征召、劳动成果归谁所有等这类问题。宋朝的文献有证据表明，地方性的共同体已经意识到生产专门商品的重要性并垄断了生产的权利，帝国税收体系利用并支持这种垄断情形。在认可当地专业技能的基础上，政府开始征徭役，并在生产特殊商品的地方建造专门的官营作坊网络。在许多情况下，历史学家所追问的"到底是鸡生蛋，还是蛋生鸡"的情况，让法律保护和国家权力的角色显得不那么重要。当时的中华帝国及其精英阶层受益于自下而上的发展，如果需要的话，就通过界定个体对国家、社会或家庭的"责任"来占据其成果，而后再拥有对个体的"权利"。关涉到所有权的那些法律，仅仅是应对行政化管理中所出现的漏洞做出的反应，它们既不是承认所有权或者相关理念所带来的结果，也不是其原因。因此，这样我们就可以看到两个主题：其一，脑力劳动和体力劳动的区分，以及人们接受此种类别区分的历史动力（比如，无视"所有没被归类的东西，有可能是为个体所拥有"这一事实）；其二，法典的编纂例是一种仅仅与文档相关的实践。

一个颇值玩味的现象是，史学实践已经把对于那些存在于不

---

[1] 徐松："乾道七年二月一日"，《宋会要辑稿》食货三五之一三，北京：中华书局，1957年，第5414页；马端临：《征榷》，《文献通考》卷一九，北京：中华书局，1986年，第183—192页；"从兄盗卖已死弟田业"，《名公书判清明集》卷五，北京：中华书局，1987年，第145页；"漕司送许德裕等争田事"，《名公书判清明集》卷四，第117页。需要注意到的是，在这一条例下也包括牛和其他家畜。

同文化当中、兼属于可获知与可拥有两类范畴的问题进行讨论时所采用的逻辑，视为理应如此、普遍有效的。每当行政管理机构在劳役征募上对某个特定领域保持沉默时（这里的"无视"意味着没有被记录或征税），历史学家就会得出结论说，这个领域不受重视；因为无法从书面文献（或者该事项的账目）中获知这些领域的情况，（历史学家）因而认为这些领域也一定是不值得让人去拥有的。迄今我还没有发现哪项研究提出，这些（被无视的）技艺隶属于集体性的技艺掌握，抑或所有权是约定俗成的或者是属于个人的。史学研究讨论的问题，不是匠艺如何被拥有，而是匠人作为社会人的存在。历史阐释中还有另一种普遍设定，即强调去关注运转失灵的个别情形（历史记录亦如此），对于没有行政失灵记载的历史时期则所论甚少（也就是说，这从来不会被解释为一切运行良好的时期）。在这个意义上，行政管理凸显的是成功故事，即那些被认为所有权正常的情形，而法律则凸显了体系的失败（哪怕只是个别的）。

如果我们转到徭役作为税收这一问题上，中国历史则不光可以从什么是可拥有的这一角度、基于马克思提出的范畴和劳动占有情况（生产关系）来进行社会组织分析，在分析生产力时，不光从什么是可以拥有的来入手，也可以从这类工作能力如何被国家、社会和个人所登记来入手。[1] 尽管这些研究似乎已经略显过时，我还是建议简要地回顾这些研究的观点，并将其作为一种路径，去揭示机构组织构架给技能与知识方面的劳动表现带来虽隐性却明确的影响。或者，至少我们可以说，这些看法也许是适当的，也许是出于税赋原因的任务区分而受到扭曲。出于赋税理由

---

[1] 可悲的是，得到史学界认可的所有权，无外乎那些与 19 世纪及 20 世纪初的所有权相类的所有权形式。记录实践指的主要是那些在文本中得到说明的事物。

178

的任务区分，将中国前现代时期的劳务结构界定为不同职业类别，区分为劳役和匠役工作。

征徭役的记录特别反映了任务构成、劳动分工、成本核算和等级性权力关系等各种因素之间的复杂关联，至少中国学者在任何其他领域都没能如此深入讨论这些复杂关联。征税记录也是很出色的历史资料，从中可以看到中国历史上的管理者把哪些行业中的任务留给家庭和私人经济，或者不认为它们值得占据或者"不占有"。这些任务是制衣、皮革加工等。令人吃惊的是，建造和安装织布机、观象站或者水磨也属于这类任务。

为什么中国对科学和技术专门知识的管理水平从未能发展为一个无法被无视的专业领域，对此研究者们提供了许多解释。历史记录表明，行政管理实践中对工作任务的命名和界定，是造成这一现象的主要原因。明太祖朱元璋（1328—1398 年在世，自 1368 年起在位）延续了元朝的做法，比如，他于 1371 年将一批世袭性质的特定社会和经济类别（"籍"）纳入行政管理当中，把这种制度当作国家招募工匠和士兵的手段，这大大地凸显了此项工作的基本程序。这种征税制度，忽略了我们所说的那些需要更高技能的"交叉岗位"，例如房屋建造设计或纺织图案设计的工作——工头已经是半官职，还承担像提花这样把设计图案转换到织机上的明显高技能任务（提花偶尔也会出现在地方记录当中）。[1] 于是，行政管理定义了所有权，其手段为评判何种程度的专业技能重要与否。但是，这种价值评判并不一定能表明该任务（以及相关联的领域）在

[1] Wenxian Zhang, "The Yellow Register Archives of Imperial Ming China," *Libraries & the Cultural Record* 43, no. 2 (2008): 148–175. 此处见第 150 页。韦庆远：《明代黄册制度》，北京：中华书局，1961 年，第 18 页；李东阳等：《大明会典》卷一九，北京：中华书局，1989 年，第 850 页。登记的信息包括乡贯、姓名、丁口的年龄以及田宅、资产等。这些职业没有出现在徭役报告中。到了明代末年，关于私人市场的记录开始提及这些职业。

普遍意义上的重要性。它们以非常基本的方式构成了迈克尔·克罗宁（Michael Cronin）提出的在当代全球化经济和语言关联语境下的"关注力掌控"（regimes of attention）：征税体系设定了哪些价值得到认可、什么问题重要，以及哪类信息应该流动。[1]

所有权的对象及其研究：描述作为获知，描述作为占据／拥有的指征

这就把我们带到了下一个问题，即一种描述模式（descritpive mode，科学史学家也许会把它解释为掌握知识的标记）如何选择性地将对象转变为财产。如果采用今天的学术用语，或许可以这样表述：我们可以从财产诉求中介质以及计数格式的角色来谈论这一话题。学术研究在很大程度上预先设定，无论哪类对象（物品也好，想法也好）的所有权，都有赖于人类语言表达能力以及关于该对象的记忆，这些记忆见诸文字或者模型以及物化形式的展示。

默顿从广义上谈及的"拥有对象"（object-possession），其中包括材料、仪器、工具、土地、工作、知识和技能。在他看来，促成生产和使用的想法出现在工作任务的分化以及专门知识中，这往往只需要工人用上自身所具备的技能和知识当中的一部分。

---

[1] 由于篇幅的限制，我在这里不能展开讨论。不过，在数字信息时代，如何描述也同样重要。正如克罗宁所言，过滤信息的手段增多也会给晚期现代性的"关注力景观"带来新的维度。克罗宁的文章见 Michael Cronin, "Reading the Signs. Translation, Multilingualism, and the New Regimes of Attention," *Amodern* 6 (2016), http://amodern.net/article/reading-the-signs/#rf10-6851。"关注力景观"（attentionscapes）这一概念来自 Thomas H. Davenport and John C. Beck, *The Attention Economy: Understanding the New Currency of Business.* Cambridge, MA: Harvard Business Press, 2001, p.49。

默顿承认每一个事物（包括科学和技术）都具备社会特征，但是他还是不如21世纪的"知识经济""知识文化"等观点走得远，而如今在技术史学家当中，讨论生产和消费观时非常通行"使用"（use）这一概念——可能这正是默顿所明确期待的。[1]默顿和他的同时代人一样，没有去考虑行政管理构架在多大程度上通过其程序逻辑而施加影响：什么能够被拥有，即什么可以被标记为已被拥有。在这种影响下，一些事物被归类到工具、中间设备（草图）的范围，或者甚至保留为完全不可拥有的状态，这时经济学家和经济史学家会认为，成本—收益分析表明，将它们从个体剥离出来的代价太高，因而知识仍然与个体的人、物品绑在一起（或者，我们就会说，某些知识仍然是"具身性质的"，是和身体分不开的）。

在快速发展的过程中，如今的价值评判凸显了复杂关系，与以往有实质不同：在"生成知识"（making knowledge）上的角色中，变得重要的是非物质性特征，而不是产品、工具或者资本。在此期间，科学史和知识史方面的研究已经探讨行政管理实践——其范围甚至扩大至包括整理方法、分类和规整——如何（在过去和现在）影响知识的流向，从最初一步的数据采集到汇合成含义和想法。[2]编目和分类的方法，从做笔记到登记、列表都在为占据知识做准备，或者甚至**就是**占据手段，以便提出

[1] Simone M. Müller and Heidi J. S. Tworek, "Imagined Use as a Category of Analysis: New Approaches to the History of Technology," *History and Technology* 32, no. 2 (2016): 105-119. "知识经济"一词首见于 Peter F Drucker, *The Age of Discontinuity: Guidelines to Our Changing Society*. San Francesco: Harper & Row, 1969, pp. 263-286。
[2] 参见马普科学史研究所的"档案科学"项目中的许多讨论。其中包括名单、分类方法，但是也有类似的关于做笔记的研究。

对"知识"的主张。在第一种情形下，正如瓦伦蒂娜·普利亚诺（Valentina Pugliano）所指出的那样，博物学家们如乌利斯·奥尔德罗瓦达尼（Ulisse Aldrovadani，1522—1605）完成的查验名单和报告是"因为他们与对象打交道，对（这些文献）的考虑关涉到所有权……"。[1] 这的确值得我们去思索。拥有就是登记说明，登记说明就意味着拥有。在"知识"和信息流动这一新内涵下，记录形式作为一种占据手段和所有权主张这一史学焦点，席卷了对科学和技术的历史研究领域。[2] 这当然是由于存留下来的"对象"所具备的特征。只有知识和技术的表征，即其存在的物化形式而非其行动，才可以被拥有。

　　书面描述有不同用处（作为关于自然界、行业事务的信息等），这基于该对象在多大程度上符合行政管理方法。某些知识和技术的模型也可能根本没进入到行政管理档案中。假如登记在案的是模具、样品、无关痛痒的玩具或日常用品，模型经常会失传，尽管这些模型经常被认为能有助于去探索大自然及某一技术过程。那些留存下来的，则通常是被归类为拥有对象（可动产）或者要移交给博物馆的艺术形式。但是，单从对象自身那里，人们如何能获知（关于自然或者技术进程的信息）呢？在管理过程中人们可以看到，管理者随后以一种有利于流动和增长的方式来形成类别，并保留关于过程的信息及其活态形式。[3] 这就是"默识"，即

---

[1] Valentina Pugliano, "Specimen Lists: Artisanal Writing or Natural Historical Paperwork?" *Isis* 103, no. 4 (2012): 723.

[2] Helaine Selin, *Encyclopaedia of the History of Science,Technology, and Medicine in Non-Western Cultures.* Dordrecht: Kluwer, 1997; Mario Biagioli, *Galileo's Instruments of Credit: Telescopes, Images, Secrecy.* Chicago: University of Chicago Press, 2007; Peter Robert Dear, *The Intelligibility of Nature: How Science Makes Sense of the World.* Chicago: University of Chicago Press, 2007.

[3] 最为显著的是，把书籍作为物质对象以及关于档案、工艺秘方等的研究日益增加。对所有档案、登记的其他原初形式的研究也日益多起来。

182

那些不容易与人脱离，因而能一直是秘密的或不轻易示人的知识、技能或信息。

不过，尤其在我们考虑如何将可掌握的信息转变成可拥有的实在体时，行政管理体系中的书面记录所扮演的角色是至关重要的，同时也是含混的。研究还发现，越来越多的文件（这也意味着越来越多无用的或不必要的工作）创造了"无用的工作岗位"，这是电视编剧、由自由派转向右翼的戴维·马梅特（David Mamet）最近采用的说法。[1] 在他那超越时间的想象力当中，（过度的）行政管理被视为"墙上的魔鬼"，而与他的思路相符合的历史研究和社会学研究则认定，较少的行政管理会带来更多的自由和创造力。或者，从所有权主张意义上可以说，只有人才可以被管理、被控制。那些不能用词语来描述、被格式化的知识或技能，也不能被"对象化"，因而一个人的知识或技能无法被剥夺。

可移动对象作为财产这一问题在研究中退出了主要舞台。取而代之的是，描述方式的介质性（mediality）夯实了知识的等级序列及对所有权的诉求。这非常成问题，因为（后世的）分析者们还在不断地将记录格式转写进那些得到认可的知识分类图式当中。历史上的当事人如何看待不同描述格式及传输模式的有效性，他们的看法与（后世的）分析者的看法会一致吗？当事人的看法何止没有受到正视！历史上的行动者在人际间的传递中看到的有效性，经常被评判为是消极的：那些不能进入文本规章的东西被

[1] 在任何成功组织的成长中，一种新启动的行政管理都可能将其目标从生产产品改为保卫其（无用的）工作（岗位）。David Mamet, *The Secret Knowledge: On the Dismantling of American Culture.* New York: Sentinel, 2011, p.76. 关于这本书的争议请见 Christopher Hitchens, "David Mamet's Right-Wing Conversion," *The New York Times*, June 17, 2011。

认为流通性较少，因此是不太有价值的知识（和行动），也因此不具有可拥有性。这种偏见甚至还走得更远。没写在纸上的记录做法，比如有关劳务和税赋的记录，很少得到关注。以中国为例，尽管我们知道得很清楚，对于实际工作的记录和说明经常见于物品本身，然而，人们对帝国的行政管理体系的理解，仍主要是依循历代档案中的书面资料、收藏的书籍和地图。[1] 一件来自元代墓葬中的服饰（来源地不详，可能源自四川北部边境）提供了很好的例子，它可以让人看到，在组织以及拥有生产过程当中，物品有着重要的作用。这件长衣上有若干题文，可以被认定为来自衣物制成过程中的不同阶段，从面料制造到制衣、再到缴税，最后可能是物主的标记（每片衣襟上都有四个戳记，而且戳记都是一样的）。

一些学者着重于研究清廷如何对样品和模型进行行政管理，采用这些手段来促成信息在地方和朝廷之间流通，他们都认为，那些留在纸面上、将对象予以整理和分类的资料要比留在对象本身上的资料有更高的价值。[2] 笔者曾经撰文研究物品上题文的功能：实际上，在整个欧亚大陆范围内，这些题文被用于税收管理。这类行政管理实践一直都在应用，然而有着非常不同的内容和目的。这类实践历时悠久，贯穿帝国行政管理体系，具有连贯性和差异性，这给我们提出如下问题：行政管理行动的规模（大、小、

[1] Anthony J. Barbieri-Low, *Artisans in Early Imperial China.* Seattle: University of Washington Press, 2007. 另见 Lothar Ledderose, *Ten Thousand Things: Module and Mass Production in Chinese Art.* Princeton: Princeton University Press, 2000，中译本参：《万物：中国艺术中的模件化和规模化生产》，张总等译，北京：生活·读书·新知三联书店，2005 年。

[2] Kaijun Chen, "The Rise of Technocratic Culture in High-Qing China: A Case Study of Bondservant (Booi) Tang Ying (1682–1756)". Ph.D. Dissertation, Columbia University, 2014.

集中、扩散）和范围（比如，是否涉及所有的工艺行业，或者只是特定领域），以何种方式影响了拥有权表达及其表征诉求。

我们可以得出这样的结论，行政管理体系不光是纸上功夫，尽管在大多数情况下，书面材料才得以留存下来或得到关注。绝大多数行政管理体系，无论新旧与否，都采用了多种介质手段，并有目地将它们结合起来以实现信息的成功传输，尽管我们可能也要考虑到，对描述方式的选择是有意图地去表达所有权关切，而非出于偶然。

针对所有这些情况，我们也要考虑到负面情形：那些在行政管理体系中没有得到描述的东西，国家要占据它们就困难得多，进而就有了个人所有权主张。在某些情况下，行政管理体系的疏忽或者否定，比如对某些行业的认定，甚至可能有效地阻止形成所有权的可能性，或者至少会构成妨碍。

做决定即为物权主张

在主流话语提出价值和有效性与制度安排、法律和监管框架有所关联之后，人们便很难再考虑其他另类选项了。于是，一些正式与非正式的规则出现了，行内人认可这些规则是重要的、正当的，在行政管理系统以及自身的专业技能领域里都如此。当人们不得不做决定时，人们需要明了论点、证据和言说方式以及时间点。帕塔萨拉蒂（S. Parthasarath）在现代的专利管理中看到了这种专业知识障碍。实际上，在对重要知识给出界定的任何决策领域，我们都可以看到这样的障碍，这体现在如何去处理重要知识的定义所面对的挑战。[1]决策必须做出，由谁做出以及何时做出则决定了是否要对某些事情承担责任。

决策理性对所有权的界定，不光存在于决策人这一意义上；决策理性也确定了值得拥有的时刻。史蒂文·特纳（Steven Turner）认为，这样的时刻是政治性的，他强调一旦涉及掌握知识以及为什么要处理这些问题时，就不可能区分出政治因素或者非政治因素。在他看来，政治认识论就是要解决"分持知识的聚合问题，以达到做出决策之目的"。[2]特纳将（国家）行政管理视为内在的知识生产过程的有机体，政治变得具有表达性质。当然，尽管任何形式的能够对体力劳动、手工或脑力任务进行安排和切割的组织机构，无论是现在由国家主导的还是商业性质的行政管理机构，都可以通过法律手段之外的方法，诸如分类或描述等，来形成和界定哪些（知识和技术）是可掌握的和可拥有的。行政管理体系不仅仅在实施拥有权。

在历史进程中，通过制度的发展、法律和监管框架、利害关系者、言说方式、文化规范和价值观，一个政策领域（也是一套行政管理体系）确立了哪些类型的知识、专业技能和推理论证是重要的或者具有正当性，或者哪些因为其效果应该得到优待：比如，是优先考虑法律规则还是社会规则，或者应用这些规则的等级序列。到底是在纸上写下物权主张，还是直接在物品上面盖上带有名字的戳记，这只是一个例子。通常，从历史研究的角度看，某个单一的象征性行动（比如对商品的标记）得以保留下来，那

---

[1] Shobita Parthasarathy, "Whose Knowledge? What Values? The Comparative Politics of Patenting Life Forms in the United States and Europe," *Policy Sciences* 44, no. 3 (2011): 267.
[2] Stephen P. Turner, *The Politics of Expertise.* London: Routledge, 2013, p.41.

么这个不起眼的资料可能会带来突破性进展。

于是，做决定（无论基于何种伦理）就是另一项因素，它能将某一对象（某一时刻、过程、想法）转变为某种可以拥有的东西。这一视角不仅可以凸显权力的角色，它也纳入了时间因素。**所有权是特定行动者为特定目的、在特定条件下做出的选择。**用以保证权威性的则是个体的社会地位（学者、官员或者皇帝），并辅之以程序逻辑的支持——给那位决策者配置物质、时间及其他行动者（对此我暂时无法在此进行更为深入的讨论）。一个相互依存的网络得以创建，而后促成或阻止所有权主张的变换，这一机制被称为"组织理性"而为人所知。

不是结论的结论

决策、程序性构想和描述模式标出一些时刻和方法——经由它们，对象、想法和事件经常被转化，转化的方式是：首先将它们变为可掌握的，而后让它们变得能够被拥有。在行政管理实践中，行动者把对象分别定义为值得拥有的、不能长久的甚至是理想化的或者不现实的。记录不仅制造出实在的对象，它也制造了所有权的障碍，而且通过无视（比如某些步骤和任务）也制造出一种非常特殊的景象——哪些为可掌握、可拥有之物。为行政管理体系提供信息的程序性构想，设定了所有权主张之规模和范围的可能性。比如，设计（历史学中一个非常突出的话题）的引入，是生产链中的一个重要步骤。或者，如果我们转到消费和使用领域就会看到，二手货产业被建立起来，曾经的旧物被重新加工和穿着。默顿已经注意到，行政管理机构还通过对获取渠道进行监管，利用许可证把对象转化为被拥有的物品。法学教授陈建霖和崔炯哲曾经指出，中国的驾驶执照应该被视为一种被分配的公有资源。[1] 他们的主要观点是：驾驶执照是个人能力和知识的证书，是持照人使用汽车、道路和公共设施的许可证，行政管理体系把驾驶执照转化为一种更为强调个体责任和道德的证书——不是物权的概念，而是完全有赖于"使用"。这里的拥有对象和所有权完全是专属性质的，因为全部行动都不可避免地影响到体力和脑力资源，全部行动也都可以被拥有。

行政管理实践取决于正式的和非正式的占用规则，或者我们也可以说，行政管理实践**创造**了所有权主张和使用权，或者让它们变得不必要。行政管理体系位居核心，产生新的形式和格式，由此使得对象的所有权及其过程、它们的创造、生产、使用变得可能，因为行政管理把登记在册转化为问责性。我们也从历史上能知道，当事人很少仅依赖某一种方法，比如那些法律手段，也不会仅用书面文献这一种信息储存和保留模式来获得某种渴望得到的保护状态。从历史上看，行政管理实践极少优先考虑个人权利和短期目标。

综上所述，从马克思主义史学到全球史的各种历史书写方法都在研究所有权和行政管理体系问题。行政管理体系（即那些组织和安排国家和社会中的劳务的尝试）采用不同方式来生成、实行或者影响所有权。毋庸置疑的是，从历史上看，行政管理体系以两种方式来处理所有权主张和权利：规范化，以及将结构性模式／规则。我们应该更仔细地考察行动者如何把行政管理体系用

---

[1] Jianlin Chen and Jiongzhe Cui, "More Market-Oriented than the United States and More Socialist than China: A Comparative Public Property Story of Singapore," *Pacific Rim Law & Policy Journal* 23 (2014): 1-55.

作工具，去发起和实施所有权形式。历史上的行动主体，在与法律形式或者非正式的社会规则打交道时，赋予行政管理体系以怎样的角色？这是我们需要去深入探讨的问题。此外，我们也不应该固守诸如"规范化"这类概念。相反，我们要区分出行政管理实践中三种不同的转化逻辑：（一）描述的模式；（二）做决定的程序；（三）设定程式化的构架。正是这些转化逻辑使得一个对象变得可以被拥有，才会出现所有权主张和权利。

（王蓉／译）

第八讲　科学与环境监管法规：未充分利用的致癌物检测的物质性基础设施

柯安哲

　　健康和安全法规有赖于公认的风险评判方法。对于人体暴露于有害物质当中及其所受伤害的情况，我们通常缺乏很好的数据。在这一监管领域，标准化检测占据着核心位置。本文考察的对象，是一种特定实验室筛查方法的发展轨迹。该项筛查目标在于确定致癌化学物质，其理论基础是：绝大多数癌症都是由基因突变引起的。可以说，本文中的"**物**"，是在培养皿上进行的基因毒性测试。

　　在20世纪70年代初，这一新工具通常被称为"埃姆斯检测"（Ames test），或者可称为"污染物致突变性检测"，它提供了比传统的啮齿类动物检测更快、更廉价的方式，以识别市场上成千上万种合成化学品中潜在的人体致癌物质。然而，在通过一个详备的化学品法案《毒性物质控制法案》（Toxic Substances Control Act，简称TSCA）时，美国政府并未要求对大多数化学品进行致突变性测试。对当前化学品监管状况持有批评态度的学者们指出，检测普遍缺乏。[1] 我在本文中会阐明，为什么缺乏检测的状况实

---

[1]　Carl Cranor, *Tragic Failures: How and Why We Are Harmed by Toxic Chemicals.* Oxford: Oxford University Press, 2017.

190

际上是对规范的**回应**。换句话说，监管程序本身潜在地造成了数据缺乏，尤其是关于商业化学品的数据。

在 20 世纪 60 年代的美国，公众对有毒化学品的排放感到不安，这是环境保护主义得以出现的一个重要原因。雷切尔·卡森（Rachel Carson）1962 年出版的《寂静的春天》（*Silent Spring*）一书将聚焦点放在诸如滴滴涕（DDT）及其他污染环境的合成化学品会给人和野生动物造成的危险上。这本如今变得如当红偶像般的书如何推动了其他议题以及社会运动，历史学家们对此有多方记录。例如，关于核武器试验的放射性坠尘的危害、推进城市化和污染造成的本土植物和动物的丧失、对致癌的食品添加剂的担忧，以及有毒工业垃圾对河流和景观的败坏都有所讨论。[1] 换句话说，卡森的书是一段时间以来一直在奔涌的浪潮的顶峰。这股浪潮在二战后的几十年里获得了力量，1970 年 4 月 22 日被设为第一个"世界地球日"，正是这一浪潮的成果。

这一运动促进了美国一系列立法和政策变化以推动环境保护，哪怕在理查德·尼克松的共和党执政下亦如此。美国国会通过了1969 年的《国家环境政策法案》（National Environmental Policy Act，简称 NEPA）和 1970 年的《环境质量改进法案》（Environmental Quality Improvement Act）。NEPA 就环境问题为总统设立了一个独立咨询委员会，即环境质量监督委员会（Council on

---

[1] James Whorton, *Before Silent Spring: Pesticides and Public Health in Pre-DDT America.* Princeton: Princeton University Press, 1974; Ralph H. Lutts, "Chemical Fallout: Rachel Carson's *Silent Spring*, Radioactive Fallout and the Environmental Movement," *Environmental Review* 9 (1985): 210–225; Samuel P. Hays, "The Toxic Environment," ch. 6 of *Beauty, Health, and Permanence: Environmental Politics in the United States, 1955–1985.* Cambridge: Cambridge University Press, 1987.

Environmental Quality，简称 CEQ），[1] 罗素·特雷恩（Russell E.
Train）成为其主席。在设立世界地球日时，CEQ 是唯一的名称
中有"环境"一词的联邦机构。[2] 该委员会每年发布美国环境状
况报告，在控制污染和土地使用方面，主张采取更有成效的环境
政策。[3] 在一定程度上，由于特雷恩的影响，尼克松政府支持了
1970 年的《清洁空气法案》（Clean Air Act）。然而，当总统在商
务部设立全国工业污染控制委员会（National Industrial Pollution
Control Council）时，工业界在行政管理上获得了立足之地。该
委员会由顶级企业管理者组成，这标志着任何新的环境立法都
将面临来自政府的反对意见。[4] 例如，1972 年的《清洁水法案》
（Clean Water Act）在被总统否决后，由国会以三分之二多数
通过。

　　1970 年，尼克松签署了一项行政命令来夯实新设的美国环境
保护局（U.S. Environmental Protection Agency，简称 EPA）在联
邦层面上对污染情况进行督查。EPA 的成立，通常被认为是环境
监管上的重大进步，但没有任何立法阐述其使命。相反，它督查

[1] 该委员会取代了尼克松不久前已经设立的内阁级（由白宫控制的）"环境质量委员
会"（Environmental Quality Council）。James Rathlesberger, "Preface," in *Nixon and the
Environment: The Politics of Devastation.* New York: Taurus Communications, 1972, p. viii.

[2] *The Toxic Substances Control Act from the perspective of J. Clarence Davies*, interview
by Jody A. Roberts and Kavita D. Hardy in Washington D.C., 30 October 2009.
Philadelphia: Chemical Heritage Foundation, Oral History Transcript #0640. CEQ 成立
之初的另外两位成员是罗伯特·卡恩（Robert Cahn）和戈登·麦克唐纳（Gordon
J. MacDonald）。

[3] 时至 1981 年，当里根不愿支持"环境质量监督委员会"时，这个小组的年度报告已
变成"关于环境问题和趋势的极为有价值的信息源"。Samuel P. Hays, *Beauty, Health,
and Permanence: Environmental Politics in the United States, 1955−1985.* Cambridge:
University of Cambridge Press, 1987, p. 504.

[4] 尼克松反对环境措施的另一个证据是，他否决了《清洁水法案》，国会不得不推翻
他的否决，才使《清洁水法案》得以在 1972 年获得通过。Hays, *Beauty, Health, and
Permanence*, p. 58.

192

那些在不同时间、出于不同理由而通过的多种法律的实施情况。[1]
人们对该机构的一个期望是，它将对有毒化学品实施更为全面的
监管。《清洁水法案》和《清洁空气法案》规定了环境保护在水和空
气这两个方面的具体目标，但对现有的**地表上的**化学品监管仍然
高度碎片化。长期以来，工作场所中化学物质的含量一直按照私
营工业标准进行监管，在 1971 年之后，也由美国职业安全和健康
管理局进行监管。[2] 农药受《联邦杀虫剂、杀菌剂和灭鼠剂法案》
（Federal Insecticide, Fungicide, and Rodenticide Act，简 称 FIFRA）
制约，EPA 从美国农业部（United States Department of Agriculture，
简称 USDA）接手监管该法律的实施情况。施用农药的监管权被
从美国农业部中移出，这消除了联邦政府内部的重大利益冲突。[3]
食品添加剂和防腐剂及药物的安全性，受美国食品和药物管理局
（U.S. Food and Drug Administration，简称 FDA）的监督（在 EPA
成立后依然如此）。1972 年，美国消费品安全委员会（Consumer
Product Safety Commission）制定了安全标准并获得授权，在必要
时可对大约 15,000 种消费品进行强制召回。这些机构中的每一个

---

[1] J. Clarence Davies and Jan Mazurek, *Pollution Control in the United States: Evaluating the System.* Washington, DC: Resources for the Future, 1998, pp. 16. 此外，EPA 是美国政府机构 "行政管理与预算办公室" 的戴维斯（Davies）和科斯特利（Doug Costle）设计的，在他们提出的重组联邦机构的建议当中，作为一种独立的监管小组，类似于联邦通讯委员会或者州际商业委员会。这项建议被提交给尼克松和国会的立法者们。*The Toxic Substances Control Act from the perspective of J. Clarence Davies,* interview by Jody A. Roberts and Kavita D. Hardy in Washington D.C., 30 October 2009. Philadelphia: Chemical Heritage Foundation, Oral History Transcript #0640, p. 8.

[2] Jacqueline Karnell Corn, *Protecting the Health of Workers: The American Conference of Governmental Industrial Hygienists, 1938–1988.* Cincinnati: American Conference of Governmental Industrial Hygienists, Inc., 1989.

[3] 1969 年春季，美国农业部的农药监管部门因为安全规则不力而受到美国审计总署以及众议员政府间关系委员会的调查。Harrison Wellford, "Pesticides," in *Nixon and the Environment: The Politics of Devastation.* New York: Village Voice, 1972, pp. 145–162 (149 and 151).

都有自己的优先事项以及对于安全的科学标准，这导致了叠床架屋的监管权限，尤其是那些在不同类别产品中都被使用的成分。不在这些框架内的化学品，基本上不受美国联邦政府的监管。

在 20 世纪 60 年代，尤其是随着石化行业的发展，用作药物、农药、食品添加剂和消费品的化学品数量迅速增长。卡森的书让人们注意到，越来越多的化学污染物正进入环境中并造成危害；美国公众注意到，这些化学物质在癌症发病中可能起到作用，这并非空穴来风。实验室研究及对工人疾病的观察表明，工业化学品与人的癌症发病相关，癌症的发病率似乎在上升。[1] 到 20 世纪中叶，大多数医学研究人员认为癌症通常是由特定致病因子引起的，尽管在一些问题上还存在着争议，比如这些病原体或致癌物质是内源性的还是外源性的，它们是激素、病毒、化学物质、辐射还是其他实体。1964 年的一本教科书说：“没有致癌物就没有癌症，就像没有特定病原微生物就没有传染病一样。”[2]

作为回应，到 20 世纪 60 年代后期，美国联邦政府将因化学品而导致的癌症作为一个关键性的公共卫生问题。1968 年，美国国家癌症研究所推出了“化学致癌病源以及预防癌症计划”。在随后的几年中，该机构公布了一项推算，即多达 90% 的人类癌症是由环境因素导致的，其中最主要的原因是人们认识最深的合成化学品。[3] 正如美国国家卫生研究院院长罗伯特·斯通（Robert S.

---

[1] Christopher C. Sellers, *Hazards of the Job: From Industrial Disease to Environmental Health Science*. Chapel Hill: University of North Carolina Press, 1997.

[2] W. C. Hueper and Walter Donald Conway, *Chemical Carcinogenesis and Cancers*. Springfield, IL: Charles C. Thomas, 1964, p. 43.

[3] 这一说法通常被认为来自 J. Higginson, "Present Trends in Cancer Epidemiology," *Proceedings of the Canadian Cancer Conference* 8 (1969): 40−75。博伊兰（Boyland）走得更远，他认为 90% 的癌症是由于化学品引发的，见 E. Boyland, "The Correlation of Experimental Carcinogenesis and Cancer in Man," *Progress in Experimental Tumor Research* 11 (1967): 222−234。

194

Stone）在 1973 年宣布的那样："大多数已知的环境致癌物质，都是日益增多的农业和工业技术带来的结果。"[1] 然而，美国政府每年只能检测几十种化合物在实验室动物身上诱发癌症的情形。

按照当时许多生物学家的看法，致癌物质之所以能诱发癌症，是因为它们在体细胞内诱发突变。[2] 关于癌症病因的这种体细胞突变理论（许多相关假设中的一种）可追溯到 20 世纪初，但在 20 世纪 50 年代和 60 年代，关于电离辐射危害健康这一知识的推进为其提供了新证据。[3] 此外，受到美国原子能委员会支持的关于 DNA 损伤的新研究结果提供了一种有说服力的发病机制，证实了体细胞突变理论，并表明这一理论在辐射效应之外的领域也具有重要意义。橡树岭国家实验室的理查德·塞洛（Richard Setlow）关于能阻断 DNA 复制的、由辐射诱导的胸腺嘧啶二聚体的研究，是颇为典范的个案。[4] 此外，体细胞突变理论提供了一种将合成化学品与癌症风险连在一起的方式。人们认为，化学品和辐射一样在 DNA 层面上引发突变，并潜在地引发癌症。[5]

如果癌症可以被视为一种突变疾病，那么化学致癌物就是诱发突变的致病因子，即诱变因子。这一思路激发了伯克利的生化学家布鲁斯·埃姆斯（Bruce Ames）给菌株派上新用场的想法：当时他正在用沙门氏菌（Salmonella typhimirium）研究一种氨基

[1] Robert S. Stone, director of NIH, "The Role of an NIH Program on Carcinogenesis and Cancer Prevention," Presentation at the Second Annual Carcinogenesis Collaborative Conference, San Antonio, Texas, 1973.
[2] 参见 P. R. Burch, "Carcinogenesis and Cancer Prevention," *Nature* 197 (1963): 1145-1151。
[3] Angela N. H. Creager, "Radiation, Cancer, and Mutation in the Atomic Age," *Historical Studies in the Natural Sciences* 45 (2015): 14-48.
[4] Doogab Yi, "The Coming of Reversibility: The Discovery of DNA Repair Between the Atomic Age and the Information Age," *HSPS* 37, sup. (2007): 35-72.
[5] Scott Frickel, *Chemical Consequences: Environmental Mutagens, Activism and the Rise of Genetic Toxicology.* New Brunswick, NJ: Rutgers University Press, 2004.

酸（即组氨酸）的生物合成。埃姆斯回忆道："在 1964 年的某个时候，我读了薯片包装盒上的成分列表，并开始怀疑防腐剂和其他化学物质是否会对人类造成基因损害。"[1] 他和一位遗传学家汇集了这种细菌的数千个突变菌株，这些菌株不能制造自己的组氨酸。埃姆斯当时正在 DNA 层面上完成对这些众多的组氨酸生物合成突变进行分类，通过组合生物化学和遗传学知识发现这种突变是由改变单个碱基对引起的，而这种改变是由插入或移除一个碱基从而导致了错位或"移码"突变。[2]

　　他手头上的突变菌株提供了现成的测试材料，用以检测合成物质是否会引起突变。埃姆斯在 1967 年搬到伯克利后，为这个正在进行的项目寻求资助。他得到美国原子能委员会的支持，后者资助了很多关于电离辐射及化学因子造成 DNA 损伤的研究。又过了几年，埃姆斯培育出一些最具特色的突变菌株，可用于诱变因子或对诱发突变的物质进行检测。

　　检测由四个沙门氏菌的突变菌株组成，它们能把特定的 DNA 更改记为反向突变，也叫反向突变体。[3] 培养皿上有这些被培养的菌株之一，一份大鼠肝脏提取物，一份受检测的化学品，每个菌落（一个白色的点）代表了一个新的突变。（见图 8.1）这些

---

[1] Bruce N. Ames, "An Enthusiasm for Metabolism," *Journal of Biological Chemistry* 278 (2002): 4369–4380, quote on 4381.

[2] Bruce N. Ames and Harvey J. Whitfield, Jr., "Frameshift Mutagenesis in *Salmonella*," *Cold Spring Harbor Symposia on Quantitative Biology* 31 (1966): 221–225.

[3] 其中的三个菌株（原初编号 TA1531, TA1532, 和 TA1534）被设计为要发现移码突变原的不同种类。第四个菌株 TA1530 包含了一个碱基对的改变，这样就可以发现那些涉及到碱基替代的突变。这四个沙门氏菌菌株还有更进一步的基因改变，这些改变让细胞对大分子更具有渗透性，并消除了一些类别的 DNA 修复。Bruce N. Ames, Frank D. Lee, and William E. Durston, "An Improved Bacterial Test System for the Detection and Classification of Mutagens and Carcinogens." *Proceedings of the National Academy of Sciences* 70 (1973): 782–786.

196

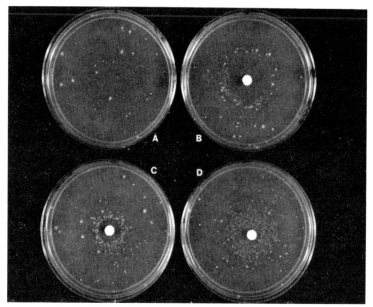

图 8.1 "埃姆斯检测"的图片。(A)自发的反突变体；(B)呋喃基呋喃酰胺（一种食品防腐剂）；(C)黄曲霉毒素 B1；(D) 2- 氨基芴。将 B、C 和 D 中的具有突变性的化合物放置到每个试验皿中心 6 毫米的滤盘上。每个培养皿都包含测试菌株的细胞，上面有薄膜薄覆。(此处使用的菌株是 TA98，通过向沙门氏菌测试菌株添加抗性转移因子而得到，突变体 hisD3052，这属于移码突变。) 此外，测试皿 C 和 D 含有从大鼠分离出来的肝微粒体激活系统。自发的或化合物诱导的反突变体，其中每一个都反映了一个突变情形，围绕着滤纸出现环状斑点

突变实际上修复了在原初突变中所损失的东西，因此，发生突变的细胞在没有先前要求的营养素（组氨酸）时可以生长。大多数突变体是由于暴露在培养皿上添加进的检测化学物质后才出现的。这意味着，一旦埃姆斯有了突变体集合，他就可以将其用于已知的突变原当中，检测每个突变原在 DNA 层面上引发了哪类改变。

　　添加在培养皿上的大鼠肝脏提取物让该检验的有效性变得异常突出。该提取物含有已知的可激活许多人体致癌物的酶，因此培养皿上的细菌遇到的物质，与在哺乳动物体内会遇到的情形一样。这样一来，埃姆斯就能检测到哺乳动物体内在力图消除化学品毒性时产生出来的代谢中间体。这些副产品经常比那些化学品本身更加危险。在更早时，曾经有过对于引起突变的化合物的细菌筛查，但是没能确定许多已知能在动物身上引发癌症的化学品。在埃姆斯的检测中，有更多的化学品被认定为突变原，这加强了"突变是由那些引发癌症的化学品造成的机制"这一想法。到 20 世纪 70 年代中期，埃姆斯的实验室显示，在 300 种化学品的样本中，90% 的沙门氏菌的突变原也是啮齿类的致癌物；89% 的动物试验致癌物，也是细菌性突变原。[1]

　　埃姆斯于 1970 年底在华盛顿特区举行的"评估药物和其他化学药剂的诱变性研讨会"上首次展示了他的突变原测试菌株。在该研讨会上，研究人员介绍了最新的检测突变性的方法——用于

---

[1] Joyce McCann, Edmund Choi, Edith Yamasaki, and Bruce N. Ames, "Detection of Carcinogens as Mutagens in the *Salmonella*/Microsome Test: Assay of 300 Chemicals." *Proceedings of the National Academy of Sciences* 72 (1975): 5135–5139; Joyce McCann and Bruce N. Ames, "Detection of Carcinogens as Mutagens in the *Salmonella*/ Microsome Test: Assay of 300 Chemicals: Discussion." *Proceedings of the National Academy of Sciences* 73 (1976): 950–954.

检测人群当中的突变率。埃姆斯对沙门氏菌的试验是会议上发表的最有前景的微生物检测方法。其他研究人员正在尝试着采用肌体组织培养中的哺乳动物细胞来开发实验室检测，它们也许能比细菌更好地代表人体细胞，但是这些研究没能像埃姆斯的沙门氏菌检测系统发展得那么快。[1]

以埃姆斯冠名的检测方法（该项检测方法得到进一步开发，在 1973 年正式发表）有赖于两个关键性假设。首先，正如埃姆斯所言，每种致癌物质都是一种突变原。在这种观点下，接触到环境中的突变原能诱发人类癌症。直到今天，"体细胞突变理论"的癌症源起说法仍然是癌症生物学的主要框架，尽管也不乏对此的批评。[2] 其次，微生物是合适的检测突变性的模式生物，因为它会出现在人的细胞当中。虽然埃姆斯承认这乍一看也许显得"荒谬"，但他强烈捍卫使用微生物作为人类代理："细菌的 DNA 具有双螺旋结构以及同样的四个核苷酸，这与一切生物体中的 DNA 结构都相同，因此，认为大肠杆菌 DNA 的突变原也是动物 DNA 突变原，这是合乎逻辑的。通常，高级生物体的突变原也是细菌的突变原。超过一半的细菌突变原也对动物有致癌性。"[3]

埃姆斯快速而廉价的检测成为毒理学和环境科学的主要工具，已经被使用了数十年。到 2010 年，超过 10,000 份科学出版物报告

[1] 哈里斯（Harris）在提到这些尝试时，没有提到研究者的名字，只是说"如今有若干个实验室在开发这一检测程序，对肌体组织培养中对哺乳动物细胞的基因分析可以做到像细菌分析一样容易"。"Mutagenicity of Chemicals and Drugs," *Science* 171 (1971): 52.

[2] Carlos Sonnenschein and Anna M. Soto, *A Society of Cells: Cancer and Control of Cell Proliferation.* Oxford: BIOS Scientific Publishers, 1999.

[3] Maureen Harris, "Mutagenicity of Chemicals and Drugs," *Science* 171 (1971): 51–52. [*op cit.*]

的研究结果使用了埃姆斯检测。[1] 它也被广泛用于工业当中。制药公司利用它来识别潜在的致癌药物。自 1962 年以来，美国食品和药物管理要求对所有新药进行严格的上市前检测，并且要求这些新药在进行昂贵的动物试验之前能够识别可能的致癌物质，这对企业界有利。有一段时间，科学家和政府官员都寄希望于广泛使用埃姆斯检测，以便全面筛查和监管化学品，减少甚至消除因暴露于有毒物质而导致的癌症。美国政府的筛查计划不够广泛，不足以提供市场上化学品领域的相关数据：美国国家癌症研究所每年从在美国常用的 63,000 种化合物中筛选出大约 100 种进行检验。对每一种化合物的检验，都需要数年的时间、数百只啮齿动物以及数十万美元。

　　相比之下，埃姆斯检测快速而廉价。他自己的实验室，在短短几年内检测了 300 种化合物。通过这些测试，埃姆斯及其同事确定了一种可能致癌的新型食品防腐剂，以及一种被置入儿童睡衣的阻燃剂（Tris）。在毒理学家发现这种阻燃剂也能在啮齿类动物中引发癌症之后，它在 1977 年 4 月被禁止使用。[2] 卷烟烟气冷凝物和一些染发剂也被鉴定为能引发癌变。[3] 埃姆斯意识到，他的检测手段可以是一种能突破动物试验检测瓶颈的解决方案。

[1] Larry D. Claxton, Gisela de A. Umbuzeiro, and David M. DeMartin, "The *Salmonella* Mutagenicity Assay: The Stethoscope of Genetic Toxicology for the 21st Century," *Environmental Health Perspectives* 118 (2010): 1515−1522.

[2] Arlene Blum and Bruce N. Ames, "Flame-Retardant Additives as Possible Cancer Hazards." *Science* 195 (1977): 17−23; Arlene Blum et al., "Children Absorb Tris-BP Flame Retardant from Sleepwear: Urine Contains the Mutagenic Metabolite, 2,3-Dibromopropanol." *Science* 201 (1978): 1020−1023.

[3] Larry D. Kier, Edith Yamasaki, and Bruce N. Ames, "Detection of Mutagenic Activity in Cigarette Smoke Condensates." *Proceedings of the National Academy of Sciences* 71 (1974): 4159−4163; Bruce N. Ames, H.O. Kammen, and Edith Yamasaki, "Hair Dyes are Mutagenic: Identification of a Variety of Mutagenic Ingredients," *Proceedings of the National Academy of Sciences* 72 (1975): 2423−2427.

200

埃姆斯向任何研究人员免费提供他的检测菌株，希望它们得到利用，无论研究者来自学术界、政府还是工业界。到 20 世纪 70 年代后期，已有 2000 多个实验室请求获得他的沙门氏菌菌株，以便进行环境诱发突变源起的研究。[1]特别值得注意的是，私营部门大力接受这一检测方法。到 1976 年，75 家工业公司和制药公司在使用埃姆斯检测。其中包括食品和饮料公司（如 Gallo，Gerber，General Foods，Hunt-Wesson），烟草公司 Philip Morris，消费品公司（包括 Armor-Dial，Dow-Corning，Clairol，Gillette，Goodyear，Jergens，Mead-Johnson，Revlon，Upjohn 和 Westinghouse），以及许多化学公司和制药公司（其中包括 Abbott，American Cyanamid，Ciba-Geigy，Cutter，Dow，Dupont，Hoffman-La Roche，Lederle，Merck，Monsanto，Searle，Squibb，Syntex，Standard Oil，Wyeth）。[2]埃姆斯认为，这是一种对公司特别有用的检测方法，可在产品开发早期确定那些能诱发突变的化合物。正如麦卡恩（McCann）和埃姆斯解释的那样，借助这个工具"一家公司应该能够用相对少的时间或金钱花费，通过淘汰那些可能会带来这类健康危害的产品线，从长远来看会节省大量资金"。根据埃姆斯的说法，美国的化学公司杜邦公司决定不生产两种氟利昂推进剂，因为在使用埃姆斯的沙门氏菌进行检测时，发现它们有诱发突变的可能。[3]正如吉纳·寇拉塔（Gina Kolata）在《科学》杂志上观察到的那样："这导致了一种不可思议的情况，各行业都在暗中支持这些检测手段。与此同时，科学家和立法者也考虑是否应该强

[1] Bruce N. Ames, "Identifying Environmental Chemicals Causing Mutations and Cancer," *Science* 204 (1979): 587–593.
[2] Bruce N. Ames papers, Bancroft Library, University of California, Berkeley MSS 2000/44, box 23, folder 5 Ames Evolution of Form Letter.
[3] Ames, "Identifying Environmental Chemicals," note 28, p. 593n21.

迫公司做这些检测。"[1]

正如这段引文所表明的，在埃姆斯的菌株被送往实验室和公司的这些年里，美国政府正在强化化学品监管的新法规。我已经提到尼克松总统的环境顾问（如罗素·特雷恩）如何指导这位共和党总统制定几项关键性的环境法律，并让环保局成为独立机构。从一开始，尼克松的"环境质量监督委员会"就把有毒化学品作为人类健康问题的困扰之源，并主张对化学品进行更全面的监督。到 1970 年 12 月，尼克松的一位下属和一名共和党律师起草了一项名为《毒性物质控制法案》（Toxic Substances Control Act，简称 TSCA）的法案。[2] 他们的立法草案勾画了一项联邦计划，以识别和监管有毒物质的名义，对所有化学品进行系统监管和数据收集。[3] 这条法律旨在对当时市场上超过 60,000 种的化学品进行全方位监管。不过，它没能纠正条块分割的问题，豁免了由其他二十多项联邦法律监管的那些材料（比如，杀虫剂和药品）。[4] 不管怎样，它还是反映了一种化学品监管的新设想。正如一位工业

[1] Gina Bari Kolata, "Chemical Carcinogens: Industry Adopts Controversial 'Quick' Tests," *Science* 192 (1976): 1215-1217, on p. 1215.

[2] 1970 年，CEQ 经由"环境质量办公室"获得人力支持。Council on Environmental Quality, *Environmental Quality: The First Annual Report of the Council on Environmental Quality.* Washington, DC: Executive Office of the President, 1970, pp.2. 戴维斯此前是"预算和管理办公室"环境计划的首席检查官。他后来离开政府，去普林斯顿大学的罗·威尔逊公共事务与国际事务学院任教，在那里写了一本有影响的著作《污染的政治》（*The Politics of Pollution*），后来被召回华盛顿，在 CEQ 中负责化学品监管政策。*The Toxic Substances Control Act from the perspective of J. Clarence Davies*, interview by Jody A. Roberts and Kavita D. Hardy in Washington D.C., 30 October 2009. Philadelphia: Chemical Heritage Foundation, Oral History Transcript #0640; J. Clarence Davies, *The Politics of Pollution*. New York: Pegasus, 1970.

[3] Council on Environmental Quality, *Environmental Quality: The Third Annual Report of the Council on Environmental Quality.* Washington, DC: Executive Office of the President, 1972, p. 20.

[4] "A Bill: The Toxic Substances Control Act of 1971," in Council on Environmental Quality, *The President's 1971 Environmental Program*. Washington, DC: US Government Printing Office, 1971, pp. 146-162, on p. 153.

202

评论人指出的那样："《毒性物质控制法案》是看待环境问题的新方式，一种系统的、全面的方法，不局限于按照毒性物质所在之处分类，如在空气中或者水中。法案考虑的是潜在的有毒物质的流动，从它们的起源经由使用直到存放。"[1] 不过，这条法案最终变成了保护现有化学品生产、限制环保局对新产品采取行动的法律。

该项立法的特别宗旨，在于监管那些在长期和慢性接触后会带来不利影响的化学品——尤其是那些诱发癌症、先天缺陷和遗传性突变的物质，以免它们在急性毒性检验中被漏掉。如何识别这些有毒化学品？如前所述，市场上已有 60,000 种化学品，每年还推出 1000 种左右。第一份法案草案授权环保局建立自己的实验室进行检验和监测，但没有将检验的负担完全放在政府身上。相反，它授权环保局要求公司报告现有化学品的某些数据，包括健康和环境测试数据。[2] 法案草案中规定，那些寻求将新化学品推向市场的公司必须首先证明，这些产品符合某些健康和环境测试标准。[3]

这种市场准入之前的要求非常不受工业界的欢迎，代表其利益的是商务部以及他们自己的行业协会和游说者。在尼克松政府于 1971 年 2 月 11 日向国会提交法案之前，商务部的律师就剔除了其生产前的检测要求。[4] 然而，检测仍然是修订后

[1] George W. Ingle, "Backgrounds, Goals, and Resultant Issues," *TSCA's Impact on Society and the Chemical Industry*, ed. George W. Ingle. Washington, DC: American Chemical Society, 1983, pp. 1-6, on p. 2.
[2] "A Bill: The Toxic Substances Control Act of 1971", section 206.
[3] Letter from William D. Ruckelshaus to Spiro T Agnew, Carl B. Albert, published with transmission of draft bill, *ibid.*, pp. 144-145.
[4] 按照戴维斯的说法，商务部的总顾问詹姆斯·林恩（James T. Lynn）被指定与他一起重写法案，将进入市场前的监管权限删除。*Toxic Substances Control Act from the perspective of J. Clarence Davies*, pp. 10-11.

的法案的焦点，并且贯穿在《毒性物质控制法案》的长时间酝酿当中。[1] 当时人们认为这项法案主要是一种机制，美国联邦政府借此要求"制造者和加工者检验某种物质对健康和环境的影响"。[2]

　　事实证明，工业界的持续反对几乎使立法未能实现。在接下来的四年中，两次发生了这样的事情：法案的不同版本被国会的参、众两院通过，而后在审议过程中（即"在委员会中"）被毙。与此同时，"水门事件"丑闻消耗着尼克松的总统任期（最终导致尼克松本人辞职）并中止了立法。如果没有 1975 年一桩因毒性物质排放而引发的新丑闻，这非常可能就是化学品全面监管的结束。这一年，弗吉尼亚州化学工厂的数十名工人出现开蓬（即十氯酮，该工厂生产的一种带有神经毒性的农药）中毒症状。[3] 美国第 94 届国会的各委员会于是重拾《毒性物质控制法案》，并举行听证会。

　　《毒性物质控制法案》的支持者现在指出，新一代针对致癌性的短期生物检测方法也许可用于筛查有害物质，甚至包括已经投放到市场上的数以万计的化学品。正如国会关于立法的报告所指出的那样："由加州大学伯克利分校的布鲁斯·埃姆斯博士开发的沙门氏菌检测方法能非常好地说明问题，该项检测方法现在可用于筛查化学品的致癌性质，并且大大降低了这种筛查所需的费用

---

[1] John Quarles, *Cleaning Up America: An Insider's View of the Environmental Protection Agency.* Boston: Houghton Mifflin Company, 1976. 夸尔斯（Quarles）曾经是 EPA 的一位官员，如他所说（第 165 页），1971 年 2 月通过的法案是要"给 EPA 提供授权，要求在化学品进入市场之前进行检验"。

[2] Kevin Gaynor, "The toxic Substances Control Act: A Regulatory Morass," *Vanderbilt Law Review* 30 (1977): 1149–1196, on p. 1180.

[3] Michael R. Reich and Jacquelin K. Spong, "Kepone: A Chemical Disaster in Hopewell, Virginia," *International Journal of Health Services* 13 (1983): 227–246.

和时间。"[1] 在众议院对立法提案的辩论中，埃姆斯检测也多次被提及。例如，一项拟议的修正案要求环保局在提供适当的替代方案时，要优先考虑非动物试验，如果替代方案基于可采用埃姆斯检测以及另外一种使用哺乳动物细胞培养的致癌性体外检测。这些测试不仅可以挽救无数实验动物的生命，而且更快更廉价。提议修正案的国会议员奥廷格（Ottinger）指出："检测致癌物质的动物试验，平均费用水平为 150,000 美元，在平均三年的时间内使用 400 只动物。非动物的埃姆斯检测费用为 500 至 750 美元，可在两天内完成。我提到的哺乳动物细胞检测费用在 1,000 到 3,000 美元之间，需要三至六周。"[2] 这项修正案（未通过）引发了关于动物试验必要性的激烈辩论。

美国政府表示得很清楚，《毒性物质控制法案》的某一版本需要被通过，以平息丑闻所带来的政治压力，因此一群工业界人士开始与国会工作人员敲定细节。[3] 作为这些公司律师之一的詹姆斯·T. 奥莱利（James T. O'Reilly）指出："回头去看，这是一次非常有效的游说活动，以至于《毒性物质控制法案》的效力远远低于其发起者所希望看到的效果。"[4] 对工业界的关键让步围绕着检测——是否要求进行检测、谁进行检测，以及是否必须披露检测

---

[1] "Toxic Substances Control Act, Report together with Supplemental and Minority Views," 94th Congress 2nd session, in Library of Congress, Environment and Natural Resources Policy Division, *Legislative History of the Toxic Substances Control Act.* Washington, DC: U.S. Government Printing Office, 1976, p. 413.

[2] 同上引，第 562—563 页。

[3] 正如 EPA 的出版物中指出的那样："到了最后，是国会的雇员及化学公司的华盛顿雇员商榷出来的妥协法案最终被通过。""The Toxic Substances Control Act: History and Implementation," appendix to US EPA Office of Pollution Prevention and Toxics, *Chemical Assistance Manual for Premanufacture Notification Submitters,* EPA744-R-97-003, p. 107.

[4] James T. O'Reilly, "Torture by TSCA: Retrospectives of a Failed Statute," *Natural Resources & Environment* 25 (2010): 43–44 and 47, on 43.

结果。最终，该法案于 1976 年 9 月 28 日在国会通过，并于 1976
年 10 月 11 日由福特总统签署成为法律。

　　总体而言，这一新法律依赖于程序障碍，使环保局难以履行
其规定的监管有毒化学品的职责。这些障碍并非疏忽，而是与制
造化学家协会（一个商业团体）达成妥协，以制定一个他们所代
表的美国化学工业可接受的法案。实际上帮助撰写这些条款的行
业律师奥莱利说："1976 年的《毒性物质控制法案》包含如此多含
糊不清且前后不一致的用语，其支持者注定会感到沮丧。"[1]他将
该法案称为"一个失败的法令"，并试图将该法案解释为"折磨"。
法律学者凯文·盖纳（Kevin Gaynor）在该法律通过后不久对其
进行分析并称其为"监管混乱"。甚至其"确保安全数据透明度"
的条款也变成"死板的程序手铐"。[2]这是一项安抚工业界、限制
环保局监管行动的法规。

　　《毒性物质控制法案》授权环保局审查现有化学品（已经商业
化开发的化学品，当时大约 60,000 种）和新的商业化学品（每年
约 1000 种），但监管程序完全不同。对于**现有**化学品，环保局负
责监管那些对人类健康或环境构成"不合理风险"的化学品。工业
部门被要求报告所有计划生产的化学品。环保局可以要求公司测
试其化学品给健康和环境造成的影响并提交数据。但为了（1）要
求新的检测或（2）从制造商那里获得某一化学品的现有数据，环
保局必须发布条例。[3]在"行政程序法"下，与条例制定相关的程
序性负担很高，包括提供公众和行业介入的机制，例如非正式听

---

[1] 同上引，第 43 页。
[2] Gaynor, "The Toxic Substances Control," *Vanderbilt Law Review* 30 (1977): 1151.
[3] 请注意到这一点，让 EPA 可以为检测要求发布条例的条款源自法案的不同部分。要
　　求实行和报告检测的条例在 15 USC 2603 部分；要求提交公司拥有的检测数据的条
　　例在 15 USC 2607 之下。

证会。此外，法案要求该机构认定当前数据不充分，检测是必要的，并且该化学品确实构成了"不合理的风险"。因此，一项条例可能需要数月到数年才能发布，该过程使机构损失几十万美元。[1] 毫不奇怪，从 1976 年到 2009 年，环保局发布条例要求检测的市场上的化学品只有 200 种。

根据该法案对新化学品的规定，公司必须在生产前至少 90 天向该机构提交通知，以便环保局审查并采取可能的行动。根据环保局关于法案的历史记录，"化学工业代表后来表示，他们同意生产前通报（这在最终法案中得以保留）以换取减少报告的条文"。[2] 从行业的角度来看，关键问题是：生产前预先通报的到底是什么。正如一位工业科学家所指出的那样，通报内容"包含充分的关于新化学品的制造、使用和生物学信息，以便环保局进行危害评估"。[3] 如果没有这些数据，或者数据表明"对健康和环境造成不合理的风险"，环保局可以延长审查期限，要求制造商提交进一步的信息，限制产品使用的性质，或阻止该化学品进入美国市场。该法律的结果不会激励化学公司使用埃姆斯检测（或任何毒性检测），于是他们不必报告结果。

里根政府反对监管的政策和司法任命，夯实了《毒性物质控制法案》作为监管失败的轨迹。"不合理的风险"要求控制健康和环境风险屈从于成本效益分析。一部分的原因在于很难将不排放

---

[1] John Stephenson, U.S. Government Accounting Office, "Chemical Regulation: Options for Enhancing the Effectiveness of the Toxic Substances Control Act," Testimony before the Subcommittee on Commerce, Trade, and Consumer Protection; Subcommittee on Energy and Commerce; House of Representatives, released 26 Feb 2009, pp. 5-6.

[2] "The Toxic Substances Control Act: History and Implementation," *Chemical Assistance Manual for Premanufacture Notification Submitters*, EPA 744-R-97-003, p. 107.

[3] W.C. Jaeschke, "Issue of the Day: Toxic Substances Control Act," *Research Management* 21.1 (1978): 15.

的益处量化。环保局在当时（现在依然如此）特别难以证明，在该法案下消除风险的收益会超出更易于核算的经济成本。在环保局面临的法律挑战中，最为突出的是其 1989 年颁布的"石棉禁令和逐步淘汰规则"所遭受的命运，该规则旨在将大多数含有石棉的产品从市场中撤出。工业界成功地对这一规则提出质疑，1991 年美国上诉法院宣布该规则无效，环保局负责人拒绝对此判决提出上诉。[1] 这一失败导致环保局的毒性物质办公室去聚焦那些自愿性质的工业计划，甚至大多数政府官员和工业界领袖都将《毒性物质控制法案》视为一项被取消的法规。

　　低成本、速度快的埃姆斯检测的研发，可以筛查所有商业化学品，以确定潜在的危害。正如 1977 年的《美国经济评论》中所指出的那样，即使每年推出的大约 6000 种新化学品都使用埃姆斯检测，所需花费仅为 300 万美元，"是美国国家卫生研究院研究人员花在寻找显然不存在的（致癌）病毒上的费用的一小部分"。[2] 据这些作者所言，出于经济上的理由，至少筛查新化学品中的突变原并不是不符合理性。但是，美国通过的《毒性物质控制法案》有效地挫败了这一前景。其主要原因在于对该法案最终表述的磋商：该法案将化学品安全性（至少在涉及慢性健康问题和环境影

---

[1] Corrosion Proof Fittings, et al., Petitioners, v. the EPA and William K. Reilly, Administrator, Respondents, 1991.

[2] Allen V. Kneese and William D. Schulze, "Environment, Health, and Economics-The Case of Cancer," *The American Economic Review* 67 (1977): 326–332, on 328. 也许这里指的是美国国家健康研究院 / 国家癌症研究所为响应尼克松对癌症宣战的号召，而花大力气去确定癌症病毒。参见 Nicholas Wade, "Special Virus Cancer Program: Travails of a Biological Moonshot," *Science* 174 (1971): 1306–1311; Robin Wolfe Scheffler, *A Contagious Cause: The American Hunt for Cancer Viruses and the Rise of Molecular Medicine.* Chicago: University of Chicago Press, 2019。

响）的举证责任放到政府方面，尽管环保局的解释和实施也促成了这一结果。虽然该法案建立了所有商业化学品的登记清单，但它没有公布这些材料对健康和环境影响的数据。而且，很多数据根本就不存在。

比较一下美国国内和国际的情况就可以看到，这种检测的缺位并非必然的结果。美国的药品受美国食品和药物管理局监管，工业界有举证责任，以证明新产品的安全性和有效性。该领域的科学家告诉我，埃姆斯检测在药物研发中曾经被常规性地使用，甚至普遍如此，直到新近的体外基因毒性检测取而代之。通常，对于基因毒性检测（通过埃姆斯检测或者随后的体外检测）呈阳性的物质，会被排除在进一步的产品开发之外。（化疗药物通常例外，因为许多药物都具有基因毒性，也因为这些药物对癌症患者的益处通常超过了风险。）这种筛查明显影响了市场上的药物。一项研究表明，市售药物的突变原检测呈阳性的比率要低于商业化学品（前者为7%，后者为20%），作者将这种状况归因于广泛的早期筛查消除了带有突变原的化合物。[1] 美国食品和药物管理局所做的是，发布了突变原检测指南并把这些数据作为药品登记的一部分而定期审查，而对基因毒性的全面评判是药品登记所要求的。[2]

第二个例子来自大西洋彼岸。当《毒性物质控制法案》在美国通过并实施之时，欧洲经济共同体（European Economic

[1] Larry D. Claxton, Gisela de A. Umbuzeiro, and David M. DeMartin, "The *Salmonella* Mutagenicity Assay: The Stethoscope of Genetic Toxicology for the 21st Century," *Environmental Health Perspectives* 118 (2010): 1515–1522.
[2] E.g., "Guidance for Industry: S2(R1) Genotoxicity Testing and Data Interpretation for Pharmaceuticals Intended for Human Use," https://www.fda.gov/downloads/drugs/guidances/ucm074931.pdf.

Community，简称 EEC）采用了一种监管体系，要求面对欧洲市场的产品，在预制造声明的申请中要求有强制性的检测结果。经济合作与发展组织（Organisation for Economic Co-operation and Development，简称 OECD）的化学品小组正在努力确定应在"市场准入前最低数据"中包含哪些内容，要求进行哪些一系列检测。在 1982 年 12 月的经合组织会议上，美国投票反对将这些检测纳入经合组织国家市场准入前审查的要求当中。[1] 我还没来得及探讨"市场准入前最低数据"评审过程如何在当时的欧洲经济共同体中发挥作用。但是，它的存在就足以表明，实现检测要求是可能的，即使在化学工业强大的地区也不例外。

这并不意味着，对市场上的所有化学品，甚至那些即将进入市场的化学品都进行强制性的埃姆斯检测，就是毒性物质监管的快速解决方案。从目前的观点来看，这样的筛查识别不出某些类别化学品的危害，尤其是它们对内分泌的干扰。[2] 即使在当时，关于埃姆斯检测的有效性也存在许多技术问题，如果让它获得监管地位的话，这些问题就会尤为突出。1978 年，帝国化学工业公司的毒理学中心实验室的约翰·阿什比（John Ashby）和 J. A. 斯泰尔斯（J. A. Styles）给《自然》（Nature）写信，表达对于利用沙门氏菌突变原检测方法来确定潜在的致癌物这一做法在科学上有所保留。[3] 他们随后列出了 14 个埃姆斯检测结果的不同来源，

[1] Statement of Michael Gough, Senior Associate, Office of Technology Assessment, United States Congress, 29 Jul 1983, *Toxic Substances Control Act Oversight*, p. 190.
[2] Sarah A. Vogel, *Is It Safe? BPA and the Struggle to Define the Safety of Chemicals*. Berkeley: University of California Press, 2013.
[3] 阿什比和斯泰尔斯指出，作为埃姆斯检测之关键成分的肝微粒体提取物在酶成分方面尚未达到足够的标准化水平，无法定量预测其结果。他们还注意到结果上的变异（多达 100 倍），具体取决于肝脏 S9 组分是来自小鼠、大鼠还是豚鼠，这表明代谢激活系统是因物种而异的。John Ashby and J. A. Styles, "Does Carcinogenic Potency Correlate with Mutagenic Potency in the Ames Assay?" *Nature* 271 (1978): 452–455.

包括使用的菌株、非诱变试剂的添加以及计数菌落、记为阳性结果的方法。[1] 这些专家得出的结论是：埃姆斯检测更适合作为"早期预警系统，而不是对动物以及人体致癌物的最终仲裁者"。[2] 但鉴于这种突变原检测相对便宜，这并非不可行的解决方案。正如斯蒂文·杰利内克（Steven Jellinek）从他作为环保局负责农药和毒性物质助理局长的角度回顾的那样："一个阳性的诱发突变原检测，你知道这表明此处可能有问题，但是没有人会因此而放弃一种现存的主要化学品。但这肯定应该足以让他们做更多的检验，当然这需要三到五年。"[3]

归根结底，美国商业化学品没有被广泛地筛查其健康和环境影响，这一事实与《毒性物质控制法案》的通过和实施密切相关。正如几乎同名的歌剧《托斯卡》（*Tosca*，与《毒性物质控制法案》的缩写 TSCA 读音近似）的情形一样，随折磨而来的是不愉快的结局。到了 21 世纪最初十年，甚至工业界也对《毒性物质控制法案》感到困扰不堪，倡导对其进行改革。2016 年 6 月 22 日，

---

[1] John Ashby and J. A. Styles, "Factors Influencing Mutagenic Potency *In Vitro*," *Nature* 274 (1978): 20−21.

[2] Ashby and Styles, "Does Carcinogenicity Potency Correlate with Mutagenic Potency in the Ames Assay," p. 452. 也参见 "ICI Toxi-cologists Sound Note of Caution on Ames Test," *European Chemical News*, 17 Feb 1978, p. 24. 关于验证埃姆斯检测并将其用于监管决策涉及到的技术问题，已有大量相关研究成果。由环境诱变因子学会国际联合会的科学家于 1977 年成立的"国际抵制环境诱变因子和致癌物委员会"（ICPEMC）发表了许多报告和新闻通讯，探讨了体外检测用于监管上的优势和问题。该小组一直积极活动，直到 1996 年。参见 Paul H. M. Loman, "International Commission for Protection Against Environmental Mutagens and Carcinogens: A Historical Perspective," *Mutation Research* 511 (2002): 379−381。

[3] The Toxic Substances Control Act from the perspective of Steven D. Jellinek, interview by Jody A. Roberts and Kavita D. Hardy at the Chemical Heritage Foundation, Philadelphia, PA on 29 January 2010. Philadelphia: Chemical Heritage Foundation, Oral History Transcript #0653, p. 16. 杰利内克所说的更多检测，似乎指的是动物检测。

《21 世纪弗兰克·劳滕贝格化学品安全法》(Frank R. Lautenberg Chemical Safety Act for the 21st Century) 对《毒性物质控制法案》进行了修订，尽管那年秋季的大选给环保局带来改变。在新政府下，经过改进的《毒性物质控制法案》似乎主要旨在加强消费者对化学品的信心。[1]

（吴秀杰 / 译）

---

[1] 参见 https://www.epa.gov/newsreleases/epa-marks-chemical-safety-milestone-1st-anniversaryl-autenberg-chemical-safety-act。

评　议　对于科学的历史回顾

一、科学与人生观

　　整整一个世纪以前，具体说来是自 1923 年 2 月开始，中国知识界爆发了大规模的"科玄大论战"。这场围绕着"科学与人生观"的大争辩，至少持续了两年之久，而卷进了此一战团的一应学者，先有张君劢、丁文江两位，后有梁启超、吴稚晖、胡适、林志钧、梁漱溟、任鸿隽、章演存、朱经农、唐钺、范寿康、王星拱、孙伏园、林宰平、张东荪、陈独秀、邓中夏、瞿秋白等人。而且，又不光是为时如此之久、规模如此之大、波及如此之广，甚至于，即使从整部中国现代思想史来看，这也属于一次相当难得的、真正碰触到了学理的讨论。职是之故，这一场围绕着"科学－玄学"之轴的争论，又是一次产生了重大历史影响的交锋，因为一旦走过了这一道分水岭，虽说也还存在许多内部的细部划分，乃至外部的犬牙交错，中国思想界已可大体划分为两派，要么就属于左祖或同情"科学"的一侧，要么则属于右祖或同情"玄学"的另一侧。再进一步说，既跟洋务时代所谓的"中体"或"西用"不同，也同五四时代所谓的"旧学"或"新知"不同，这两派到了此时所援引的思想资源，都只是来自外部的、遥远的西方了，无非一个在主张或信仰舶来的"科学"，另一个在主张或信仰舶来的"玄学"罢了。

既然这样，即使只是根据前面给出的名单，我们也应能意识到此后的历史效应了。正如郭颖颐早就对此梳理过的：

> ［科玄］论战后的几十年中，唯科学主义增强了而不是减弱了。由于过去 30 年中唯科学主义的因素，思想和情感对"科学作为教条"的依附在规模上增加了，并成为这一时代思想界占统治地位的主题。"科学崇拜"是三四十年代这种现象扩大的绝妙写照。科学随着新的科学学术（自然科学和社会科学，但后者与其说是实际的不如说是观念的）的成熟而更加流行。而纯粹由于 20 年代后期一些事件的力量，把已经存在的感情煽成一种强烈的实验主义情绪。[1]

也正是沿着这种截然坠落的路线，我才曾经把由此导致的立场转变，概括为一位"先生"对另一位"先生"的背叛：

> 有了上述回顾的基础，眼下若再从思想史的角度追问，那场以追求个性解放为初始动机的五四运动，为什么最终转变成了集体主义运动的温床，就不难逼出如下答案：它首先为中国培养出了大批科学主义者，从而为历史决定论准备好了心悦诚服的受体。由此不无反讽的是，尽管人们

---

[1] 郭颖颐：《中国现代思想中的唯科学主义（1900—1950）》，雷颐译，南京：江苏人民出版社，2010 年，第 131 页。

迄今仍不假思索地并列五四两大口号，但在当年那个思想
陡转点上，倘非受到了"赛先生"的强烈吸引，那些过激派
人物就不会片刻背叛"德先生"。[1]

　　不过，就算是"科学派"曾经造成过很大的偏差，就算是"玄
学鬼"也曾遭受过很大的压抑，可真到了时过境迁、妇孺皆知之
后，我却不愿只来倡导一次简单的、报复性的反转，或者说，只
是简单地让"左袒"的立场再"右袒"过来。在我看来，其实那次
"科玄大论战"的深层问题，原本就在于造成了一种截然的二分
法，由此便只让"恺撒的归恺撒，上帝的归上帝"了。正因为这
样，如我前不久才发笔写到的，若也从"玄学派"这一侧来平心检
讨，那么，"它造成的被动之一就表现在，它从此便在中国的现代
学人中间，判然划分了'科学派'和'玄学派'，致使那些所谓的
'玄学鬼'们，或者那些自信更懂哲学的人士，自此之后也就一门
心思地认定了，'科学理性'囿于自身的'有限性'，已完全无干
于我们的'人生观'了。其中的理由在于，后者总是既要涉及'生
活态度'又要涉及'无限认知'的；而我们对于前者，却只能归咎
于直觉的'心理'，我们对于后者，也只能归咎于盲目的'起信'。
由此一来，整个的生活世界也就完全割裂开来，所以如果借用王
国维当年的说法，也就可被分解为'可爱的'和'可信的'了。这
就使我们对于那些'可爱而不可信'的，也只能去姑妄言之姑听
之，和姑妄听之姑信之了，由此便也只能让自己惶惑的心灵，总
是陷于将信将疑、半信半疑的分裂状态"。[2]

---

[1] 刘东：《文革样板戏中的性禁忌》，未刊稿。
[2] 刘东：《孔子十章》，未刊稿。

回想起来，当年率先挑起了那次论战的张君劢，同样率先亮明了这种截然的"二分法"。比如，在介绍德国哲学家倭伊铿（Rudolph Eucken）时，他就挑明了两种完全不同的治学类型，即既有所谓"以思为出发点者"，也有所谓"以生活为出发点者"：

> 以思为出发点者，以思为唯一根据，故重理性（reason）、重概念（idea）。以论理学上之思想规则、与夫认识论为其独一无二之研究方法。盖此派以为欲求真理，舍思想末由焉。以生活为出发点者，以为思想不过生活之一部，欲求真理，舍自去生活（*Erleben*）而外无他法，故重本能（instinct）、重直觉（intuition）、重冲动（impulse）、重行为（action）。换言之，真理不在区区正名定义，而在实生活之中是矣。[1]

而到了现在，也正是沿着这样的基本理解，即使"科学派"的偏差已属令人皆知，然而眼下又逐渐复活起来的"玄学派"，也还是基于这种判然的"二分法"，或者说，是基于某种类乎新康德主义的分裂立场。

走笔到了这里，也就有必要针对这样的"二元分裂"，来援引新一代法国哲学家甘丹·梅亚苏（Quentin Meillassoux）的看法了，他曾经一针见血地把这种"互不相干"，给定义为流传很广又影响很坏的"相关主义"。而根据他在《有限性之后》一书中的批判，这种"相关主义"的最大要害之处就在于，"它指出认为主体性与客体性是可以作为相互独立的两个领域来进行思考的观点是

---

[1] 张君劢：《倭伊铿精神生活哲学大概》，《中国近代思想家文库·张君劢卷》，北京：中国人民大学出版社，2014年，第49页。

无效的。我们不仅需要坚持认为，客体'本身'，也即孤立于与主体关系的客体'本身'，是我们永远无法把握的，我们还需强调，主体总是且已经与客体相关联，这之外的主体也是我们永远无法把握的"。[1]进一步说，在这位新锐的法国哲学家看来，也正是这种由康德或维特根斯坦所代表的"相关主义"，才导致了一种"井水不犯河水"的模棱立场，才因为抱持了一种"必须保持沉默"的、看似谨慎或理智的态度，反而彻底放过了由宗教所代表的、不管多么神秘或荒谬的"不可言说之物"：

> 较强的相关主义可以用以下的命题来概括：不可思考之物是不可能存在的这件事是不可思考的。我不能为一种自相矛盾的现实或一切事物的虚无建立绝对的不可能性，即便"矛盾"或"虚无"这些术语的实际内涵始终悬而未决……确实，从这一较强模式的角度看，宗教信仰拥有足够的理由坚持认为世界是被一种爱的行为从虚无中创造出来的，或者认为万能的上帝完全有能力让自己与其子民完全相似或相异这一明显矛盾可以变成真相。即便这些话语在科学或逻辑上毫无意义，但在神话或神秘的层面上，这些话语的意义将持续存在下去。由此可知，较强的相关主义的这一最普遍的命题认为存在一个无法与理性意义相类比的意义领域，因为该领域不关注世界中的诸种事实，而关注这个世界的存在本身……所以说，相关主义并未给任何具体的宗教信仰提供确定的基础，不过它却削弱了理性

---

[1] 甘丹·梅亚苏：《有限性之后：论偶然性的必然性》，吴燕译，郑州：河南大学出版社，2018年，第13页。

的底气，理性因此不能再以某一信仰的内容无法被思考为由宣称该信仰不合理。[1]

我们由此也便可以理解了，在一方面，必须给予足够正视的是，"科玄大论战"的确不失为 20 世纪最重要的学术论争，然而在另一方面，又令人不免泄气或懊丧的是，那场论战却不仅在当时就未能深入下去，仅仅导致了以意气或身份来划分的阵线，甚至到了我们的、似可以更加从容的时代，它仍被回顾和归纳得如此浮泛，并未真正从理性上得到自觉的清洗。而我们由此也就不妨说，看起来那场论战的真实历史效应，也不过就是造成了一次绝然的撕裂；也就是说，它不光是在那个"安放不下书桌"的年代，断然地剖分出了彼此厌恶的"科学派"和"玄学鬼"，让他们从此都心怀敌意地不愿去"鸡同鸭讲"，而且，即使到了大学林立的一百年以后，它仍然在诱导着对于新康德主义的因袭，去继续经营和加强"老死不相往来"的两大营垒。

正因为有了上述的基本判断，我才设计出了这样的教学计划，要邀约两位居于领先地位的科学史家，到中国的大学系统地客座几个月，来共同主讲一门特别的课程，以期能借助于她们的专业素养，从她们那种旁观的或他者的角度，当然也是更加新颖、更加内行的眼界，来重新总结中国当年的那场"科玄大论战"。说到这里就要介绍一下，我所邀请的这两位科学史教授，一位是德国马克斯－普朗克科学史所的薛凤（Dagmar Schäfer），另一位则是美国普林斯顿大学历史系的柯安哲（Angela Creager），她们在整个国际科学史界都属于风头正劲的翘楚，前者曾获得过美国科学

<hr />

[1] 甘丹·梅亚苏：《有限性之后》，第 81—82 页。

史学会 2012 年菲茨奖、美国亚洲学会 2013 年列文森奖和 2020
年度德国莱布尼茨奖，后者则获得过 2009 年普赖斯 / 韦伯斯特奖
和 2018 年度美国哲学学会帕特里克·苏佩斯奖。由此我们就应当
可以指望，她们带到课堂来的判断与范式，都将属于科学史研究
的最新主流。

应当就是冲着我的事先请求，这两位教授在她们的讲座中，
曾经不断地去回顾当年的那场论战，尤其是频频提到其中一派的
主心骨——梁启超。比如，让我们来读读其中的一段文字："20
世纪 20 年代，在梁启超介入的那场关于科学与玄学之关系的争
论中，他站在丁文江和胡适的对立面。地理学家丁文江和张资
珙都与李约瑟相似，他们既是科学家，又是传授科学内容的历史
学家，在科学之外补充了科学的谱系来源（历史或者是故事）来
描绘西方知识是如何产生的。这也是中国科学史历史书写的开
端：这些人在专著的序言和附带报告中展示了'现代化'的理想和
模式。"[1]

当薛凤和柯安哲在回顾那一众人物时，主要把关注焦点对准
了梁启超，这并没有任何失误之处。实际上，当年"科玄大论战"
的潜在起因，正可以追溯到梁的那本《欧游心影录》。即使从以往
对他的严厉批判中，我们也照样可以看出这一点。比如，一些人
认为，这本书不光代表了他本人的"善变"，也引领了对于"赛先
生"的怀疑之风："一九一九年在欧洲转了一圈回国之后，他便大
叫'科学破产'，主张以'孔、老、墨三位大圣'和'东方文明'，
去'调剂'西洋物质文明，去救几万万欧洲人的命。与此同时，在
十月革命和五四运动后，梁启超又成为马克思主义和科学社会主

---

[1] 见本书第一讲，第 6 页。

义的论敌。"[1] 甚至于，还有人曾经尖锐地批判说："梁启超在后来的'玄学与科学'论战时，也是以东方文化派、封建复古主义者去反对西方文化派、买办资产阶级的代表的。"[2]

当然，又正因为先有了这类的普遍误解，才有了我后来专门就此做出的澄清：

> 平心而论，他也并不是在抽象地宣扬"科学破产"，而只是具体指出了"科学主义"的破产，甚至就连这一点，他也只是谨慎地去动用间接引语，说是"欧洲人做了一场科学万能的大梦，到如今却叫起科学破产来"，而且紧接着还加上一个"自注"——"读者切勿误会因此菲薄科学。我绝不承认科学破产，不过也不承认科学万能罢了"。可即使如此，他在《欧游心影录》中的相关说法，还是在当时的中文语境中引起了轩然大波，甚至使我们到事后来品味，会感受到他之所以要专门写出那个"自注"，是因为已然预料到了那会是个"马蜂窝"！[3]

无论如何，就像我在前文中已经表明的，就算是梁启超及其追随者们，曾经被激烈地批判为"玄学鬼"，而为"科学主义"的话语所压制，甚至湮没，可真正的思想问题却并没有真正解决。也正因为这样，一旦"科学主义"的弊端暴露出来，人们还是会带

---

[1] 李华兴：《近代中国的风云与梁启超的变幻》，《近代史研究》1984 年第 2 期，第 201 页。

[2] 蔡尚思：《梁启超后期的思想体系问题》，《中国近现代学术思想史论》，广州：广东人民出版社，1986 年，第 258—333 页。

[3] 刘东：《未竟的后期：〈欧游心影录〉之后的梁启超》，《中国学术》第 30 辑，北京：商务印书馆，2011 年。

着固有的思想困惑，作为一种不假思索的历史反弹，自动走向了
"科学主义"的对立面，以为由此它就有不言自明的正确性。而由
此带来的被动局面必然是，正如梅亚苏在他的书中所讲的，科学、
逻辑或理性，和人文、神秘与主体，也就被永久性地撕裂开来，
被剖分为"相互独立的两个领域"，让原本应当被继续大力祛除的
"巫魅"，反而找到了再也"不受证伪"的栖身地。

　　既是这样，我们就更要从这两位科学史教授那里，去观看她
们如何基于最新的方法与范式，来追求科学与人文、科学与文明、
科学与社会的结合了：

　　　　回溯李约瑟和梁启超的学术生平会让我们注意到，这
　　类"杂糅人物"（人文主义的科学家与倡导科学的人文学
　　家）在东方和西方科学史的初期阶段所起的作用。在整个
　　系列讲座中，我们都会关注科学方法和人文学之间的张力，
　　这曾经极大地影响过我们对于科学变迁的观点：时至今日，
　　我们面对的不单是如何做科学史研究的问题；随着环境问
　　题成为核心，这也是一个谁能获得授权、获得证据来书写
　　历史的问题。[1]

二、科学与社会

　　除了要继续思考"科学与人生"的关系，我请来这两位研究科
学史的同事，在当时还有一个凑巧的前提或契机，就是我们正在

----

[1]　见本书第一讲，第5—6页。

联合筹办一套丛书，而它正是要聚焦于"科学与社会"的论域。在这套丛书的总序中，我们开宗明义地写明了它的源起主旨：

> 我们这套新近创办的翻译丛书，在选择科学史、技术史和医学史的相关著作时，围绕着一个贯穿在"科学"与"社会"之间的轴心，虽说也不会忘记或偏废其学术量和前沿性。换句话说，这些著作对于上述知识领域的研究，将更着力于这些知识的实际生产者，特别是他们置身其中的社会环境。所以，跟往昔那种封闭在实验室中、拒人千里之外的陌生现象不同，"科学史"在这里表现为社会的现象，跟大家熟谙的生活实践距离很近。由此一来，这样的研究也就足以表明，无论是知识的生产与传播，还是它的应用与传承，都是文化理念与社会想象之不可分割的部分。因而，那些轰动一时、耀世登场的科技成就，也并非无迹可寻的、纯粹来自灵感的"神来之笔"；正相反，它们沿着这个"科学与社会"的轴心，既表现为社会－文化之能动力量的产物，又转而构成社会－技术之发展的推力。[1]

自然，我所以会生出这样的动机或心结，又是因为正如前文所述，虽说国人沿袭着陈独秀的下述说法，一直在将"德先生"与"赛先生"并称，可这种"说顺了嘴"的流行讲法，越到后来就越无法掩盖，被用来进行总体概括西学的这两位，往往倒是各行其道的、无法合拍的：

---

[1] 刘东、薛凤、柯安哲：《"科学与社会译丛"总序》，《科学史新论：范式更新与视角转换》，薛凤、柯安哲编，吴秀杰译，杭州：浙江大学出版社，2019年，第I页。

这几条罪案，本社同人当然直认不讳。但是追本溯源，本志同人本来无罪，只因为拥护那德莫克拉西（Democracy）和赛因斯（Science）两位先生，才犯了这几条滔天的大罪。要拥护那德先生，便不得不反对孔教、礼法、贞节、旧伦理、旧政治。要拥护那赛先生，便不得不反对旧艺术、旧宗教。要拥护德先生又要拥护赛先生，便不得不反对国粹和旧文学……西洋人因为拥护德、赛两先生，闹了多少事，流了多少血，德、赛两先生才渐渐从黑暗中把他们救出，引到光明世界。我们现在认定，只有这两位先生，可以救治中国政治上、道德上、学术上、思想上一切的黑暗。若因为拥护这两位先生，一切政府的压迫，社会的攻击笑骂，就是断头流血，都不推辞。[1]

也正因为这样，就如郭颖颐和我在前边所讲的，既然"科学主义"已在气势上占据了压倒的优势，"赛先生"便注定要在社会中压倒"德先生"了。由此又不在话下的是，无论在通行的中等还是高等教育中，理科（和工科）都不容辩驳地压倒了文科（无论是指狭义的文科，即传统的人文学术，还是指广义的文科，即又包括了社会学、人类学等社会科学），而科学主义更是简单粗暴地，彻底地压住了人文精神和自由教育。正如我曾在别处痛心地指出的：

有了这样的社会压力，才会流传出这样的顺口溜："学会数理化，走遍天下都不怕。"而习惯势力既已如此，也就

---

[1] 陈独秀：《本志罪案之答辩书》，《新青年》第 6 卷第 1 号（1919 年 1 月），第 16—17 页。

不难理解，休说大学里的通识教育了，就连中学时代的孩子们，也早就根据智力高低，被划分成了文理两科。由此一来，也就造成了如下的反讽事实：尽管我所从事的哲学教育，公认最需要天才头脑，可按照时下的潜规则，考生们却"理科全都考不上，才考文科；文科全都考不上，才考哲学"！——在做出这种选择之后，教授们便再努力又有何用？早从学生那里，就被釜底抽薪了！[1]

更有意思的是，还是沿着前述的"科学－玄学"的"二分法"，既然彼此都不屑于再去"鸡同鸭讲"，那么，不光理科和工科会因为坚信自己的"有用"而根本看不上被认为"无用"的文科，就连文科也在坚守"老死不相往来"的营垒，因为自己的"无用之用"[2]，也反过来瞧不起理科与工科。甚至于，如果就我个人的结交经历而言，某些视野与格局较大而生出了心智企求的自然科学家，反而会对自己的人文素养感到不足，毕竟他们身为生来好问的"人类"，也急需填补这方面的学识缺口；但反过来，无论一位人文学者的专业修养如何，他／她基本上都会在自然科学方面满足于自己一知半解或干脆是一无所知。说到根子上，正如我在前文中已经揭示过的，他们实际上在私下的"前理解"中，还都是执守着同样可疑的"二分法"。

既然如此，我们就急需返回一些基本的问题，去从根基处检讨"科学与社会"的关系。比如，"科学"究竟是隶属于具体文明

[1] 刘东：《诸神与通识》，《道术与天下》，北京：北京大学出版社，2011年，第401—402页。
[2] 这种所谓"无用之用"的说法，根本是歪曲了庄子的原意，从学理上是完全不能成立的，详见我在《德教释疑》（南京：译林出版社，2022年）第六章中的论述。

的，还是高蹈于所有"文明"之上的？再如，"科学"到底是在自主研究"社会"的利器，还是"社会"创造出来检视自身的工具？不待言，这些总是在反复缠绕的问题，也总会像"鸡生蛋，还是蛋生鸡"的悖谬，往往要取决于从哪方面来回答。可无论如何，我们姑且先这么讲总是"大致不差"的：一方面，自然"科学"当然属于"理科"的范畴，可另一方面，它也要扎根在"人文"与"社会"中。也正因为这样，一旦人们以追根究底的"科学"精神，来探究它本身的"人文"与"社会"基础，他们也理应基于"人文"与"社科"的学问，去从根底处追问"科学"本身的起点与指归。

　　如果上述判断是"即不中亦不远"的，那么，也就不难再推出下述的判断：尽管直面着物理世界的"科学"研究，显然是属于"自然科学"的范畴，然而，作为一种交叉学科的"科学史"研究，则要同时面对"科学"与"社会"的两造，或者"科学"与"人文"的两造，因而也要部分地隶属于人文学。既然这样，"科学史"就并非只拥有它的"内史"，或者说，它并非单纯属于"理科"的范畴，也照样应具有自己的"外史"，即具有自己的"人文"与"社科"特征，借以去理解支撑着它的"文明"框架与"社会"氛围。毫无疑问，也正是在这"一内一外"的交汇中，"科学"研究才可能展示出自己的历程，也即有机地萌生、成长和寂灭的进程。否则的话，"科学"的发生就会如郭象的独特术语那样，成为纯属偶然与彻底神秘的"独化"了。唯其可叹的是，虽说此间的道理是如此显而易见，但实际上却正跟国内的习见相左，而这些在"科学主义"下形成的习见，则正如人类学家格尔茨分析过的：

> 对自然科学有两种图式化，其一认为它们没有历史，要不至少认为它们的历史仅仅存在于朝着 17 世纪设定的一种认识论范式的复杂度日增的发展当中，其二认为它们不过是讲求实用地分化开来的组团，本质上被它们恪遵那一范式所规定。这两种图式化对认为它们形成了一个与世隔绝、自给自足的世界这个观念至关重要。[1]

我们由此又可以预期的是，格尔茨就在他的同一篇文章中，进而指出了晚近以来的另一种趋势，那就是把"科学"又拉向"文化的解释"，进而试着去让"人文"与"科学"合二为一："对科学本身的历史的、社会的、文化的和心理的探索，即渐渐以'科学元究'（science studies）的统称为人所知的那些研究，在过去二十年左右不但飞速成长，而且已经开始以更多样、易变和特殊化的方式，在马尔库什的'许多不相往来的研究共同体'中间重绘界线。从一种阐释主义视角看待科学，这实质上已开始替代（或起码是复杂化）长久以来牢笼我们的狄尔泰式图景。"[2] 而正是在这个关节点上，作为人类学领军者的格尔茨，自然就要提到拉图尔的研究了，因为后者正致力于"科学人类学"，也即要把看似超然物外的实验室，也当成了纷乱复杂的、充满了烟火气的人类学田野："这样的叙事，涵纳了据说不可溶混的世界——文化与自然，人类行动与物理过程，意向与机械等等，它们的建构来得有些缓慢，即便在科学元究中亦然，那里它们本来像是不可避免的（'在穆尼埃们眼里，机器是什么？在勒维纳斯们眼里，动物是什

---

[1] 克利福德·格尔茨：《烛幽之光：哲学问题的人类学省思》，甘会斌译，上海：上海人民出版社，2013 年，第 136 页。
[2] 同上书，第 142—143 页。

么？在利科们眼里，事实是什么？'布鲁诺·拉图尔喊道，这位科学人类学家也许是这种涵纳的最起劲的倡导者）。"[1]

　　既然走笔到了这里，又应引进一些并非题外的思绪。在我看来，虽说"科学与社会"或"科学与人文"的截然二分，的确属于主导着现代西方的流行病，不过法国思想家对此的抵抗力，相对而言还显得大一些。无论是醉心于数学并发明了"解析几何"的笛卡尔、沉湎于数学并发明了"帕斯卡定理"的帕斯卡、把数学判断视为人类思想之"最高形式"的布伦什维格、曾在数学方面表现出很高天分的柏格森、曾在数理方面被誉为"十项全能"的庞加莱、从生命科学与医学进入了思想史的康吉莱姆、建立了"技术体系"之本体论地位的西蒙栋，还是从数学史研究起步的认识论哲学家米歇尔·塞尔（Michel Serres），乃至于前文中已经提到过的梅亚苏和拉图尔，都可被看成这类追求"文理平衡"的典型代表。

　　不难理解，正是沿着对于"文理平衡"这种追求，人们才会走到拉图尔的"拟客体"概念。我们还从一篇介绍中了解到，他这种"拟客体"的概念又来自塞尔，后者也恰在前述的那群法国思想家之列："拟客体的概念借用自法国哲学家塞尔，在塞尔那里，拟客体指代人类在赋予自然以秩序之前的混沌状态，例如，游戏中的角色、运动场上的足球、教室里的课桌等都是拟客体，这些'拟客体是主体的标识'，也是'主体间性的建构者'。也就是说，这些拟客体的介入，塑造了主体的实存性身份。与塞尔相同，拉图尔同样强调拟客体是人与物之间的一种杂合体，处于自然和社会两极的中间，自然和社会仅仅是人类赋予拟客体以秩序之后的

---

[1] 克利福德·格尔茨：《烛幽之光》，第 143 页。

结果。"[1] 由此可知，也正是现实生活中的这类交杂汇聚，才会促使塞尔发明了这样的概念："拟客体并非客体，然而它却又是客体，因为它并非主体，因为它仍存在于世上；它也是一个拟主体，因为它表示或指代了一个主体，没有它，这一主体将难以成为主体。"[2]

那么紧接着，塞尔的观点也就启发了拉图尔，从而形成了科学史研究的新范式，以凸显"科学与社会"之间的交汇发展：

> 尽管有点后知之明，但我们现在仍然明白了，到如今依然被视为科学发展之阻力的"社会"的定义方式，从一开始就是一个拙思劣想。自始至终，人们一直都是在削弱科学主张之真理性和确定性的意义上来使用"社会的"这一形容词的——如果人们说，一个结果是"社会建构的"，这就是说，它是错误的，至少从科学的角度来看确实如此。科学与社会之间的这场你死我活的角力，不再是人们的唯一选择。现在，出现了另外一种选择。对科学那古老的口号——一个学科越是独立，这个学科就越好——而言，现在，与之相反，我们提出了一个更加现实的行动呼吁：一个科学学科越是与其他领域相涉，这个学科就越好。[3]

写到了这里，我又不免想起了马克思·舍勒尔、卡尔·曼海姆，乃至彼得·伯格、托马斯·卢克曼的名字，既然这样的两

---

[1] 刘鹏：《译者导言》，见布鲁诺·拉图尔《我们从未现代过：对称性人类学论集》，刘鹏等译，上海：上海文艺出版社，2022年，第 liv 页。
[2] 同上引，第 lxiii 页。
[3] 布鲁诺·拉图尔：《中文版序言》，见《我们从未现代过：对称性人类学论集》，第 xx 页。

相凑集交汇的思路，也会把我们引入"知识社会学"的领域，从而把人类产生的一切知识或思想，都看成同其社会生活息息相关的，而"科学"既然作为人类知识的一种，不管看上去多么冷静、理性与超然，说到底也是只能如此、概莫能外的。由此便可以说，不管跟拉图尔还存在什么分歧，知识社会学也同样开启了一条思路，要在对于"科学"的历史回顾中，去展现它的社会产生机制。这也就意味着，它势必要揭示在"科学"的开展中所具备的具体社会条件和所禀有的特定价值预设，不管它看上去有多么"独立自主"，或是多么"天马行空"。于是从这样的缝隙中，也就开辟了一种"别有洞天"的图景，它不再宣扬以往那种与世隔绝甚至不无神秘的科学研究，倒要去演示深嵌于社会的、作为一种人类活动的科学活动，甚至于，把它本身就看成了有机的社会现象。由此带来的阅读效果又必然是：要在以往，总觉得科学似乎离公众很远，藏身于顶尖学府的高楼深院中；然而现在，却发现它如此贴近生活的脉动，总要敏感、满足甚至听令于社会的企求。

三、拟客体与物性

沿着前述"科学派"和"玄学派"的缝隙，自然就要再围绕着科学知识的产生乃至由此所导致的世界图景，产生出两种迥然不同的理解，而且仍在非此即彼地强烈要求人们，要么就去死心塌地地"左袒"，要么就去义无反顾地"右袒"。具体说来，其中的第一幅世界图景，就仍要坚守那种"科学主义"的解释，把人们所视、所听、所居所处的世界，划分为一向愚昧的、混沌未开的神话世界，和一朝醒觉的、"雄鸡一唱天下白"的科学世界。而且，为此还必须一口咬定，这种从"前科学"到"科学"的截然断裂，其主要动因只来自"科学"的发现本身，也就是说，它通过摧枯拉朽、无可阻挡的内在进步，把人类带入了更加清朗，也更加真实的世界。在这个意义上，"自然科学"所要发现的"自然规律"，到了这里就完全表现为刚性的、潜伏的，或者用以往的老话来说，乃是"不以人的意志为转移的"，无非是千古如是地默默守候，有待于有朝一日，人们终于豁然开朗地发现它原本就在那里。

而在其中的第二幅世界图景，则是继续坚持康德主义的思路，认定了无论"科学"如何去处置"客体"，其无序的物象都要经过概念的整理，因而也就永远脱离不开主体意识的架构。如此一来，由于"自在之物"永远都是"不得而知"的，知识也就永远只能是"相对于"知识主体的，至少也要部分地取决于它的能动性。于是在这个意义上，前述那种从"前科学"到"科学"的戛然断裂，在理解中也就变得模糊和迟疑起来了，既然这种知识事业的所谓"革命性"，并不意味着当真能摆脱"主体"的牵制或纠缠，而无非是更换了另一种"主观"的视角。甚至在这个意义上，人们也有理由干脆把所谓的"现代科学"，看成披上了一层新衣的"现代神话"，因为这种对于天地万物的重新解释，仍要像愚昧初民的原始思维那样，去到"自然"与"自我"之间，或"客体"和"主体"之间，寻求某种想象中的适配或对接。

不消说，以往那类正统的哲学教程，肯定会把这种南辕北辙的图景，描绘为"唯物"与"唯心"的激烈对垒，认定这"两军"完全是一对一错、水火不容的。不过，随着思考侧面与要素的周全，这种"非此即彼"的简单思维，又注定被更加精微的观念所取代。比如，在更照顾总体也更强调复杂的法国，我们还可再举出另一位思想家来，那就是人类学家列维－斯特劳斯（Lévi-Strauss）。从他鲜明的结构主义立场出发，斯特劳斯虽在一方面也承认，神话思维无疑是关联着既定事实的，但他在另一方面又指出，神话并不是既定事实的刻板对应。既然如此，在他由此而描绘的世界图景中，也就并不存在纯然的客体了，正如同样不存在纯然的主体一般：

> 神话学不具有明显的实践功用：不像先前研究过的种种现象，它并不直接与另一种现实相连，而这使得它得以获得高于其自身的更高程度的客观性，而这种情况带来的似乎可以全然自由地放纵创造方的指令也能够由它传达给心灵。而且，如果在这个例子中我们也能够证明心智思考明显的任意性、其自发的灵感之流和看起来毫无约束的创造力实际上反映了运行于更深层次的法则的存在，我们就会不可避免地要做出结论，当心灵得以与自我对话而无须与外界事物互动时，**在某种程度上它就收缩到将模仿自己作为客体**。[1]

于是，在这个意义上又不妨说，从斯特劳斯的结构人类学，到拉图尔的科学人类学，也是具有某种内在关联性的。沿着这样的总体性理解，后者才会把自己主张的人类学，形容或定义为"对称性人类学"。不待言，又正是从所谓"对称性"的要求出发，

---

[1] 转引自杰里·D. 穆尔：《人类学家的文化见解》，欧阳敏译，北京：商务印书馆，2009年，第261页。着重号为引者所加。

232

后者才想要给出一种既兼容并包又左右逢源的理论框架：

> 只要将这两种维度同时展现出来，我就可以将杂合体吸纳进来，给予它们一个位置、一个名称、一处容纳之所、一种哲学、一种本体论，同时，我也希望能够给它们一种新的制度。[1]

此外也正如前文所述，又正是沿着塞尔开辟的思路，他才会这样来定义自己的"拟客体"和"拟主体"概念：

> 同时使用经度和纬度两个维度，我们就可以为这些奇怪而又新颖的杂合体找到一个定位，而且，也才能够理解我们为何只有等到科学论出现后才可以对我所谓的拟客体 (quasi-objects)、拟主体 (quasi-subjects) 进行界定，这两个概念是从米歇尔·塞尔那里借用而来的。[2]

可想而知，既然"客体"是要对称于"主体"的，而"主体"也是要对称于"客体"的，那么，被拉图尔所定义的这种"拟客体"，就不会再雷同于纯粹的"客观派"了，正如同时被他描述的"拟主体"，也肯定要有别于纯粹的"主观派"。由此也就决定了，又很像前文中斯特劳斯讲的，拉图尔这种"一身二任"的"拟客体"，既会具有其坚硬的、固有的实在性，并非全都为主体所型塑或决定，又不是纯然客观和外在地存在着，仍要受来自主体的建构与

[1] 布鲁诺·拉图尔：《我们从未现代过》，第106页。
[2] 同上。

牵引。这正是拉图尔在他的书中表明的:"在打乱了二元论者的
牌局之后,科学的社会研究学者们接着又揭露了在第一个控责与
第二个控责之间彻底的不对称性,同时,至少在否定性的意义上,
他们也揭露了伴随那些控责而出现的社会理论和认识论是何其糟
糕。社会并非如此强大,亦非如此脆弱;客体既不脆弱至斯,也
不强大至斯。人们必须全然重新思考客体和社会的双重位置。"[1]
而到了书中的另一处,他又进而刻画了这种"拟客体",而这也
理所当然地意味着,他要通过对于"对称性"的追求,去摆正"科
学与社会"之间的关系:"与自然的'硬'的部分相比,拟客体要
更加社会性、更加具有被构造性和集体性,但它们绝不是一个成
熟社会的信手拈来的容器。此外,与社会投射(这种投射毫无理
由)之上的那些无定形屏幕相比,它们又更加实在、更加非人类、
更加客观。在此之前,社会科学家们前赴后继,要么不遗余力地
控责'软'事实,要么毫无批判精神地利用硬科学;而现在,科学
论却又在尝试一项不可能的任务,即为硬的科学事实提供社会解
释,这使每一个人不得不重新反思客体在集体建构过程中的角色,
进而对哲学发起挑战。"[2]

　　实在说来,置身于全球性的空前环境危机中,再来读读我主
编的"同一颗星球"丛书,大家并不难理解这种"拟客体"的概念,
既然当下这种灾难性的"自然",原本就不能说是天生如此的或
"自然而然"的,而无非是人类无意间闯下的大祸。再说得更悲观
或激烈一些,既然就连眼下的这个地质年代,都已被生态学家给
描绘成"人类世"了,那么,等我们这群自作聪明的"智人"毁灭

---

[1] 布鲁诺·拉图尔:《我们从未现代过》,第 113 页。
[2] 同上书,第 114 页。

之后，要是能再度进化出什么高等的动物来（但愿他们总能比我们稍微"智慧"一些），等到他们再拿着小铲子向地下考掘时，也正是要根据那一层人类的印迹，来说明确是挖到了属于我们的地质年代。

无可避免的是，在这种被称作"人类世"的危机环境中，我又不禁想起后期的海德格尔来。虽然说，拉图尔是从作为"田野"的实验室开始，来研究作为特殊人类"部落"的科学家，而海德格尔则是基于荷尔德林的诗意，来展开他对于一把"壶"的哲学发挥，可无论如何，在他由此而进行的有关"物性"的解析中，还是意在强调主客之间的相遇、交互与叠加。比如，他曾在一方面这样写道：

> 在康德那里，自在之物（*das Ding an sich*）意味着：自在之对象。对康德来说，"自在"（*An-sich*）这个特征表示，对象本身就是对象，而没有与人类表象发生关系，亦即没有首先那种使对象立于表象面前的"对立"（*das Gegen*）。严格地按照康德的方式来看，"自在之物"意味着一个对象，这个对象对我们来说并不是对象，因为它是在没有一种可能的对立的情况下站立的，也即说，对于与之相对的人类表象来说，它并不是一个对象。[1]

可在另一方面，海德格尔又接着写道：

---

[1] 马丁·海德格尔：《物》，《海德格尔选集》，孙周兴译，上海：上海三联出版社，1996年，第1177页。

　　然而，无论是哲学所使用的"物"（*Ding*）这个名称的早已被用滥了的一般含义，还是"物"（thing）这个词语的古高地德语的含义，都丝毫不能帮助我们去经验并且充分地思考我们现在关于壶之本质所说的东西的本质来源。实际情形恰好相反，从 thing 一词的古老用法中得来的一个含义要素，也即"**聚集**"（*versammeln*），倒是道出了我们前面所思的壶的本质。

　　壶是一物，这既不是在罗马人所讲的 *res* 的意义上说的，也不是在中世纪人们所表象的 *ens* 的意义上说的，更不是在现代人所表象的对象意义上说的。壶是一物，因为它物化。从这种**物之物化**（*Dingen des Dinges*）出发，壶这种在场者的在场才首先得以**自行发生**并且得以**自行规定**。[1]

不难体会到，基于他本人的独特论述习惯，也正是经由了这样的语义辨析，海德格尔才得以去描述所谓的"四重整体"，或者说，再把这种经过了"物之物化"的"物性"，给描绘成了由"天－地－人－神"共同组成的，并准此而接受了那"四重结构"的共同规定性：

　　在作为饮料的倾注之赠品中，终有一死的人以自己的方式逗留着。在作为祭酒的倾注之赠品中，诸神以自己的方式逗留着，它们复又接收作为捐赠之赠品的馈赠之赠品。在倾注之赠品中，各各不同地逗留着终有一死的人和诸神。

---

[1] 马丁·海德格尔：《物》，《海德格尔选集》，第 1177—1178 页，着重号为引者所加。

在倾注之赠品中逗留着大地和天空。在**倾注之赠品中**，同时逗留着大地与天空、诸神与终有一死者。这四方（*Vier*）是共属一体的，本就是统一的。它们先于一切在场者而出现，已经被卷入一个惟一的四重整体（*Geviert*）中了。[1]

应当稍加辨析的是，我原本早在一方面表明过，并不赞成把海德格尔意义上的"四重结构"提升或夸张为某种普世的原则，或曰"放诸四海而皆准"的规律，因为这样做的一个无形结果，就把世俗主义驱逐到文明的"化外"了，也就无法概括中国文化的基本特征了。而相形之下，"鉴于在这种四重结构的世界模式中，唯有前三种要素才是真正可见和可知的，我们据此就不难想见，实际上只是对深受希伯来精神影响的西方性灵来说，对于神性尺度的体认才是不言而喻的；因之，当荷尔德林于一种信仰状态中写下'神到底是不可知，还是如天空般自我显现？我宁肯信后者'的时候，我们与其说他是不自觉地道出了普遍和绝对的意义世界，毋宁说他是不自觉地道出了其文化观念上的'前理解'和'先入的成见'"。[2] 而事实上，中国式的世界图景恰是"三重结构"的，却又既不失其价值上的完备性也同样不失对于人生的规范性："由于神性的尺度早在'轴心期'便已从儒家文化的价值内核中隐退与消弥，所以中华文明的意义世界就不可能再是四重结构的，而只能是'天、地、人'三重结构的。因此，接下来需要说明的便仅限于这样一点：标志着中国古代宇宙模式之形成的《易传》一书，果然以非常明确的说法印证了我们的这种推断——'易之为书也，广

---

[1] 马丁·海德格尔：《物》，《海德格尔选集》，第 1173 页，着重号为引者所加。

[2] 刘东：《试论中国文化类型的形成》，《近思与远虑》，杭州：浙江大学出版社，2014年，第 178 页。

大悉备，有天道焉，有人道焉，有地道焉，兼三才而两之，故六，六者，非它也，三才之道'。"[1] 不过，我在另一方面也倾向于认为，我们仍可向海德格尔借鉴的是，坚持认为真正属于我们的、经过了"物之物化"的"物性"（无论是属于西方"四重结构"的，还是属于中国"三重结构"的）并不是冷冰冰的、纯属外在的"自在之物"，倒是涵容了某种特定的文明观念或体现了某种特定的世界图景。

接下来的话题又是，跟海德格尔的"诗意栖居"恰成反衬，其实他当时才刚刚步入了"核子时代"。惟其如此才可以理解，他这篇用来讨论"物性"的、吟诵般的文章，从一开始就笼罩在"核爆炸"的阴影之下："人类关注着原子弹的爆炸可能会带来的东西。人类没有看到，久已到来并且久已发生的东西，乃是——只还作为它的最后的喷出物——原子弹及其爆炸从自身喷射出来的东西，更不用说氢弹了，因为从最广大的可能性来看，氢弹的引爆可能就足以毁灭地球上的一切生命。如果令人惊恐的东西已经发生，那么，这种无助的畏惧还在指望着什么呢？"[2] 由此我们也就可以看出，从他对于"物性"的环形理解来判定，一旦破坏了它那不可或缺的"四重结构"，尤其是剥夺了它的"神性"维度，那么，在只具备"知性"的核物理学家那里，也就根本谈不上完整的"物性"了："科学知识在它自己的区域里，即在对象的区域里，是强制性的。早在原子弹爆炸之前，科学知识就已经把物之为物消灭掉了。原子弹的爆炸，只不过是对早已发生的物之消灭过程的所有粗暴证实中最粗暴的证实：它证实了这样一回事情，即物之为

---

[1] 刘东：《试论中国文化类型的形成》，《近思与远虑》，第 178 页。

[2] 马丁·海德格尔：《物》，《海德格尔选集》，第 1166 页。

238

物始终是虚无的。物之物性始终被遮蔽、被遗忘了。物之本质从未得到显露，也即从未得到表达。"[1] 也正因为这样，他才要治疗性地提出自己的物性结构，以便用潜藏在古代诗境中的宇宙图式，来纠正这种"物之为物"的当代遗失："天、地、神、人之纯一性的居有着的映射游戏，我们称之为世界（*Welt*）。世界通过世界化而成其本质。这就是说：世界之世界化（*das Welten von Welt*）既不能通过某个它者来说明，也不能根据它者来论证。这种不能说明和论证并不是由于我们人类的思想无能于这样一种说明和论证。而不如说，世界之世界化之所以不可说明和论证，是因为诸如原因和根据之类的东西是与世界之世界化格格不入的。一旦人类的认识在这里要求一种说明，它就没有超越世界之本质，而是落到世界之本质下面了。人类的说明愿望根本就达不到世界化之纯一性的质朴要素中。当人们把统一的四方仅仅表象为个别的现实之物，即可以相互论证和说明的现实之物，这时候，统一的四方在它们的本质中早已被扼杀了。"[2]

此中真正的要害是，撇开在"宇宙图式"方面的差别不谈，即且不管那是属于"天－地－人－神"的还是属于"天－地－人"的，"人"的要素在其中总是不可或缺的。也正因为这样，我们作为具有"能动性"一面的"主体"，才理应向"对称于"自己的"拟客体"或"物性"，担负起重大的、不可推脱的道义责任。鉴于大家都刚看过电影《奥本海默》，我们不妨还是从前述的"核子时代"谈起，尽管这部影片为了保持故事的吸引力，或去呼吁对抗当下第二轮的麦卡锡主义，已将主线放到了更符合常人胃口的冲

---

[1] 马丁·海德格尔：《物》，《海德格尔选集》，第 1170 页。
[2] 同上引，第 1180—1181 页。

突上，即一边是"典型化"了的正人君子罗伯特·奥本海默，另一边则是"典型化"了的卑劣小人刘易斯·施特劳斯。可我们早已读过了改编为电影前的原作，而它的作者们也早在原书的序言中，开宗明义地权衡过此间的轻重了：

> 奥本海默在 1954 年遭受的痛苦和羞辱在麦卡锡时代并不罕见。但是作为一名被告，无人能与他相提并论。他是美国的普罗米修斯、"原子弹之父"，二战时，在他的带领下，科学家们为自己的国家从自然手中夺取了令人惊叹的太阳之火。在这之后，他不仅睿智地申明了核弹的危害，也充满希望地提及了核能的潜在益处。再后来，几近绝望的他公开批评了军方提出的、战略研究者鼓吹的核战争计划："如果一个文明一直把伦理道德视为人类生活的核心，但它对所有人都可能遭屠戮的前景缄口不提，只允许讨论如何克敌制胜，我们又该如何看待这样的文明？"[1]

同样是出于市场化的考虑，这部影片无法原封不动地照搬这本书原先拟定的标题，即写在原书封面上的"美国的普罗米修斯"（American Prometheus）。只可惜这样一来，它也就传达不出那个标题的双关含义了。而仔细寻思起来，使用"普罗米修斯"一词当然是意指着"盗火"，以对应奥本海默对于原子弹的发明，而对今古之间的这种明显的相似性，基辛格早在其成名作中就已指出过了。[2] 可与此同时，使用"普罗米修斯"一词又在暗中提示，这

---

[1] 凯·伯德、马丁·J. 舍温：《奥本海默传：美国"原子弹之父"的胜利与悲剧》，汪冰译，北京：中信出版集团，2023 年，第 13—14 页。

[2] 参阅亨利·基辛格：《核武器与对外政策》，北京：世界知识出版社，1959 年。

240

位"原子弹之父"同属于悲剧的主人公,正如希腊的那位"盗来天火"的提坦神,也是这样出现在埃斯库罗斯剧作中的,而后者又碰巧也被人们称作了"悲剧之父"。正因为这样,该书原本的副标题才会是"罗伯特·奥本海默的胜利与悲剧"(The Triumph and Tragedy of J. Robert Oppenheimer),也正因为这样,作者们到了序言结尾才会挑明了这一点:

> 无人理会奥本海默的警告,最终他被噤声。奥本海默给予了我们原子之火,他就像那位叛逆的希腊神祇普罗米修斯——他从宙斯那里偷走了火并把它赐予人类。但后来,当奥本海默想避免它失控,想让我们意识到它的危险和恐怖时,那些当权者像宙斯一样愤然而起,对他痛下狠手。正如原子能委员会的听证委员会中支持奥本海默的沃德·埃文斯所写的那样,吊销奥本海默的安全许可是"我们国家名誉上的污点"。[1]

奥本海默那种令人同情的经历,在银幕上已经有足够的表现了。正如希腊悲剧的典型情结那样,英雄准会在闪亮的光环和称誉的掌声中,突然遭到来自"命运"严酷打击,可也正因为这样,那英雄所代表的毁灭中的价值,才会又让人们在嘘唏不已之余,反而体会到它不可磨灭的意义。奥本海默的这种双重符号,又如他的另一本传记所描述的(看来绝非碰巧的是,它的副标题即"悲剧性的知识人"[The Tragic Intellect]):

---

[1] 凯·伯德、马丁·J. 舍温:《奥本海默传》,第16页。

　　这个悲剧性的角色通常被认为是奥本海默的身体象征性地表现出来的。人们普遍认为他的身体状况具有道德意义。记者罗伯特·考夫兰和阿尔弗雷德·弗兰德写道，在听证会上被谴责的痛苦使他成为"一个瘦弱、灰白、萎缩的幽灵"，他"变得灰白、孤家寡人"，失去了他以前"不可思议的年轻"。维克多·韦斯科普夫将奥本海默的早逝归咎于这种创伤："他是一个破碎的人。看到他在审判后变得萎靡不振，变得忧郁，不再有以前的那种气魄和品质，真是太可怕了。然后他病了，当然，但在我看来，这是一种心理疾病，一种心身疾病。这是一个完全破碎的自己，因为审判使他死去。"然而，奥本海默晚年所笼罩的痛苦气氛，增加了他作为苦行局外人的道德权威。亚伯拉罕·派斯评论说，奥本海默这些年的"魅力"，"被他现在苦行僧般的虚弱外表增强了"。[1]

　　由此我又不免想到，在一般大众的模糊印象中，科学家的形象总是既生疏又神秘的，他们要么属于天生异禀、智力非凡的"英杰"，要么属于神秘莫测、令人生畏的"怪才"，反正无论如何都会迥异于"常人"。也正因为这样，无论是听到了冥冥中的命运召唤，还是听从了内心的灵感触发，他们总是要么拿着善意的"福音书"，以自己既灵机一动又匠心独运的发明给芸芸众生带来前所未有的福祉，要么就拿着邪恶的"风口袋"，念出唯有自己能懂的"咒语"，给整个世界都蒙上可怕的阴影。可现在，正是发生

---

[1] Charles Thorpe, *Oppenheimer: The Tragic Intellect*, University of Chicago Press, 2008, pp. 243-244.

在奥本海默那里的冲突，让我们读出了他内在的斗争与迟疑，看出在他内心也有"善恶"之间的交战。我们由此又不由惋惜地联想到，其实他胆敢"冒犯天条"的全部动机，都源自民族国家本身的局限性，其理由也无非就是：否则纳粹德国就先造出来了，或者否则苏联就先造出来了。而循着这样的思绪，我们也就不难省悟到，"民族国家"这种有限的政治架构会怎样可怕地局限着人们的理性，会把人们带入何等局促的"囚徒困境"，而他们（当然也包括其中的科学家们）本有的理性和良知，也都会由此而大受限制、大打折扣，甚至于也有可能懵然不悟地把整个人类（包括他们自己）全都带入举手无悔、万劫不复的灭亡。

也正因为这一点，当奥本海姆到了"大功告成"之际，虽然整个团队都在"弹冠相庆"，他却沉痛地说出"我成了死神""我毁了世界"……而且，也正是因为他的这种痛悔不已，才使这位也被表现为"常人"的科学家，总还显得要比周遭的人群高出一些，毕竟他还能意识到自己的"道德责任"。而说到这里也应顺便指出，尽管作为影片总要迎合公众的趣味，这部电影最后还是留下了一丝余味，解开了一直在折磨施特劳斯的那个"扣子"。原来，奥本海默当初同爱因斯坦的那场谈话，根本就未曾涉及站在远处的那个小人，只是在担忧会不会就此"点燃了大气层"，从而一不小心就毁灭了整个星球。也正是这种"唯大智者方有"的忧思，才会让爱因斯坦为之眉头紧锁，顾不上还有人从身边擦肩而过了。当然，这种"燕雀安知鸿鹄之志"式的情节，也不免让人联想起电影《莫扎特传》来，从而猜想仍是出于"讲故事"的需求，才会把施特劳斯又设计成了另一个嫉贤妒能的萨列里。

实在说来，也正因所有的"拟客体"都势必对称于相应的"拟主体"，才更凸显了我们作为主体的"道德责任"。无论如何，即使按照《圣经》中"创世纪"的传说，即使是"说要有光，就有了光"的上帝，在逐日地完成了他随心所欲的"造物"之后，都还没有忘记再来追加一句"神看着是好的"，乃至到了最后喜悦地回望说："所造的均甚好。"那么，我们现在几乎已是另一种"造物"了，然而，我们还能像上帝那样说它"是好的"吗？具体而言，我们都把这颗"唯一的星球"给污染成了"不再适于居住"的了，还能说有脸也说它"是好的"吗？我们都把这颗"共享的星球"给笼罩在"核阴云"的恐怖之中了，还能有脸也说它"是好的"吗？更不要说，我们又利用人工智能的发明，把自己寄寓于其中的"碳基生命"，防止于被"硅基生命"替代的风险，还能有脸也说它"是好的"吗？

所以，在这种危如累卵的信息时代，在主客的界限如此模糊的时代，要是还有人再不容分说地讲，只存在一个唯一真实的外在世界，而对应于一个派生出来的内在世界，那么，就算我们眼下懒得跟他们争论，也准保有后人会大声地发出嘲笑，甚至于，我在这一刻就依稀听到了他们的笑声。当然，唯一可能避免这种窘境出现的，也只在于我们干脆从此就没有后人了。

四、物质的科学史

刚刚写下的这个"物质的科学史"的小标题，也可以反过来写成"科学的物质史"。这样一来，前者就应当意味着，这是侧重于"物质"层面的、有关"科学"的历史学研究，后者又可以意味着，这是偏重于"科学"问题的、有关"物质"的历史学研究。当然，这还在逻辑上意味着，既然正如在前文中所讲的，不管是从哲学

244

的思辨中，还是从人类学的调查中，"物性"或"拟客体"中都已找到了属于人类自己的印迹，那么，这也就在不期然间，或说是自然而然地，为"科学史"开启了一条新的思路。

在这方面，正如薛凤和柯安哲在本书中承认的，拉图尔的思路的确是有所启发的，或者再稍微吊诡一点地说，他那种更夹杂"主体"色彩的"物质"概念，反而从科学史方面启发了更偏于"物质"层面的"知识"考察："学术界转向物质研究，很大程度上基于拉图尔的社会学：物质是重新校准我们理解社会性的基础。社会性是什么、参与其中的是谁／是什么、社会性是如何造就的、如何发生改变——要想理解微观和宏观现象／活动是如何关联在一起的，社会性是一个核心问题。"[1] 只不过，在多种交叉的"科际整合"活动中，这也不会是唯一的借鉴来源，所以她们接着又对此补充了一句："但是，对物质性的重视也与 20 世纪 80 年代文化研究的兴起连在一起。我们可以从 1996 年《物质文化学刊》（Journal of Material Culture）的创刊中看到这些潮流的汇合。该刊的特定目标只有一个：让物质文化研究成为一个学术空间，从而批判性地把这一方法论下的新事物整合进学术界。"[2]

然而又值得留意的是，再回顾一下前文中梳理的线索，会发现这两位学术上的"后来人"，既未提到海德格尔的"物性"概念，也没提到列维－斯特劳斯的"结构"观念。这一点或也不难理解，毕竟相对于"哲学"或者"神话学"而言，拉图尔开展的"科学人类学"研究离她们专攻的"科学史"专业更近一些。所以，虽说拉图尔对于科学的人类学理解，跟斯特劳斯笔下的原始神话学，原

[1] 见本书第一讲，第 20 页。
[2] 同上。

本至少是具有同构性质的；可比较起来，毕竟把实验室当作"田野"的拉图尔，还是更能照顾到科学研究的细部，也更能贴合科学活动的固有特性。事实上，正如在前文中已经引述过的，拉图尔在这方面想要追求的，正是一种内外之间的"平衡感"："与自然的'硬'的部分相比，拟客体要更加社会性、更加具有被构造性和集体性，但它们绝不是一个成熟社会的信手拈来的容器。此外，与社会投射（这种投射毫无理由）之上的那些无定形屏幕相比，它们又更加实在、更加非人类、更加客观。"[1]当然，也正因为这样，从他那里接引出的、显得更加圆融的"物质史"，也会让专业的"科学史家"更能信服或更易接受。

令人豁然开朗的是，这样一种"物质的科学史"，或者这样一种"科学的物质史"，也就基于它本身暗含的学术潜能，意味着不光是人类（或拟主体）具有能动性，甚至于，就连"物质"（或拟客体）自身也同样具有延续性或能动性了；也正因为这样，我们才有必要去开启一个新的治学方向，以便追踪和描述"物质"自身的历史，并且是它深嵌于"人类知识"中的历史。而我们由此就会看到，在"科学史"研究的这股新潮中，它被表述成了"让物质自己说话"，或者"物质自己有话说"。比如让我们看看，这两位同事是怎样表达这一点的：

　　在物质转向和实践转向（这需要成为一个转向！）中的科学史，也学会了谈论物质化的实践：身体如何被变成数字；对事物的理解和实验被转换到纸上，变成图像和文本说明。但是，只有考虑到物质环境制约的特征，阐明地方

[1] 布鲁诺·拉图尔：《我们从未现代过》，第114页。

246

多样性以及在很多情况下社会、经济和政治发展的独特路径和方向时，才能真正理解"物质有话说"。其他专业领域在这方面也一样做得不足：知识社会学、科学社会学、人类学甚至艺术史都没有充分地思考"物质对人有话说"这一问题。[1]

不过，既然身为专业的"科学史家"，她们仍需给出更细致的描述，来说明应当从哪里具体下手，并且还借此进一步地挑明，在经过了一段时间的实践与磨合之后，科学史界又对拉图尔有过哪些拓展或修正。

其一，"那种颇成问题的'物质作为动因'的观点，即拉图尔的观点：物质参与社会性因素的表达，帮助生成一些范畴，诸如人、机器、非物质的，尤其是'物质的'这一概念自身。但是，我们提到的这些著作，大多是关于融贯性的叙事，视物质因素能够激活人的意向性并与之相合，因而非常密切地绑定着文化——作为范畴以及作为历史本体论。……这些观点郑重其事地认为，在社会秩序形成中，物质是行动者。但是，物质性因素主要（尽管并非总是如此）呈现为特定文化模式稳定性与持续性的源泉。就拉图尔所说的那些经常性的、短时间内走向极端的秩序安排和重整而言，物质性因素即便不造成逆转，也会带来缓冲"。[2]这就意味着，即使关注到了"物质"的要素，它在这里也不是干巴巴的，而要有机结合于"文化与社会"，去间接或潜在地发生它的作用。

---

[1] 见本书第一讲，第22页。
[2] 同上引，第26页。

　　其二，"在这些研究进路中，物质性被视为（并非总是很清楚地）更包罗万象的，不止于科学、技术或者物品/物事（很多著述几乎都把'物'等同于'物质性'）。物质性也不止于物质化的实践，这种史学又会强调工具本身，胜过人们对该工具的实际运用。这种区分（物质性不等同与'物'，也不等同于'物质化的实践'）一方面表明这些概念力图解释的规模和目的有所不同；另一方面，这一区分也可归结于这类研究仰仗的重要'档案资料'——在这些资料中，对于物质性的表达诉诸把经验归入特定的空间和时间类别中（比如，室内建筑、城市景观、大规模基础设施，或者不同类别的网络）"。[1] 这又意味着，"物质"要素的含义更加广阔，扩展到了传世史料的"质料"层面，包括前人留下的工具、档案、建筑等。

　　其三，"那就是我们也应该考虑到一种方式，将物质置入某一特定文化语境当中（中国的、西方的、现代美国的等等）。也就是说，物质和物事被视为具有'社会性'，因而也有可认定的文化生活，也有所归属。或者像人类学家阿伦·阿帕杜莱（Arun Appadurai）那样走得更远一些，让物事获得社会生活。……学者们更多地去关注不同形式的动态和流转，以及归化、适应、接纳的模态，而较少关注那些'首例'和'传播'。语言和物质的多样性是知识发展的核心，但是，在进行相关研究时，我们也不能否认，语言和物质的相似性和融合已经出现，这也同样需要我们们予以阐释"。[2] 这更其意味着，既然不可能从具体的社会结构中分离出来，"物质"在这里就不再是抽象的或无差别的，而只能产

---

[1] 见本书第一讲，第 26—27 页。
[2] 同上引，第 27—28 页。

生或隶属于具体的文化语境。

在我看来，这样的拓展、更新或修正，与其说是扭转或更改了拉图尔，倒不如说是深化、补充或微调了他。从一方面来看，我们从列维－斯特劳斯那里拉来的线索，原本就说明了拉图尔的理论从潜能上就在意指科学事业也是基于某种"文化图式"的。可再从另一方面来看，拉图尔的"拟客体"毕竟没有论述得那么细致，需要从具体的文化与社会语境去落实。当然，更要紧的是，我们与其说科学史的这种"物质转向"只是受到了哪一种或哪几种外部学科的启发，倒不如说它更是在科学史的内部同时激发或匹配了想要突破固有范式、摆脱解释困境的愿望或努力。既然如此，也就不妨说，科学史研究中的这种"物质转向"或"实践转向"并不是单纯地来自哪种或哪几种理论的高屋建瓴的指导（无论它是来自海德格尔的、斯特劳斯的，还是拉图尔的），而是表现为各种内外研究路向的辐辏和耦合。

于是，具体再就这个学科的内部而言，它那种正在积聚着不满的"突破"，自然就要对准库恩的流行研究范式了。由此一来，我们也就若有所悟地回想起，乍一读到他那本《科学革命的结构》时，虽也相应地带来了某种解放感，却又难免隐隐约约地感觉到，好像还有什么地方"不太对头"，因为它似乎把科学的历史突破描述得太过相对主义、太过断裂跳跃、太过神秘莫测了；这就好比是在说，那些带来了巨变的"革命性"进展，都只是对于"新范式"的突然皈依，而那些匠心独运的科学家，也就很像克尔凯郭尔笔下的基督徒，只需闭上眼睛、横下心来地纵身一跳，在"新范式"方面做个"信仰骑士"。而诸如此类的迟疑和保留，也就被这两位作者在书中表达为："库恩的著作销量极好，但是受到哲学家和科学家们的激烈批评。他们认为，该书将科学变迁展示为

'非理性的'（库恩提到从一个范式转换到另一范式是一种'改宗'行为）。来自历史学家的批评要温和一些：他们认为，库恩理论指出的那类突出的非连贯性——（科学）革命——无法说明科学知识上众多的增量性改变。"[1]

无论如何，科学作为横跨于"主客"之间的知识事业，还是不光要取决于表现为"思想"的理论，也同样要取决于体现为"行动"的实践，而且还是紧贴着"物质"层面的人类实践。可以说，也正是从这种"摆正"的要求出发，才出现了被称为"物质转向"或"实践转向"的新型研究范式，换言之，才出现了一种试图摆脱研究困境的、所谓"后库恩"时代的科学史范式。正如这两位作者又就此写到的："强调物品在实验以及由此得来的科学知识中的主动角色，这不仅仅是对库恩强调概念框架和理论这一做法的纠正。这也是对于 20 世纪 80 年代建构主义视角的一种回应（在某种程度上，是对其的反动）。学者们并不单单从'科学的真理诉求是社会性构建'这一角度来说明科学，而是对知识生成与'大自然'——或者更直截了当地说，与物质世界——的桀骜不驯之间形成关联的方式感兴趣。"[2]

我们又可以怀着热望去预期，借助于这种晚出的研究范式，人类科学知识的演变过程也就足以得到支撑它上升的阶梯，从而显得更有连续性，更有稳定性，也更有可理解性了，诚如这两位作者又就此写到的："自 20 世纪六七十年代以来，科学史家便扩展了其关注范围。此前的研究对象大多以理念和理论为主，此后则扩展到分析实验和实践的角色。这是科学史上所谓的'物质转

[1] 见本书第一讲，第 8 页。
[2] 见本书第三讲，第 75 页。

向'的关键性背景。"[1]甚至于，在这种朝着"物质转向"或"实践转向"的共变中，所触动和启发的远不止科学史一个学科，还更广泛地涉足于技术史、气候史、生态史、器物史、艺术史，甚至文学史……对于这一点，又正如我们在"科学与社会译丛"的总序中共同写到的："不待言，正是沿着这样的逻辑，或者说，是随着此一轴心的反复旋转与复制，这种可称作'后库恩'时代的科学史研究，也逐渐借鉴了来自性别研究、社会和文化人类学、区域研究、艺术史等领域的成就，并在对它们进行充分整合的基础上，发展出了跨越学科界限的研究议程，乃至令人耳目一新的研究主题。"[2]

说到了这里，沿着"主客"之间交融与互动的话题，又不禁令人想起有关它的另一种表述，这体现在黑格尔有关美学的思考中，构成了他所谓"人化自然"的著名命题。这位德国思想家就此是这么论述的："人还通过实践的活动来达到为自己（认识自己），因为人有一种冲动，要在直接呈现于他面前的外在事物之中实现他自己，而且就在这实践过程中认识他自己。人通过改变外在事物来达到这个目的，在这些外在事物上面刻下他自己内心生活的烙印，而且发见他自己的性格在这些外在事物中复现了。人这样做，目的在于要以自由人的身份，去消除外在世界的那种顽强的疏远性，在事物的形状中他欣赏的只是他自己的外在现实。儿童的最早的冲动就有要以这种实践活动去改变外在事物的意味。例如一个小男孩把石头抛在河水里，以惊奇的神色去看水中所现的圆圈，觉得这是一个作品，在这作品中他看出他自己活动的结果。这种

---

[1] 见本书第三讲，第 71 页。
[2] 刘东、薛凤、柯安哲：《"科学与社会译丛"总序》，《科学史新论》，第 I 页。

需要贯串在各种各样的现象里，一直到艺术作品里的那种样式的在外在事物中进行自我创造（或创造自己）。"[1] 而我们不难体会到，他的"人化自然"命题到了本文的语境中，也就意味着客体的主体化、自然的人性化，当然也就是世界的文明化，或者用他本人惯有的表达，也就是"绝对精神"的前行或上升。

不过令人困惑的是，这位最为著名的辩证法大师，却没讲出另一种题中应有之义来，那就是于存在着"自然的人化"的同时，也还反过来存在着"人的自然化"；而且，如果基于我们在前边的发挥来反推，这种同时存在着的"人的自然化"，也就意味着主体的客体化、人性的本能化、文明的野蛮化，和绝对精神的下坠或沉沦——而实际上，验证于自己切身的生活经验，我们完全可以从周边的简化成了"强烈节奏"的音乐中，或者从还原成了"消费物欲"的生存中，更不要说，从退化成了"无差别杀戮"的恐怖暴力中，俯拾皆是地发现这种负面的历史趋向。

所以说起来，倒是作为其弟子的、青年时代的马克思，敏锐地提出了"人的自然化"的问题，尽管这仍然被他用典型的黑学术语，表述成了所谓人的"类本质"的"异化"：

> 首先，劳动对工人来说是外在的东西，也就是说，不属于他的本质；因此，他在自己的劳动中不是肯定自己，而是否定自己，不是感到幸福，而是感到不幸，不是自由地发挥自己的体力和智力，而是使自己的肉体受折磨、精神遭摧残。因此，工人只有在劳动之外才感到自在，而在劳动中则感到不自在，他在不劳动时觉得舒畅，而在劳动

---

[1] 黑格尔：《美学》第一卷，朱光潜译，北京：商务印书馆，2017年，第39页。

时就觉得不舒畅。因此，他的劳动不是自愿的劳动，而是被迫的强制劳动。因此，这种劳动不是满足一种需要，而只是满足劳动以外的那些需要的一种手段。劳动的异己性完全表现在：只要肉体的强制或其他强制一停止，人们就会像逃避瘟疫那样逃避劳动。外在的劳动，人在其中使自己外化的劳动，是一种自我牺牲、自我折磨的劳动。最后，对工人说来，劳动的外在性表现在：这种劳动不是他自己的，而是别人的；劳动不属于他；他在劳动中也不属于他自己，而是属于别人。[1]

当然按照马克思的"前理解"，这种"异化"或"人的自然化"的前提，仍在于要首先去认可"自然的人化"；而且，他还是在跟只有"被动性"的动物相比时，才认定了人类作为"类本质"的"主动性"：

通过实践创造对象世界，改造无机界，人证明自己是有意识的类存在物，就是说是这样一种存在物，它把类看做自己的本质，或者说把自身看做类存在物。诚然，动物也生产。动物为自己营造巢穴或住所，如蜜蜂、海狸、蚂蚁等。但是，动物只生产它自己或它的幼仔所直接需要的东西：动物的生产是片面的，而人的生产是全面的；动物只是在直接的肉体需要的支配下生产，而人甚至不受肉体需要的影响也进行生产，并且只有不受这种需要的影响才

---

[1] 马克思：《1844年经济学哲学手稿》，中共中央马克思恩格斯列宁斯大林著作编译局编译，北京：人民出版社，2014年，第50页。

进行真正的生产；动物只生产自身，而人再生产整个自然界；动物的产品直接属于它的肉体，而人则自由地面对自己的产品。动物只是按照它所属的那个种的尺度和需要来构造，而人却懂得按照任何一个种的尺度来进行生产，并且懂得怎样处处都把固有的尺度运用于对象；因此，人也按照美的规律来构造。[1]

按理说，不管是从黑格尔－马克思的辩证法而言，还是从斯特劳斯－拉图尔的对称性而言，这种"人与自然"之间的双向影响与彼此渗透，都是在理性上非常容易被理解和接受的。然而实际情况却是，如就黑格尔准此而立论的"美学"而言，虽说人们早已把"人化的自然"当成了口头禅，还尤其要援引马克思的那部早期手稿，却罕有再反向地提到"人的自然化"，或再提到文明的野蛮化、人性的下沉化、人际的隔膜化。也正因为这样，才引发了我早年的那次大胆立论，或者说，是针锋相对地指出了问题的另一面："垮掉了的理想使人发生了'垮掉的一代'的《嚎叫》（金斯别格）；存在的荒诞不经逼出了表现主义的梦魇般的离奇古怪；历史的失去必然性决定了荒诞派戏剧的反戏剧性；人心的不安导致了意识流小说的令人焦躁的前后跳跃与颠三倒四；世界的非理性化导致了超现实主义的'破坏就是创造'（巴枯宁语）和创作自动主义；人性的'物化'派生了新小说派的失去人物和突出物体；人间世的漫画化引出了黑色幽默小说的漫画调子；社会关系的不和谐传染了现代丑音乐的不和谐、忽视乐思、否定调性、摈弃和声、抹杀旋律、追求强烈刺激效果（据科学实验证明，连庄稼听

---

[1] 马克思：《1844年经济学哲学手稿》，第53页。

这种音乐都不爱长！）；世界的垃圾化产生了丑雕塑的垃圾化；生活的充满偶然触发了丑画布上的信笔涂鸦；生活的单调和机械要求了丑建筑的失去个性和故意突出机械化……总而言之，凡是丑艺术作品，都可以说是广义的象征主义作品，是从西方现代的悲观感性心理中自然流露出来的'异化'世界的贴切象征。"[1]也正是出于对上述现象的总结或概括，我才用"丑学"一词来平衡走偏了的"美学"："这是一种完全笃信丑学的，用来看待世间一切事物的丑的滤色镜。有了这种满眼皆丑的目光，他们怎能不把他人看作地狱（萨特），把自我看成荒诞（卡缪），把天空看作尸布（狄兰·托马斯），把大陆看作荒原（T. S. 艾略特）呢？他们怎能不把整个人生及其生存环境看得如此阴森、畸形、嘈杂、血腥、混乱、变态、肮脏、扭曲、苍白、孤独、冷寂、荒凉、空虚、怪诞和无聊呢？"[2]

紧接着，再回来聚焦于科技史的领域，就更要关注斯蒂格勒的那番立论了。令人瞩目的是，尽管他也拿人和动物进行了比对，却并没有像马克思那样只是由此看到了人类的"主动性"，以及由此而带来的"优越性"；恰恰相反，他倒借此看到了人性中的"残缺性"，以及由此带来的"代具性"。正如他的译者就此所疏解的："通过对普罗米修斯神话的解释，作者提出了'缺陷'这一概念。普罗米修斯神话揭示了两个根本性的问题：第一，人之不同于动物的第一个标志就是人不具有任何与生俱来的属性，也就是说，人的第一属性就是没有属性，即'缺陷'；第二，超越'缺陷'是人之为人（即生存）的第一条件。普罗米修斯盗出的神火象征着

---

[1] 刘东：《西方的丑学》，成都：四川人民出版社，1986 年，第 248—249 页。
[2] 同上书，第 234 页。

人借以超越'缺陷'的工具（技术）。没有技术就没有人。因此，超越技术的卢梭式的纯自然属性是一种形而上学的虚构。"[1]这样一来，由于我们这种生物的可怜特性恰在要须臾不离地依赖"技术"，所以在一方面当然可以说，在"技术"的"物性"中肯定渗透着"人性"，可在另一方面又不得不说，在仰赖着"技术"的、代代不同的"人性"中，也势必要打上了或夹杂着"物性"。

由此我们也就越发确信了，"技术"这种不断演化着的"物质"，肯定要在人类的历史回顾中，表现为"自己在说话"或者"自己有话说"。而对由此展开的"主客"之间的交融与互动，斯蒂格勒本人则是这样论述的：

> 人与物质之间的动物－技术学的关系是生命物体和环境之间的关系的一种特殊形式，即人借助有机化的被动物质（技术物体）而与环境发生关系。独特之处在于，技术物体这种有机化的被动物质在其自身的机制中进化：因此它既不是一种简单的被动物体，也不能被归于生命物体。它是有机化的无机物，正如生命物体在与环境的相互作用中演变一样，它也随时间的推移而演变。不仅如此，它还成为人借以和环境相互作用的中介。……由此我们似乎可以认为，物质的有机组织就是它作为能量呈现出来的形式。然而这并不单单是一个物质形态的问题：根据技术形态组织起来的物质不是被动的，趋势并不仅仅来自于人的有机化动力，它不是人在和物质耦合之前具有的某种构造意向

---

[1] 贝尔纳·斯蒂格勒：《技术与时间：爱比米修斯的过失》，裴程译，南京：译林出版社，2000年，第339页。

的产物，并且，它不依属于任何主宰意志。趋势在人与物
质的交往中自然形成，这种交往使人在有机地组织物质的
同时也改造自身，在这种关系中，任何一方都不占有主导
地位。这种技术现象就是人与环境的关系。[1]

　　沿着这样的论述，斯蒂格勒又将体现在"技术"中的交融与
互动，说成是"人性"与"物性"之间的某种"耦合"，而且从他看
来，这样的一种"耦合"，甚至会转而体现在人本身的生物学特征
上："技术进化是人与物的耦合的结果，这种耦合尚待澄清。在
此，技术的体系性建立在'动物技术学'的决定论之上：由于这种
关系的一方（人）具有动物的属性，所以耦合现象必须从生命历
史的角度来考察。诚然，技术物体构成的结果属于无机物的领域，
因为它们是被动的，但是它们同时又被有机化了。我们由此可以
理解：从物质与有机组织之间的关系的角度，对其有机化的一般
性意思进行反思，是完全必要的。对所谓'器官'进行反思也是有
必要的，它表示肌体的一部分或作为技术器械的器具。这项研究
通过和动物学类比的方法进行，关键在于这种类比的界限。"[2]
　　当然，以往对于这样的"耦合"现象，我们也并不是完全陌生
或闻所未闻的，它主要是经由恩格斯的那篇名作，在国内学界形
成了一般的常识："手不仅是劳动的器官，它还是劳动的产物。只
是由于劳动，由于对所做的日新月异的事情的适应，由于因此而
获得的肌肉、韧带以及在更长时间内获得的骨骼的特别发育的遗
传下来，以及由于这些遗传下来的灵巧性愈来愈新地运用于新的、

[1] 贝尔纳·斯蒂格勒：《技术与时间》，第 55 页。
[2] 同上书，第 52 页。

愈来愈复杂的操作中，人手才达到这样高度的完善性，在这个基础上人手才能仿佛凭着魔力似地产生了拉斐尔的绘画、托尔瓦德森的雕刻以及帕格尼尼的音乐。"[1] 只不过，跟上述引文中的乐观语调相反，深受海德格尔影响的斯蒂格勒，并不会相信恩格斯所讲的"平行四边形"，因而也不会相信其中隐藏的"社会合力"，终究会势不可挡地推动"历史进步"。实际上，斯蒂格勒的判定刚好相反："走向死亡的存在，也就是出离，存在于自身之外，在等待、希望和恐惧中，塑造了人类相互间的一种存在形式，这就是集体存在，这个形式在爱比米修斯的遗忘之前是不存在的（动物只能繁殖，但不出生，它们并不'在一起'）。这就会造成一种技术狂、实际性：代具实际是一种危险，伪装的危险，伪装可以摧毁一个实际活动的集体存在赖以聚集的因素。集体存在不断地受到自身行为的威胁。动物如果不是因为人类就不会有什么实质性的危险：尽管单个动物会不断消亡，但是动物的种类是不会自行毁灭的。而人类由于其存在本身就是代具性的，所以是自行毁灭的因素。"[2] 而对于他的这种悲观看法，以及这种想法的哲学史根源，我也在别的著作中进行过综述："从他拟出的标题和问题意识来看，斯蒂格勒的这三大卷《技术与时间》，显然脱出于海德格尔的《存在与时间》。不过，又由于他以'技术'一词取代了海德格尔的'存在'，或者说，又由于他在'人性'的内容中加进了'技术'的必备要素，海德格尔那种孤零零的、并无具体规定性的'此在'，也就随之在历史性的时间过程中，转而向我们展现为代代相传的、已被此前的实践所规定的'共在'。只不过，这种在时间中

---

[1] 恩格斯：《劳动在从猿到人的转变中的作用》，《自然辩证法》，于光远等译编，北京：人民出版社，1984 年，第 297 页。

[2] 贝尔纳·斯蒂格勒：《技术与时间》，第 216 页。

前后相随的历史感，却丝毫不像以往那种历史进步论，所以也并未缓解海德格尔式的悲观调子；恰恰相反，正由于人类是伴随着'技术'的发展，而展现为一种受到历史限定的'存在'，所以由'技术'本身所带有的'毒性'，却反而更容易把'人性'给裹挟而去，让他们在不能自已的追求中去自寻毁灭。"[1]

五、语境中的科学

说到这里，再来回顾那篇《总序》中的论述，就可以围绕着"科学与社会"的主轴，获得更细致、多层和广角的而且是"科学史"意义上的想象了，正如我们原本就预料到的这个话题的多种潜能：

进一步说，已经和将要入选这套译丛的著作，自然也体现了我们自己的学术立场，或曰我们在宽泛意义上对于科技史的理解：它们要么会去探讨某种科学知识的文化成因及形成过程；要么会把科学知识置于社会利益或信念的大背景下，且着重关照着物质层面来理解知识的生成和扩展方式。与此同时，这些著作也将揭示"科学"演进的各个环节与不同境遇：它可以是某种或许能，或许不能实现的潜能；也可以是某种曾经出现过的求知方式，而该方式或曾被应用、操控、调试或采纳过，也常常会被人们遗忘和撤弃。从文化心理的角度看，人们总是需要能帮他们认识

---

[1] 刘东：《悲剧的文化解析：从古代希腊到现代中国》上卷，上海：上海人民出版社，2017 年，第 108 页。

世界的、既可靠又有效的知识，而收录到这套译丛中的研究成果，也恰是要把科学揭示为对于这种知识充满能动力量的诉求，正如科学作为一种社会现象，始终在历史文本、物品及人类行动中所体现出的那样。由此也便可水到渠成地理解：无论在方法上还是在体制上，科学史与一般通史的关联性或整合性，也注定会显出与日俱增的趋势。[1]

另外也应说明，只要打开了这本《物质、物质性与历史书写》，就不难从中找到各种相应的案例，它们都是围绕着"科学与社会"而展开，既包括对中国古代史料的分析，也包括对当代科学案例的报告。

不过，我却要在这最后一节里，再提出"语境中的科学"的命题，来说明作为知识事业的科学，不管它看似多么独立和超然，都同它脱生和隶属的历史语境，有着既不胜其烦又不可或缺的关联；最为要紧的是，这种语境既是"须臾不可少离"的，那么，不得不置身于其中的科学家们，又应当对此抱持怎样的合理态度。而为了展开这个问题，就有必要再举出两本新书来，以便说明在当今时代的科学研究究竟要卷入怎样的复杂"语境"。

首先要提到的一本书，就是克利福德·康纳（Clifford D. Conner）的《美国科学的悲剧》（*The Tragedy of American Science*）。从其字里行间可以读出，作者所讲的"悲剧"有两种含义，而被他称为"大科学"（Big Science）的那种异变，则是他最感焦虑的主要方面。正因为这样，康纳在这本书的开篇，仍要再回到前边讲过的事变，而这不会是纯属碰巧的：

---

[1] 刘东、薛凤、柯安哲：《"科学与社会译丛"总序》，第 I、II 页。

原子弹的创造者之一 J. 罗伯特·奥本海默引用了一本印度圣书中的一句话，来暗示科学不祥的阴暗面的出现："现在我变成了死神，世界的毁灭者。""曼哈顿计划"在制造核武器方面的成功将美国科学转变为大科学。而随后的冷战助长了政策制定者对死亡技术的偏执迷恋。失控的扩散和大规模杀伤性武器的使用是当代科学最悲惨的后果，但此外还有许多其他后果。误用和滥用科学来证明破坏地球宜居性的正当性，也成为广泛焦虑的根源。[1]

为了凸显这种异变的性质，作者在后文中又进行了对比："曾几何时，科学主要是由好奇的个人用有限的资源进行的小规模冒险。可那个天真朴素的时代早已过去。今天的科学是由大量专业研究人员组成的大型团队在政府和企业的大量资助下进行大规模研究的领域。小科学是如何以及何时变成大科学的？"[2] 而他对于这个问题的答案，我们当然也是可以想见的，首先就是二战时的"曼哈顿计划"，再加上诸如此类的来自政府的紧急动员："现代军事冲突的紧急情况迫使美国政府接管了科学事业。研究的集中动员和用于它的资源的大量增加产生了从雷达到抗疟药物的各种重要成果，但它决定性的胜利是'曼哈顿计划'创造的核裂变炸弹。"[3] 此外，这种政治干预的历史后果，如今也已是众所周知的了："正是在那场战争中，大科学才完全出现在了现场。一开始，德国是世界上第一的科学强国；战争结束时，德国和德国科学都

[1] Clifford D. Conner, *The Tragedy of American Science: From the Cold War to the Forever Wars*, Chicago: Haymarket Books, 2022, p. 2.
[2] 同上书，第 226 页。
[3] 同上书，第 227 页。

成为一片废墟。"[1]

作为对于历史背景的交代，作者还引用了美国能源部的材料，来具体描述被称为"大科学"的异变："'曼哈顿计划'是本世纪一些最著名的科学家与工业界、军方以及成千上万在全国各地工作的普通美国人联合起来，将原始的科学发现转化为一种全新武器的故事。在广岛和长崎原子弹爆炸之后，当这个全国性的秘密项目被揭露给美国人民时，大多数人都惊讶地发现，这样一个遥远的、由政府经营的、绝密的项目竟然存在，它的物理属性、工资和劳动力可与汽车工业相媲美。在其鼎盛时期，该项目雇用了13万名工人，到战争结束时，已经花费了22亿美元。"[2]此外，鉴于后来的恶性通货膨胀，作者还在注释中特别说明了："1945年的22亿美元相当于2017年的300亿美元。"[3]

到了后来，正是沿着由"曼哈顿计划"形成的路径依赖，并且正是在由它造成的"核阴影"的浓重笼罩下，科学家中就分出了"三六九等"，也就是说，形成了占据强势地位的所谓"物理学的帝国主义"："第一次世界大战经常被称为化学家的战争。第二次世界大战毫无疑问是物理学家的战争。德国物理学家给他们的国家提供了打击英国的V-2火箭，美国物理学家开创了核时代。他们的主导角色以令人遗憾的方式塑造了战后美国科学的发展。其中一个后果是'物理学的帝国主义'，即物理学家统治着所有其他学科。战后的政府政策将理论物理学置于一个基础位置上，作为衡量其他领域的模型科学。因此，一些'物理学贵族'成为美国科学的主要代言人。科学政策方面的权威丹尼尔·格林伯格描述

---

[1] Clifford D. Conner, *The Tragedy of American Science*, p. 226.
[2] 同上书，第227页。
[3] 同上。

了他们几十年来如何傲慢地'将自己的价值观，包括对社会和行为科学的蔑视，植入政府的科学政策'。"[1] 由此一来，物理学在制造武器方面的能力，也就赋予了该领域专家以特别的优先，从而把纳税人的钱都花到了军事上，无形中排斥了原本更迫切的民生问题。

与此同时，在该书所展开的另一条线索中，它所揭示的"美国科学的悲剧"，还体现在"趋利要求"对于研究的干扰上，这主要是由大公司、大财团来实施的。出自早年对于科学的纯真情感，作者又进行了痛心疾首的对比："科学被认为是可信的，因为它基于客观事实而不是主观偏见。从定义上讲，这就要求科学家进行公正的研究，不存在可能影响其判断的利益冲突。但是，由私人利益推动的科学无法避免物质利益冲突，这是对客观性的诅咒。随着企业对科学技术的统治日益增强，客观科学调查的理想已经被抛在了一边。现在，所谓的科学研究通常是由个人和机构进行的，结果与他们有很大的经济利益关系。"[2] 于是，由此造成的恶果也便可想而知了，它势必带来科学的腐败和理想的垮塌："美国知识界的很大一部分——'金钱能买到的最优秀的人才'——也加入了破坏科学诚信的行列。许多诚实的科学家努力保持对其研究的独立控制，然而随着公共资金的减少，屈服于寻求私人资金的压力正不断增加。……大学实验室和智库疯狂地争夺企业赞助商，而后者则乐于接受。其结果则是，在美国，符合公众利益的科学在很大程度上已经成为过去。现在这是符合企业利益的科学。"[3] 不过，鉴于这种常见的学术腐败，几乎已是全球性的普遍

---

[1] Clifford D. Conner, *The Tragedy of American Science*, p. 220.
[2] 同上书，第 2 页。
[3] 同上书，第 5 页。

沉沦了，也就无需我们在此多加赘述了。

　　其次要提到的且内容更丰富的一本书，几乎是跟康纳的那本同期出版（仅比其早问世了一年），这就是内奥米·奥雷斯克斯（Naomi Oreskes）的《使命中的科学》（*Science on a Mission*）。事实上，虽说其副标题为"军事资金如何塑造了我们对海洋的了解与不了解"，说明这本书只把焦点对准了美国的"海洋学"，不过，由于它的立意也是要揭示海军的拨款与督导如何推动、形塑或改造了美国的"海洋学"，所以从某种意义来讲，奥雷斯克斯的书也是呼应了康纳的著作，或者至少也可以说，她同样在关切着由"大科学"所带来的异变。事实上，我们从写在扉页的题词中，就可以看出作者的这种焦虑，比如其中一句是埃尔文·查戈夫（Erwin Chargaff）所讲的，"要是清唱剧也能杀人的话，五角大楼早就支持音乐研究了"；再如另一句是米歇尔·沃特斯（Michelle Waters）所讲的，"让我惊讶的是，公众竟被看得如此愚蠢，以致我们居然相信，海军突然担心起全球变暖了"。正因为也存在这样的侧面，澳大利亚学者马修·英格兰（Matthew England）才会评论说："奥雷斯克斯为我们提供了一部关于冷战科学的社会和政治建设的不朽历史。她的分析为战争经济在美国海洋学创建中的作用提供了引人入胜的见解，并提出了有关科学操守、知识自主性及纯科学和污染科学之间的区别的复杂问题。"[1] 而著名的《科学》（*Science*）杂志也曾就此议论道："奥雷斯克斯利用引人入胜的历史事件，揭示了海洋学家长期依赖秘密、任务驱动的海军项目所造成的严重、未被充分重视的后果。我们需要更多

---

[1] 引自亚马逊网上有关《使命中的科学》（*Science on a Mission: How Military Funding Shaped What We Do and Don't Know about the Ocean*）一书的介绍。

关于强大的实体如何产生无知和知识的历史学术，而奥雷斯克斯则提供了一个这样做的模型……作为对于海军资助的海洋学家如何最终约束自己的研究议程并相信自己的神话的一个揭露，这本书应该让所有认为自己不受资助者潜在影响的科学家，或者把军事科学赞助的黄金时代浪漫化的科学家，都暂停下来进行思考。"[1]

不过，作者在扉页上又写了另一段题词，那就是贝尔纳（J. D. Bernal）讲过的："科学专业发展到目前的程度，并不能表明具有天生好奇心的个体数量在自发地增加这一迹象，只能表明这样的一种意识，即科学能给资助科学的人带来好处。科学在利用好奇心，它也需要好奇心，可好奇心并不能造就科学。"[2]这就提醒我们要警觉一点了，它或许从另一方面意味着，奥雷斯克斯的态度要更为犹疑，似乎更希望做到宽容与同情。果不其然，等我们再读到后面的章节，也就看到了更为复杂和中立的说法，并不像前述评论讲得那么简单："除了一些独立的富人能资助自己的研究，科学家们总是需要赞助人的。在某种程度上，认为赞助是成问题的，那就是在忽略历史和回避手头的问题。问题并不在于赞助会影响科学吗，它注定会是这样。而相反的问题只在于，赞助是如何影响科学的？或者往好里说，这种特殊的赞助是如何影响这门科学的？它是如何构成了科学家们去找到自己正在做的——并且更重要的是——去发现自己想要做的？"[3]

基于这样的立场，康纳在前边所讲的那种"古今之别"，一旦

---

[1] 引自亚马逊网上有关《使命中的科学》一书的介绍。
[2] Naomi Oreskes, *Science on a Mission: How Military Funding Shaped What We Do and Don't Know about the Ocean*, Chicago: University of Chicago Press, 2021.
[3] 同上书，第480页。

到了奥雷斯克斯的行文中，也就变成了"模式 1"和"模式 2"的
区别，而且，看来这至少也是一部分学者的共识："这里所叙述的
历史符合赫尔加·诺沃特尼、迈克尔·吉本斯及其同事们所讲的
'模式 2'科学的几个方面。这些学者确定了科学研究的两种主要
类型或模式。'模式 1'的特点是由一个学科的专门从业者产生的
知识，它由同行专家来判断，并由学术的优先性来驱动。而'模
式 2'的特点则属于不用的知识生产实践，它基于社会的需求，并
由与结果相关的、更广泛的社区来判断。人们可能会问，'模式
1'科学——即只对实践者负责、纯粹基于学科的关注——是否确
实存在过；科学家一直有赞助人，而他们总是有所期待。可历史
却掩盖了这样一种说法，即确曾有过一种科学，科学家只对自己
负责。"[1]

　　无论如何，尤其从"海洋学"的特定角度来看，"模式 2"总
属于占主导的研究方式。由此再按照奥雷斯克斯的判断，要说还
有什么让人迟疑之处，也更多地只是存在于科学家的内心。也就
是说，"从本质上讲，20 世纪下半叶的美国科学家在支持一种知
识理论——有时会很明确，可往往又不很明确——在这种理论中，
个人自由是科学进步的必要条件，而好奇心则提供了适当的动机
背景。然而，他们科学生活的现实却是，其大部分的工作——以
及几乎所有的货币和后勤支持——都是由冷战时期的紧张局势和
人们感知到的政治必要性所激发与合理化的"。[2] 既是这样，奥
雷斯克斯也就转过来认为："根据新的证据，他们的科学结论有
待修正，可他们的科学哲学在认识论上却不那么开放，因此他

[1] Naomi Oreskes, *Science on a Mission*, p. 485.
[2] 同上书，第 475 页。

们在抵制有关他们的情况的真相，坚持说他们从根本上是自由的，即使事实显然并不是这样。我认为，这就是为什么科学家们要把他们的项目涂成白色；而如果承认他们的工作是由外部考虑驱动的，那就意味着它已经——或者至少可能已经——受到了污染。"[1]

那么，从奥雷斯克斯的立场来看，既然知识生产总要有社会支撑，那就应当进一步地进行分析，去看看某个具体的知识领域，在它受到的具体支撑或约束中，有哪些可以算是"积极"的促进，又有哪些难免属于"消极"的阻碍，而唯有把这两者叠加在一起，才构成了标题所讲的"了解与不了解"（Do and Don't Know）。这就导致她在书中又提出："回到我们的故事中，我们现在可以去问：冷战的背景是如何激发了一些研究路线，并且又不鼓励甚至阻碍了其他研究路线的？它如何影响了科学家去认定他们的理应目标？它是如何影响到他们的自我感知，乃至影响到他们去理解自己同其他领域、学术机构甚至整个世界的同事之间的关系的？最重要的是，它又是如何帮助他们去确定应当关心些什么的？"[2]

说句玩笑话，如果换上康纳的激愤语气，上文中所提倡的"平心静气"也可以被充满挖苦地表达为：既然已经命定要去"与狼共舞"了，那就要再"就事论事"地来具体分析：这一次面对的是一只"好狼"，还是一只"恶狼"？实际上，这话虽则听上去有点刻薄，却正是奥雷斯克斯本人的意思："为了明确这一点，我们必须愿意使用一个会让某些科学研究者生畏的词：美国海军是

---

[1] Naomi Oreskes, *Science on a Mission*, p. 471.
[2] 同上书，第 480 页。

一个很好的赞助人，因为它想要知道真相。我们必须能有一说一，而不是危言耸听。"[1] 而在这段引文的下一页中，她还就此给出了具体的理由："在所有这些情况和更多的情况下，知道答案最合乎海军的自身利益。海军的兴趣是具体和直接的，它所需要的无非是知识——准确的知识、全面的知识。好的信息有助于帮助它的人员和军官执行任务，而不正确或不完整的信息则可能意味着灾难。一个错过的阴影区，可能意味着逃离敌人和被鱼雷击中之间的差别。一个未被发现或定位错误的海山，也可能意味着一次毁灭性的潜艇失事。我们可以说，海军的认知立场是中立的：它对它所赞助的工作的结果并没有什么兴趣，除了对它是事实本身有着令人信服的兴趣。这并不是一件小事，因为正如我们注意到的，并非所有的顾客都对事实感兴趣。可是在冷战期间，美国海军确实是这样的。"[2]

当然，这并不意味着一味的回护和辩解。作者只是基于"中立"的立场认为，只有先"有一说一"地承认了这一点，才能全面地看到美国"海洋学"的得与失，也才能去概括出这方面的"了解与不了解"。作者由此也就认为，在一方面就应当坦然地承认，海军确曾表现为"海洋学"学科的"恩主"："冷战时期海军科学合作的最终结果是，对于海洋的知识得到了扩展，并且绝非仅以一种微不足道的方式。几个世纪以来一直在争论的问题——关于深海环流的性质、海底的结构和起源，以及大陆是否移动——得到了科学家们满意的回答。在科学领域，就像在其他地方一样，金钱就是力量：那是建造新的科学设备、资助新的旅行计划、支持调

---

[1]　Naomi Oreskes, *Science on a Mission*, p. 478.
[2]　同上。

268

查与研究、支持研究生项目，以及最终进行研究的力量。海军的支持提供了强大的可能性。"[1]

当然在另一方面，奥雷斯克斯不会或不敢忽略，海军的意志也造成了"海洋学"学科的"盲点"，而且，造成这种"两面"的理由还是同一个："我们可能会争论，'扭曲'这个词是否是描述我们所记录的最好的词；也许最好说，在这里叙述的整个历史中，科学家们遇到了偶然的或产生知识的，和不可知或无知的力量、倾向和趋势。我们可能会猜想科学家要抱怨他们缺乏足够的资金，不过，即使在工作支持充分的人们那里——亨利·斯托梅尔，威廉·冯·阿克斯，乔安妮·斯皮斯，甚至保罗·菲——这样的担忧也出现了：可能会有在某个具体时空出现的重要问题，只因为它缺乏海军的相关性而被忽略了。"[2]平心而论，本书的大量篇幅都被用来讲述下述的这类故事："我们已经看到，来自斯克里普斯研究所的关注于生物学问题的科学家，早在20世纪30年代末就已被边缘化了，并且随着军事问题成为中心而被进一步地边缘化，我们也已经看到，弗雷德里克·奥尔德里奇是如何弃用埃尔文的。我们又看到了埃尔文几乎没有做出最著名和重要的科学贡献，只因为海军拒绝资助一项在科学上令人兴奋却与军事上的热液系统无关的调查。我们已经看到，那些本可以充分利用海军数据的地质学家，只是由于安全限制而无法这样做。我们永远不会知道这些人会做什么——如果他们得到了同事的支持，而他们的利益又与海军的需要相符——但我们可以推测他们会做一些事情，这可能是重要的。"[3]

[1] Naomi Oreskes, *Science on a Mission*, p. 478.
[2] 同上书，第498页。
[3] 同上书，第498—499页。

　　即使到了这本书的结尾之处，它也是以保罗·菲一封信的内容，来对作者的长篇大论进行总结："自战争以来，除了那些与应用研究项目有关的成本以外，船舶操作的成本主要由海军研究办公室来承担。虽然这种支持是慷慨的，而且就物理海洋学而言，在具体的研究方面也不受限制，可是，这些资金并不足以在规划实地行动和发展研究项目方面提供基本程度的自由度。这类项目总是在一定程度上依赖于跟军事应用型研究项目的关联，而这总是在一定程度上影响了研究本身的方向。"[1] 只不过，作者又对保罗·菲的话追加了一句，像是在发出一声无可奈何的叹息："当然是这样。怎么可能不是呢？"[2]

　　那么到底应当怎么办呢？如果允许我也就此进行一点发挥，我就会站在自己"门外"的立场上，当然也结合了自己长年的文科经验，认为即使面对的情势是如此"两难"，科学家们也不致进退失据，或者彻底无路可走。这就涉及所谓"语境中的科学"的含义了：它意味着我们应从大势上认识到，科学作为人类的知识事业之一，总要脱生于某一种具体的历史语境，而后者既有可能形成了一种支撑和动力，也有可能构成了一种约束和障碍，并且在大多数情况下都是兼而有之。既然如此，我们几乎事先就应开阔地意识到，这样的历史语境将会是林林总总的，既可能表现为种族的语境、社会的语境、文化的语境，也可能表现为思想的语境、宗教的语境、文明的语境，而具体到了奥雷斯克斯的书中，则更其表现为"民族－国家"的语境。与此同时，我们又要在"每逢抉择"时敏感地意识到，任何具体历史语境的、不一而

---

[1] Naomi Oreskes, *Science on a Mission*, p. 502.
[2] 同上。

足的"长与短",总要取决于它自身的一系列特定性质;而这也就为我们留下了相应的历史缝隙,也就是说,就算"鱼和熊掌"确实是"不可兼得",我们也仍然享有尽量去扬长避短、趋利避害的机会。

有意思的是,同样是出于这种微妙的权衡,奥雷斯特斯又在她的书中提出,要对"机会"和"机会主义"进行谨慎的区分。无论如何,既瞬息万变又"失不再来"的"机会",只要它突然出现在了自己面前,对于当事人来讲总归是宝贵的:"认知科学家唐纳德·诺曼指出,大多数人类的行为都是相机行事的;我们在利用环境,并会在机会出现时采取行动。对于诺曼来说,这是一件好事:相机行事的活动是灵便的,比预先谋划的行动要涉及'更少的精神努力,和更少的不便'。它甚至还有可能是'更富于趣味的',因为它更可能是匠心独运的。如果诺曼是对的,那么在机运到来时,科学工作就可能是最好的。就此而论,海洋学在冷战中的成功并非只是出于巧合或偶然。"[1]

不过,又正如奥雷斯特斯所说的,像"机会"(opportunity)这样的词根,一旦被连上了"主义"(ism)的词缀,也很容易引申出严重的问题:"机会主义也有消极的一面,那就是我们都熟悉的它的贬义:机会主义者是没有原则的,因而是根本不值得信任的。如果科学家都是机会主义者,而公众已经意识到了这一点,也许就会对公众的信任造成影响吧?ATOC(海洋气候声热像特征分析)的科学家们,在将其海洋声学冷战知识应用于全球气候变化研究时,就属于机会主义的。当查尔斯·霍利斯特以支持海底放射性废物处理,来换取对于自己研究项目的推进时,他也是

---

[1] Naomi Oreskes, *Science on a Mission*, p. 486.

机会主义的。而莫里斯·尤因的整个海军生涯，都仰赖着美国海军提供的机会。这些人都希望社会能够欢迎他们的工作，而且社会在很长一段时间里也曾经确乎如此。只不过，一旦这种情况不再发生了，他们就会感到惊讶、失望、愤怒、怨恨、不满，甚至会感觉受到了伤害。"[1]

而说到这种"公众信任"的重要性，作者更在这本书的另一处，从"知识"与"社会"的关系上来进行分析，说明这恰是"兹事体大"的：

1975 年，社会学家托德·拉·波特和丹尼尔·梅特莱发现，当时大多数美国人都认为科学技术对他们生活的影响在很大程度上是有益的，他们更信任科学家，而不是政治家或商业领袖。（即使总体信任度已有所下降，在很大程度上情况仍是如此。）作者认为，这种信任建立在事实和价值前提之间的区别上：对于科学家的信任在于，他们被认为是基于事实而不是价值来做出决定的。他们还指出，大多数公民会把科学和技术区分开来，他们对于前者很是看好，可对于后者则持谨慎态度。他们的结论是："如果失去了这种区别，现在主要涉及技术的消极态度也会蔓延到科学研究中。"他们的结论与默顿早些时候有关"受其他机构直接控制"对于科学的风险的观点是如出一辙的。"如果海洋学家主要是为军队服务，公众为什么要相信他们的声明呢？"如果老虎能够改变它的条纹，它再来谈论老虎还有什

[1] Naomi Oreskes, *Science on a Mission*, pp. 486–487.

么意义呢？[1]

既然如此，我们就应当在此续作引申。无论如何，就像对于
"机会"的充满机敏的把握，不应被混同于和光同尘的"机会主
义"一样，即使我们确实从一方面认识到了，科学总是人类历史
进程中的科学，总要脱生于某种具体的人类语境，不可能脱离它
在社会中的"上下文"，我们从另一个侧面也万万不可忘记：无论
置身于怎样的特殊语境中，科学仍然属于对于"普遍性"的企望，
总要去向往朝着"规律性"的上升。而这也就对科学家提出了双向
的要求：一方面，对于潜伏于自己身下的具体语境，要时刻保持
清醒、敏锐而准确的认知，包括警惕它基于自身的逻辑而可能对
于知识事业造成的伤害；另一方面，对于高悬在自己头顶的那种
超然理想，也要总是怀有真挚、善良而贯一的热情，也包括像在
电影中受难的奥本海默那样，为了保持外在功业的纯洁，也为了
应对内在良知的谴责，而终究放弃了现世生活中的俗念。

说到这里，从他这种类似的"晚年转折"中，我又不禁想起
了布莱希特（Bertolt Brecht）笔下那位接近于生命终点的伽利略，
而我也就想用布莱希特的创造，来为自己这篇文章安排一个荡
气回肠的"终曲"。伽利略的弟子安德烈亚宽慰他说："您赢得时
间，写出了一部只有您才能写的科学著作。假如您被判处火刑而
死，他们就成了胜利者。"伽利略却悔恨不已地说："他们是胜利
者。世上没有一部科学著作是一个人能够完成的……我放弃我的
学说，因为我害怕肉体上的痛苦。"伽利略甚至还用这样的自嘲，
来表达内心中的那份悔意："我做出了贡献。欢迎你到这个阴沟里

[1] Naomi Oreskes, *Science on a Mission*, p. 487.

来，科学里的胞弟，背叛中的表兄！你吃鱼吗？我有鱼。不是我
的鱼散发出腥臭的气味，而是我自己。我卖我的东西，你是一个
买主！"[1]

可无论如何，也很像前文中已经讲述过的、因为受难而获得
后人尊敬的奥本海默，伽利略到了全剧告终之前，还是拼尽了最
后的生命力，讲出了那段作为高潮的台词：

> 追求科学需要特殊的勇敢。科学要和知识打交道，通
> 过怀疑才能获得成功。知识是要使人人明白所有的东西，
> 要努力在一切事物中提出怀疑。大多数人民被他们的国王、
> 地主、教会先生禁锢在一种迷信和古老信条的珠贝色的云
> 雾里，它遮盖着这些人的阴谋诡计。许多人的苦难像高山
> 一样古老，而且宗教讲坛和大学讲台宣布说它就像高山一
> 样不可摧毁。我们新的怀疑的艺术吸引着广大群众。人们
> 从我们手里抢走望远镜，用它来瞄准他们的暴君。那些自
> 私而残暴的人，他们一面贪婪地利用科学成果，一面却感
> 到科学用冰冷的眼睛盯着千年来人为的灾难，只要他们一
> 旦被消灭掉，这些灾难无疑地就会消除。他们用威逼利诱，
> 使我们胆怯的灵魂难以抵御啊。我们能够违抗老百姓的意
> 志而仍然能做一个科学家吗？……我认为科学唯一目的就
> 是减轻人类生存的苦难。当科学家们为利欲熏心的权贵们
> 吓倒，满足于为积累知识而积累知识，科学就会变成一个
> 佝偻病人。那时你们的新机器就只能意味着新的灾难。你

---

[1] 贝托尔特·布莱希特:《伽利略传》，丁扬忠译，上海：上海译文出版社，2012 年，
第 179—180 页。

们往后会发现一切能够发现的东西，但你们的进步和人类的前进走着两条道，你们和人类之间的鸿沟终有一天会变得那样深，当你们为一个新成就而欢呼的时候，听到的回答却是无比可怕的惨叫声——我作为一个科学家曾经有过千载难逢的时机，在我生活着的时代里天文学成了街头闹市人们谈论的事情。在这种特殊的情况下，一个人坚强不屈就能惊天动地。假如我当时顶住了，自然科学家们就会像医生在就业前的宣誓那样，决心将他们的知识只用来造福人类啊！但是如今怎样呢？人们顶多只能说这是一群富有创造才能的侏儒，他们为一切而出卖自己。[1]

这也启示了我们，就算看上去如此"纯洁"的科学事业，也不得不黏着于身下污浊的"泥沼"，科学家们能够做出的"最好的事"，还是不要给自己的生平留下这样的懊悔。再退一步说，他们至少应当做到"次好的事"，即像晚年奥本海默或伽利略那样，尚且知道去为某个污点而懊丧、悔恨，而痛不欲生……

刘东

2023 年 12 月 10 日于浙江大学中西书院

---

[1] 贝托尔特·布莱希特：《伽利略传》，第 180—182 页。

文
景

Horizon

社 科 新 知 文 艺 新 潮

物质、物质性与历史书写：科学史的新机遇

刘东 主编

[德] 薛凤、[美] 柯安哲 主讲　刘东 评议

出 品 人：姚映然
责任编辑：佟雪萌
营销编辑：胡珍珍
封扉设计：安克晨
审 图 号：GS（2024）5021号

出　　品：北京世纪文景文化传播有限责任公司
　　　　　（北京朝阳区东土城路8号林达大厦A座4A　100013）
出版发行：上海人民出版社
印　　刷：山东临沂新华印刷物流集团有限责任公司
制　　版：北京百朗文化传播有限公司

开 本：890mm×1240mm　1/32
印 张：9　　字 数：214,000　　插页：6
2025年1月第1版　　2025年1月第1次印刷
定 价：59.00元
ISBN：978-7-208-18842-6/K·3367

图书在版编目（CIP）数据

物质、物质性与历史书写：科学史的新机遇 / 刘东
主编；（德）薛凤，（美）柯安哲（Angela Creager）主
讲. -- 上海：上海人民出版社，2024
　（中西讲坛丛书）
　ISBN 978-7-208-18842-6

Ⅰ.① 物… Ⅱ.① 刘… ② 薛… ③ 柯… Ⅲ.① 科学史
-研究-世界 Ⅳ.① G3

中国国家版本馆CIP数据核字（2024）第066627号

本书如有印装错误，请致电本社更换 010-52187586

社科新知　文艺新潮　｜　与文景相遇

微信公众号　　　　微　博　　　　　豆　瓣

bilibili　　　　　抖　音　　　　　小红书